计 算 机 课 程 设 计 与 综 合 实 践 规 划 教 材

SQL Server 实验指导
（第4版）

马晓梅 编著

清华大学出版社
北京

内 容 简 介

本书是为学习和掌握数据库知识的读者而编写的,是基于 SQL Server 2008 的实验指导书,是编者多年从事数据库应用软件开发和教学工作所积累的经验的体现。

本书围绕数据库理论知识,围绕 SQL Server 2008 的功能给出了大量实验,详细介绍了在 SQL Server 2008 系统中数据库,数据库表,数据操作,完整性约束,索引,视图,数据查询,存储过程,触发器,T-SQL 程序设计与游标设计,用户定义数据类型与自定义函数,安全管理,事务设计,数据库备份和恢复,数据导入、导出,对大值数据的访问等的实现过程和操作步骤,并介绍了在 VB 中采用 ADO 方法访问 SQL Server,用 ASP 动态页面发布数据和采用 ADO. NET 访问 SQL Server,最后给出数据库应用系统实现的案例。

本书在内容编排上由点到面、由易到难,可适应不同层次读者的学习。本书可作为高等院校相关数据库课程的实验指导,也可作为大专院校 SQL Server 数据库系统课程的教材,还可作为计算机应用软件开发和使用 SQL Server 2008 系统人员的参考书。

图书在版编目(CIP)数据

SQL Server 实验指导/马晓梅编著. —4 版. —北京:清华大学出版社,2018(2021.7重印)
(计算机课程设计与综合实践规划教材)
ISBN 978-7-302-51060-4

Ⅰ. ①S… Ⅱ. ①马… Ⅲ. ①关系数据库系统—高等学校—教学参考资料 Ⅳ. ①TP311.138

中国版本图书馆 CIP 数据核字(2018)第 191965 号

责任编辑:袁勤勇 张爱华
封面设计:傅瑞学
责任校对:时翠兰
责任印制:杨 艳

出版发行:清华大学出版社
　　　　网　　址:http://www.tup.com.cn,http://www.wqbook.com
　　　　地　　址:北京清华大学学研大厦 A 座　　　　　邮　　编:100084
　　　　社 总 机:010-62770175　　　　　　　　　　　邮　　购:010-83470235
　　　　投稿与读者服务:010-62776969,c-service@tup.tsinghua.edu.cn
　　　　质量反馈:010-62772015,zhiliang@tup.tsinghua.edu.cn
　　　　课件下载:http://www.tup.com.cn,010-83470236
印 装 者:三河市铭诚印务有限公司
经　　销:全国新华书店
开　　本:185mm×260mm　　　印　　张:27.25　　　字　　数:633 千字
版　　次:2006 年 7 月第 1 版　2018 年 12 月第 4 版　印　　次:2021 年 7 月第 4 次印刷
定　　价:69.80 元

产品编号:080053-02

FOREWORD

前　言

随着我国计算机软件产业的蓬勃发展,数据库技术已成为各种计算机应用软件开发的支柱之一。目前,作为一个功能强大的关系数据管理系统,SQL Server 已得到了广泛的应用,成为软件人才必须掌握的计算机技术。本书围绕数据库理论知识,针对 SQL Server 2008 的功能,给出各种功能的实现过程。在内容编排上由点到面、由易到难,适用于不同层次读者的学习。一方面,本书可以作为高等院校"数据库概论""数据库系统原理""数据库原理与应用"等计算机理论课程的配套实验教材,使得教师可以根据学生的专业和素质选用相应的实验内容;另一方面,普通用户、软件开发人员乃至系统管理员,也能从本书中得到帮助。

对于同一问题,本书给出了多种实现方法;对于所有实验,本书都给出了实验步骤的文字描述和相应的操作界面,便于读者学习和实践,使读者能快速、准确、全面地掌握所学知识。

全书共 20 个实验。

实验 1~实验 7 是关于数据库基本知识和理论的实验。这 7 个实验是学习数据库知识和 SQL Server 2008 系统的基础,是必修的章节。

实验 1 介绍数据库的创建、分离、备份、附加、删除,以及数据库属性设置的方法等。

实验 2 介绍数据库表的各种操作。

实验 3 介绍数据库表中数据的各种操作。

实验 4 介绍保证数据库完整性的操作实验。

实验 5 介绍索引的创建、删除等方法。

实验 6 介绍有关视图的各种操作以及通过视图更新数据的方法。

实验 7 给出各种查询实验。

实验 8 和实验 9 介绍存储过程和触发器的创建、执行、修改和删除方法。

实验 10 介绍 T-SQL 程序设计及游标设计的方法及用途。

实验 11 介绍用户定义的数据类型与函数的操作方法。

实验 12 介绍 SQL Server 的安全管理机制。

实验 13 介绍事务设计的方法。

实验 14 介绍数据库备份和恢复的方法。

实验 15 介绍数据的导入、导出的方法。

实验 16 介绍 SQL Server 中大值数据类型的访问方法。

实验 17～实验 19 是关于数据库技术应用的实验。实验 17 和实验 18 给出了在 Microsoft Visual Basic 6.0 环境和 ASP 网页设计中,利用 ADO 技术访问数据库的方法;实验 19 介绍了在 Microsoft Visual Studio 2008 开发环境中,用 C♯ 语言,采用 ADO. NET 技术访问 SQL Server 2008 数据库的设计和实现方法,对利用数据库技术来开发各种计算机应用软件的人员有指导作用。

实验 20 是数据库应用系统设计案例,展示了使用数据库设计和开发应用软件的全过程。这是一个采用数据库技术开发信息管理系统的实验,是对本书知识的综合运用,并为课程设计提供相应的设计题目。

SQL Server 本身不区分大小写,代码中字符的大小写并不影响程序的运行结果,为了一致,在编程时我们尽可能地对代码中字符的大小写进行统一。

本书由江南大学数字媒体学院马晓梅老师编著,钱雪忠、徐华和杨开苃等参加了部分编写和审阅工作。

由于作者水平有限,加之时间仓促,书中难免存在疏漏之处,请广大读者予以指正,并提出意见和建议,作者在此表示感谢。作者联系方式: maxiaomei11@163.com 或 maxiaomei@sina.com。

作　者

2018 年 8 月

▶CONTENTS

目　录

实验 1　　数　据　库

在 SQL Server 2008 中,每个数据库至少拥有两个操作系统文件:一个数据文件和一个日志文件。数据文件包含数据和对象,例如数据库表(table)、索引(index)、存储过程(storage)、触发器(trigger)和视图(view)等。日志文件包含数据库中所有更新事务的全部信息,用于恢复数据库。为了便于分配和管理,可以将数据文件集合成若干文件组。在创建数据库对象之前应首先创建数据库。

【知识要点】

1. 数据库文件

SQL Server 2008 数据库具有三种类型的文件,如表 1-1 所示。

表 1-1　SQL Server 2008 数据库文件类型

文件类型	说　　明
主要数据文件	主要数据文件(primary data file)包含数据库的启动信息,并指向数据库中的其他文件。用户数据和对象可存储在此文件中,也可以存储在次要数据文件中。每个数据库有一个主要数据文件。建议主要数据文件的扩展名是. mdf
次要数据文件	次要数据文件(no-primary data file)是可选的,由用户定义并存储用户数据。将数据库中的数据分散在不同的文件中的好处是:其一,次要数据文件可用于将数据分散到多个磁盘上,这样系统就可以同时对多个硬盘做存取,加快数据处理的速度,提高系统工作效率。其二,如果数据库超过了单个 Windows 文件的最大容量,可以使用次要数据文件,这样数据库就能继续增长。建议次要数据文件的扩展名是. ndf
事务日志文件	事务日志文件保存用于恢复数据库的日志信息。每个数据库必须至少有一个日志文件。建议事务日志文件的扩展名是. ldf

在 SQL Server 2008 中,数据库中所有文件的位置都记录在数据库的主文件和 master 系统数据库中。大多数情况下,数据库引擎使用 master 数据库中的文件位置信息。

2. 文件组

文件组是指将构成数据库的数个文件集合起来组合而成的群体,并给定一组名。当在数据库中创建数据库对象时,可以特别指定要将某些对象存储在某一特定的组上。

SQL Server 2008 中的数据库可由数个文件组组成,其中一个称为主要文件组(primary filegroup),其他则由用户定义,称为非主要文件组(no-primary filegroup)。当创建数据库时,主要文件组包含有主要数据文件和未指定加入组的其他文件,该数据库所属的系统表(system table)也是建立在主要文件组上。在非主要文件组中,可指定其中一个为默认文件组(default filegroup),当在数据库上创建对象时,如果未指明该对象要建立在哪一个文件组时,系统会将该对象建立在默认文件组上。默认文件组中的文件必须足够大,能够容纳未分配给其他文件组的所有新对象。如果没有默认文件组的话,则主要文件组为默认的文件组。使用文件组的目的也是为提高执行效率。

3. 事务日志

在创建一个数据库的同时,系统一定要创建一个对应的事务日志(transaction log)文件,该文件是用来记录数据库的更新情况,凡对数据库数据有改变的事务操作都会记录在这个文件中,如 INSERT、UPDATE、DELETE 操作等。事务日志的作用是当数据库破坏时,可以利用它来恢复数据库内容。每个数据库可以有多个日志文件。建议该文件的扩展名为.ldf。

4. 逻辑和物理文件名称

SQL Server 2008 数据库文件有如下两个名称。

1) 逻辑文件名

逻辑文件名(logical_file_name)是在所有 Transact-SQL(以下简称 T-SQL)语句中引用数据库物理文件时所使用的名称。逻辑文件名必须符合 SQL Server 标识符规则,而且在数据库中逻辑文件名必须是唯一的。

2) 物理文件名

物理文件名(os_file_name)是包括目录路径的数据库物理文件名。它必须符合操作系统文件命名规则。

5. 创建数据库的命令格式

```
CREATE DATABASE 数据库名
[ON [PRIMARY]
    [<文件格式>[,...n] ]
    [,<文件组格式>[,...n ] ]
]
[ LOG ON { <文件格式>} ]
[ FOR LOAD|FOR ATTACH ]
<文件格式>::=
    ([NAME=逻辑文件名,]
    FILENAME='物理文件名'
    [,SIZE=文件初始大小]
    [,MAXSIZE={最大文件大小| UNLIMITED } ]
```

```
        [,FILEGROWTH=递增值 ]) [,...n ]
    <文件组格式>::=FILEGROUP 文件组名 <文件格式>[,...n ]
```

【实验目的】

掌握下列数据库操作。

- 创建数据库。
- 分离数据库。
- 数据库文件备份。
- 附加数据库。
- 删除数据库。

实验 1.1 创建数据库

【实验目的】

- 使用交互式方法创建数据库。
- 使用 T-SQL 创建数据库。
- 指定参数创建数据库。
- 查看数据库属性。

【实验内容】

1. 交互式创建数据库

数据库名称为 jxsk(教学数据库);并查看数据库属性;修改数据库参数:把数据库 jxsk 文件增长参数设置为 4MB,文件最大大小参数设置为 100MB。

2. 使用 T-SQL 指定参数创建数据库

要求如下。

(1) 创建数据库,其数据库名称为 testbase1,其中包括:

① 数据库文件名为 testbase1_dat.mdf,存储在"E:\张小山数据库"文件夹;

② 事务日志文件名为 testbase1_log.ldf,存储在"E:\张小山数据库"文件夹。

(2) 创建数据库,其数据库名称为 testbase2,其中包括:

① 数据文件。主文件组 PRIMARY 包括文件 testbase2_prim_sub1_dat、testbase2_prim_sub2_dat;次文件组 testbase2_Group1 包括文件 testbase2_group1_sub1_dat、testbase2_group1_sub2_dat;次文件组 testbase2_Group2 包括文件 testbase2_group2_sub1_dat、testbase2_group2_sub2_dat;所有数据文件都存储在"E:\张小山数据库"文件夹,大小都是 5MB。

② 事务日志文件。事务日志文件名为 testbase2_log.ldf,存储在"E:\张小山数据库"文件夹,文件大小初始为 20MB,增长量为 20MB,最大为 500MB。

【实验步骤】

1. 交互式创建数据库

（1）启动 Microsoft SQL Server Management Studio。选择"开始"→"所有程序"→Microsoft SQL Server 2008→SQL Server Management Studio，显示"连接到服务器"对话框，选择 SQL Server 2008 服务器名称，例如 MXM，如图 1-1 所示，单击"连接"按钮，显示 SQL Server 2008 的 Microsoft SQL Server Management Studio 窗口，如图 1-2 所示。

图 1-1　"连接到服务器"对话框

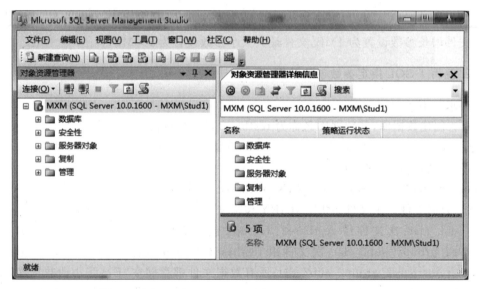

图 1-2　Microsoft SQL Server Management Studio 窗口

（2）选择"新建数据库"选项。在"对象资源管理器"窗格中，右击"数据库"，在打开的快捷菜单中选择"新建数据库"选项,如图 1-3 所示,打开"新建数据库"窗口,如图 1-4 所示。

图 1-3　选择"新建数据库"选项

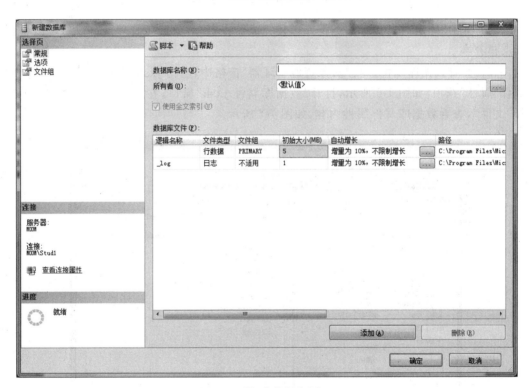

图 1-4　"新建数据库"窗口

　　(3) 输入数据库参数。在"新建数据库"窗口中,在"数据库名称"文本框中输入 jxsk,在"数据库文件"列表中,单击数据库数据文件的存储"路径"列右侧的按钮,将路径设置为"E:\张小山数据库",单击数据库日志文件的存储"路径"列右侧的按钮,将路径设置为"E:\张小山数据库",并查看其他列数据的设置,如图 1-5 所示。

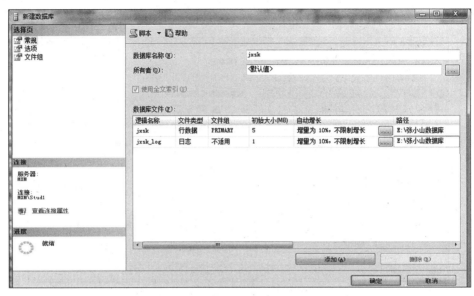

图 1-5　输入新建数据库参数数据

（4）单击"确定"按钮，jxsk 数据库创建完成。查看"对象资源管理器"窗格，可以看到
jxsk 已存在。

（5）查看数据库属性。在"对象资源管理器"窗格中，右击 jxsk，在打开的快捷菜单中
选择"属性"选项，如图 1-6 所示，打开"数据库属性-jxsk"窗口，在左窗格的"选择页"中选
择"文件"，查看数据库文件属性内容，如图 1-7 所示。

图 1-6　选择"属性"选项

SQL Server 实验指导(第 4 版)

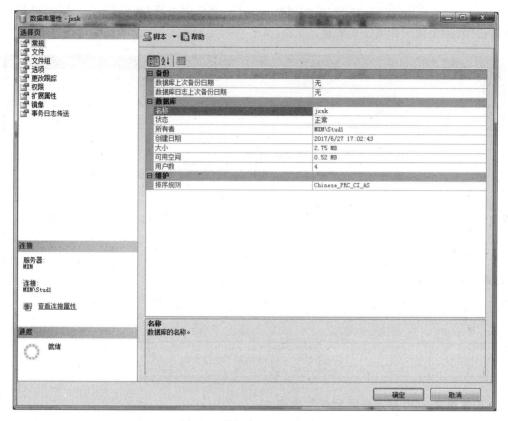

图 1-7　数据库 jxsk 属性窗口

（6）修改数据库参数。在"选择页"中选择"文件"，在数据库文件列表中单击文件行中"自动增长"单元格右侧的 ![...] 按钮，打开"更改 jxsk_Data 的自动增长设置"对话框。在"文件增长"项中，选择"按 MB(M)"单选按钮，并在其右侧输入框中输入 4；在"最大文件大小"项中，选择"限制文件增长(MB)"单选按钮，并在其右侧输入框中输入 100，如图 1-8 所示。

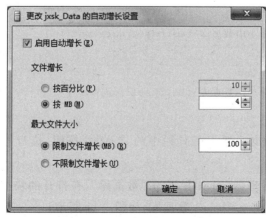

图 1-8　修改 jxsk 文件参数对话框

（7）单击"确定"按钮，在"数据库属性-jxsk"对话框中查看"数据"和"日志"文件的"自动增长"列的变化。如图 1-9 所示。

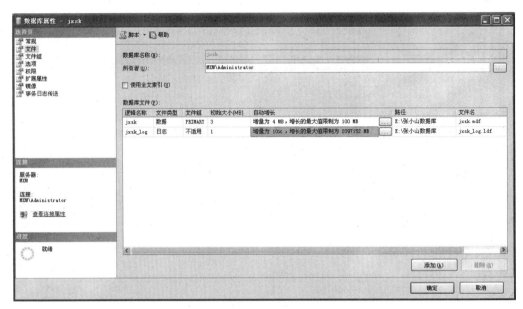

图 1-9 "自动增长"列的变化

2. 使用 T-SQL 指定参数创建数据库

（1）创建数据库 testbase1。

① 启动 Microsoft SQL Server Management Studio。

② 创建生成数据库的 T-SQL 语句。单击工具栏中的 新建查询(N) 按钮，打开查询编辑器窗口。在查询编辑器窗口中输入下列 T-SQL 语句：

```
CREATE DATABASE testbase1
ON
( NAME=testbase1_data,
   FILENAME='e:\张小山数据库\testbase1_data.mdf')
LOG ON
( NAME=testbase1_log,
   FILENAME='e:\张小山数据库\testbase1_log.ldf')
GO
```

③ 执行 T-SQL 语句。单击工具栏中的 执行(X) 按钮，执行上面的 T-SQL 语句，如图 1-10 所示。

④ 在"对象资源管理器"窗格中，右击"数据库"，在打开的快捷菜单中选择"刷新"选项，查看其内容中已存在 testbase1 数据库，如图 1-11 所示。

⑤ 查看数据库 testbase1 属性。在"对象资源管理器"窗格中，右击数据库 testbase1，

图 1-10　创建数据库 testbase1 的 T-SQL 语句及其执行

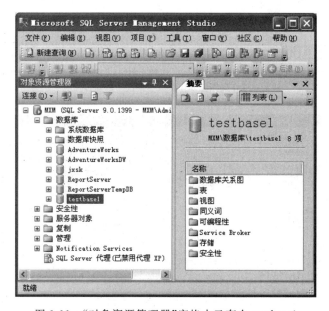

图 1-11　"对象资源管理器"窗格中已存在 testbase1

在打开的快捷菜单中选择"属性"选项,打开数据库 testbase1 属性窗口,如图 1-12 所示,分别查看"常规""文件""文件组"选择页的内容。

(2) 指定多个参数创建数据库 testbase2。

① 启动 Microsoft SQL Server Management Studio。

② 创建生成数据库的 T-SQL 语句。单击工具栏中的 新建查询(N) 按钮,打开查询编辑器窗口,在查询编辑器窗口中输入下列 T-SQL 语句。

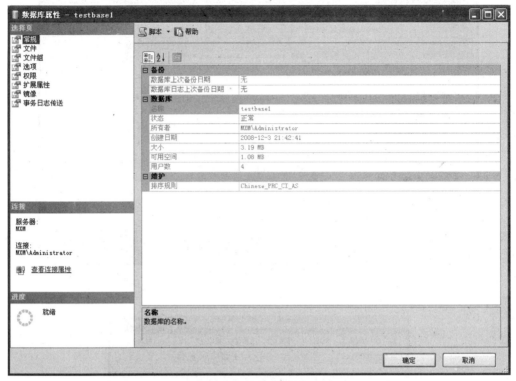

(a) 数据库 testbase1 "常规" 选择页

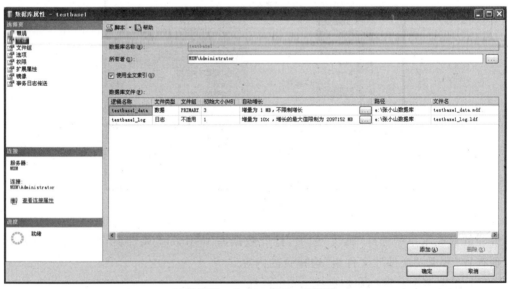

(b) 数据库 testbase1 "文件" 选择页

图 1-12　数据库 testbase1 属性窗口

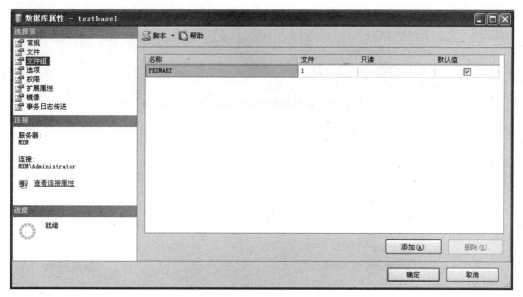

(c) 数据库 testbase1 "文件组" 选择页

图 1-12 （续）

```
CREATE DATABASE testbase2
ON
    PRIMARY
        (NAME=testbase2_prim_sub_dat1,
            FILENAME='E:\张小山数据库\testbase2_prim_sub1_dat.mdf',
            SIZE=5MB,
            MAXSIZE=50MB,
            FILEGROWTH=20%),
        (NAME=testbase2_prim_sub_dat2,
            FILENAME='E:\张小山数据库\testbase2_prim_sub2_dat.ndf',
            SIZE=5MB,
            MAXSIZE=50MB,
            FILEGROWTH=20%),
    FILEGROUP testbase2_Group1
        (NAME=testbase2_group1_sub1,
            FILENAME='E:\张小山数据库\testbase2_group1_sub1_dat.ndf',
            SIZE=5MB,
            MAXSIZE=50MB,
            FILEGROWTH=5MB),
        (NAME=testbase2_group1_sub2,
            FILENAME='E:\张小山数据库\testbase2_group1_sub2_dat.ndf',
            SIZE=5MB,
            MAXSIZE=50MB,
            FILEGROWTH=5MB),
    FILEGROUP testbase2_Group2
        (NAME=testbase2_group2_sub1,
```

```
            FILENAME='E:\张小山数据库\testbase2_group2_sub1_dat.ndf',
            SIZE=5MB,
            MAXSIZE=50MB,
            FILEGROWTH=15%),
        (NAME=testbase2_group2_sub2,
            FILENAME='E:\张小山数据库\testbase2_group2_sub2_dat.ndf',
            SIZE=5MB,
            MAXSIZE=50MB,
            FILEGROWTH=15%)
    LOG ON
        (NAME=testbase2_testbase2_log,
            FILENAME='E:\张小山数据库\testbase2_log_file.ldf',
            SIZE=20MB,
            MAXSIZE=500MB,
            FILEGROWTH=10MB)
GO
```

③ 执行 T-SQL 语句,创建数据库。单击工具栏中的 ![执行(X)] 按钮,执行上面的 T-SQL 语句,如图 1-13 所示。

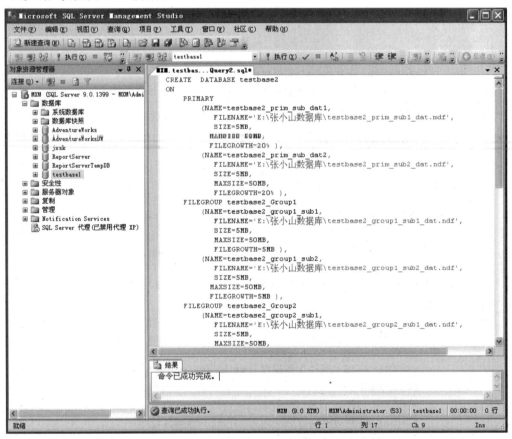

图 1-13　创建数据库 testbase2 的 T-SQL 语句及其执行

SQL Server 实验指导(第 4 版)

④ 在"对象资源管理器"窗格中,右击"数据库",在打开快捷菜单中选择"刷新"选项,查看其内容中已存在 testbase2 数据库。

⑤ 查看数据库 testbase2 属性。在"对象资源管理器"窗格中,右击数据库 testbase2,在打开的快捷菜单中选择"属性"选项,打开数据库 testbase2 属性窗口,如图 1-14 所示,分别查看"常规""文件""文件组"选择页的内容。

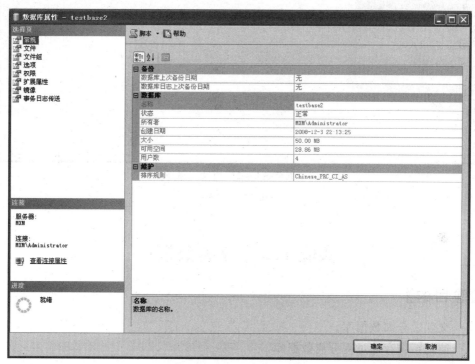

(a) 数据库 testbase2 "常规" 选择页

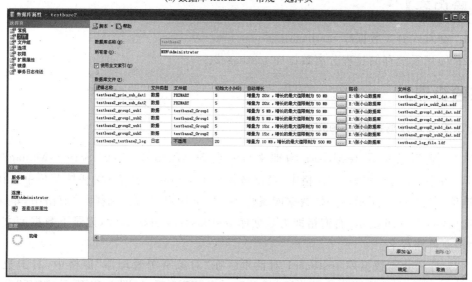

(b) 数据库 testbase2 "文件" 选择页

图 1-14 数据库 testbase2 属性窗口

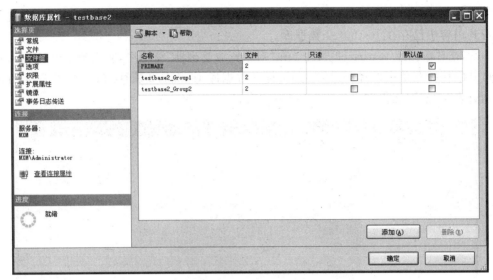

(c) 数据库 testbase2 "文件组" 选择页

图 1-14 （续）

实验 1.2　分离数据库

【实验目的】

- 交互式分离数据库。
- 使用系统存储过程分离数据库。

【实验内容】

1. 交互式分离数据库 testbase1。
2. 使用系统存储过程分离数据库 testbase2。

【实验步骤】

1. 交互式分离数据库 testbase1

（1）查看数据库 testbase1 物理文件。启动 Microsoft SQL Server Management Studio，在"对象资源管理器"窗格中，右击数据库 testbase1，在打开的快捷菜单中选择"属性"选项，如图 1-15 所示，打开"数据库属性-testbase1"窗口，在"选择页"窗格中，单击"文件"选项，如图 1-16 所示，右窗格即为数据库 testbase1 文件的属性，记录下数据库文件名和物理文件路径名。

（2）打开分离数据库 testbase1 对话框。在"对象资源管理器"窗格中，右击数据库 testbase1，在打开的快捷菜单中选择"任务"→"分离"选项，如图 1-17 所示，打开"分离数据库"对话框。

图 1-15　查看 testbase1 属性

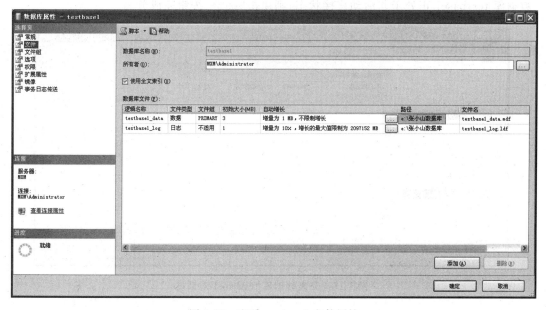

图 1-16　查看 testbase1 文件属性

图 1-17　分离 testbase1

（3）分离数据库 testbase1。

① 如果打开的"分离数据库"对话框如图 1-18 所示，其中"状态"列为"就绪"，表明该数据库 testbase1 正处于非活动连接状态，则单击"确定"按钮完成分离。

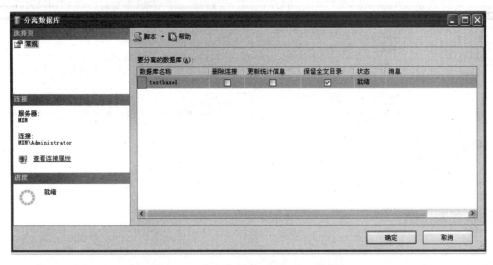

图 1-18　分离数据库 testbase1 对话框

② 如果打开的"分离数据库"对话框中"状态"列为"未就绪"，表明该数据库 testbase1 正处于活动连接状态，即正在使用中，则需勾选"删除连接"列中的复选框，如图 1-19 所

示,再单击"确定"按钮完成分离。

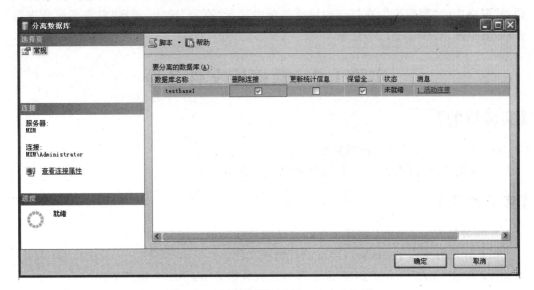

图 1-19　设置分离数据库 testbase1 选项

（4）观察"对象资源管理器"窗格中，是否还存在数据库 testbase1。右击"对象资源管理器"窗格中的"数据库"，在打开的快捷菜单中选择"刷新"选项，观察"对象资源管理器"窗格，数据库 testbase1 已不存在。

2. 使用系统存储过程分离数据库 testbase2

（1）启动 Microsoft SQL Server Management Studio。

（2）打开查询编辑器窗口。单击工具栏中的 新建查询(N) 按钮，打开一个查询编辑器窗口，输入下列 T-SQL 语句。

```
EXEC sp_detach_db testbase2,true
```

（3）单击工具栏中的 执行(X) 按钮，执行上面的 T-SQL 语句，如图 1-20 所示。

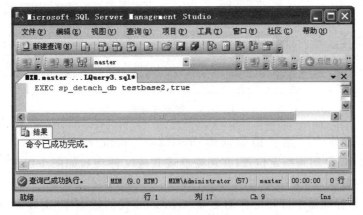

图 1-20　执行分离数据库 testbase2 的 T-SQL 命令

（4）观察"对象资源管理器"窗格中是否还存在数据库 testbase2。右击"对象资源管理器"窗格中的"数据库",在打开的快捷菜单中选择"刷新"选项,观察"对象资源管理器"窗格,数据库 testbase2 已不存在。

实验 1.3　数据库文件备份

【实验目的】

- 掌握数据库物理文件的复制方法。
- 掌握使用"SQL Server 配置管理器",停止数据库服务。

【实验内容】

复制数据库 testbase1 物理文件到移动硬盘或其他文件夹,方法如下。

（1）分离数据库 testbase1,再复制其物理文件。

（2）停止"SQL Server 2008 服务",再复制数据库 testbase1 物理文件。

【实验步骤】

1. 分离数据库 testbase1,再复制其物理文件

（1）分离数据库 testbase1。按照实验 1.2 将数据库 testbase1 从服务器上分离。

（2）复制数据库 testbase1 物理文件到指定位置。在资源管理器中,打开文件夹"E:\ 张小山数据库",如图 1-21 所示。

图 1-21　资源管理器

将数据库文件 E:\张小山数据库\testbase1_data.mdf 和 E:\张小山数据库\testbase1_log.ldf 复制到指定位置(移动硬盘或其他文件夹),如图 1-21 中的可移动磁盘"G:\2008 我的数据库"文件夹。

（3）在资源管理器中打开可移动磁盘"G:\2008 我的数据库"文件夹,查看其中已存在数据库 testbase1 的物理文件。

2. 停止"SQL Server 2008服务",再复制数据库 testbase1 物理文件

（1）打开 SQL Server 2008 配置管理器。选择"开始"→"所有程序"→Microsoft SQL Server 2008→"配置工具"→"SQL Server 配置管理器",如图 1-22 所示,打开 SQL Server Configuration Manager 窗口,如图 1-23 所示。

（2）停止 SQL Server 2008 服务。单击左窗格中的"SQL Server 2008 服务",查看右窗格中列出的所有 SQL Server 2008 服务项目,如果 SQL Server（MSSQLSERVER）项的"状态"是"正在运行",则右击 SQL Server（MSSQLSERVER）,在打开的快捷菜单中选择"停止"或"暂停"选项,如图 1-24 所示,系统即打开一个显示停止 SQL Server 2008 服务的进度指示窗口,停止运行结束后,查看 SQL Server（MSSQLSERVER）项的"状态"变为"已停止",如图 1-25 所示。

（3）查看 SQL Server Management Studio 的变化。在 SQL Server Management Studio 中,查看"对象资源管理器"窗格中 MXM 左侧的图标已变成红色方点（表示此服务已停止运行,服务运行时是绿色三角符号。因本书是黑白印刷,具体颜色见操作界面,余同）,如图 1-26 所示。

图 1-22　选择 SQL Server 2008 配置服务器命令

图 1-23　SQL Server Configuration Manager 窗口

图 1-24　选择停止 SQL Server 2008 服务

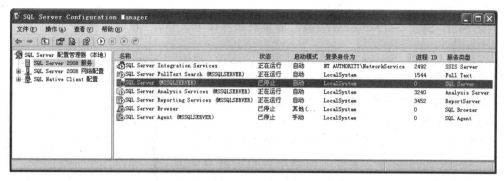

图 1-25　停止状态的 SQL Server 服务

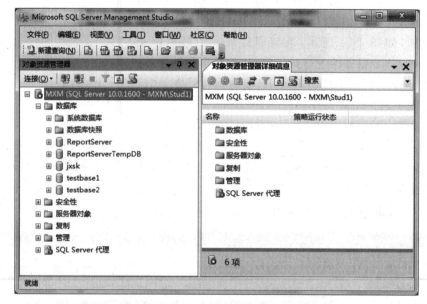

图 1-26　停止 SQL Server 2008 服务后引擎状态

（4）复制数据库 testbase1 物理文件到指定位置。在资源管理器中，打开文件夹"E:\张小山数据库"，如图 1-21 所示。

将数据库文件 E:\张小山数据库\testbase1_data.mdf 和 E:\张小山数据库\testbase1_log.ldf 复制到指定位置（移动硬盘或其他文件夹），如图 1-21 中的可移动磁盘"G:\2008 我的数据库"文件夹中。

（5）在资源管理器中打开可移动磁盘"G:\2008 我的数据库"文件夹，查看其中已存在数据库 testbase1 的物理文件。

实验 1.4　附加数据库

【实验目的】

- 掌握交互式附加数据库的方法。

SQL Server 实验指导（第 4 版）

- 掌握使用系统存储过程附加数据库的方法。

【实验内容】

将分离的数据库 testbase1 附加到 SQL Server 2008 服务中，方法如下。

（1）使用交互式方法。

（2）使用系统存储过程。

其中，数据库 testbase1 的物理数据文件和事务日志文件存放在文件夹 E:\张小山数据库\testbase1_data.mdf 和 E:\张小山数据库\testbase1_log.ldf。

【实验步骤】

1. 使用交互式方法附加数据库 testbase1 到 SQL Server 2008

（1）打开"附加数据库"对话框。在 Microsoft SQL Server Management Studio 的"对象资源管理器"窗格中，右击"数据库"，在打开的快捷菜单中选择"附加"选项，如图 1-27 所示，打开"附加数据库"对话框，如图 1-28 所示。

图 1-27　选择附加数据库

（2）选择附加数据库 testbase1 的物理文件。单击"添加"按钮，打开"定位数据库文件"对话框，定位文件夹"E:/张小山数据库"，选择数据库 testbase1 的数据物理文件 testbase1_data.mdf，如图 1-29 所示。单击"确定"按钮，返回到"附加数据库"对话框，如图 1-30 所示。

（3）查看"附加数据库"对话框中"testbase1 数据库详细信息"列表中的内容，单击"确定"按钮，完成附加数据库操作。

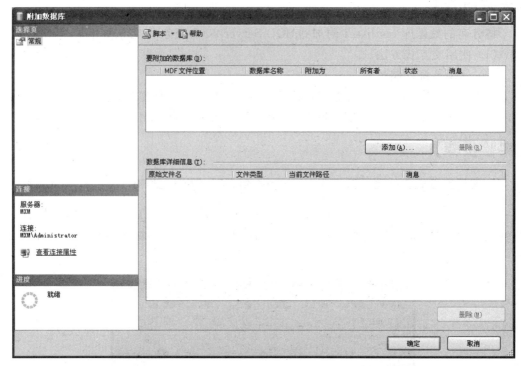

图 1-28　"附加数据库"对话框

图 1-29　选择附加数据库文件

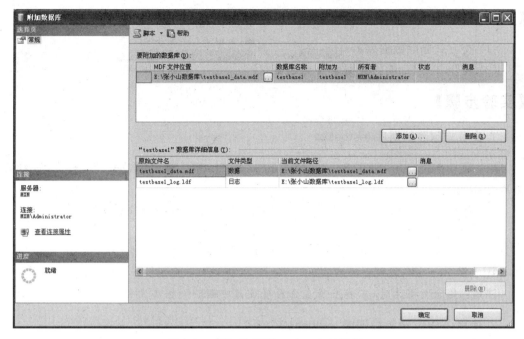

图 1-30　附加数据库 testbase1 对话框

（4）查看"对象资源管理器"窗格，数据库 testbase1 已存在。

2. 使用系统存储过程附加数据库 testbase1 到 SQL Server 2008

（1）启动 Microsoft SQL Server Management Studio。

（2）打开查询编辑器窗口。单击工具栏中的 🔲 新建查询(N) 按钮，打开一个查询编辑器窗口，输入下列 T-SQL 语句。

```
EXEC sp_attach_single_file_db @dbname='testbase1',
    @physname='E:\张小山数据库\testbase1_data.mdf'
```

（3）执行 T-SQL 语句。单击工具栏中的 ❗ 执行(X) 按钮，执行上面的 T-SQL 语句。

（4）查看"对象资源管理器"窗格中是否存在数据库 testbase1。右击"对象资源管理器"中的"数据库"项，在打开的快捷菜单中选择"刷新"选项，"数据库"中即出现上面附加的数据库 testbase1。

实验 1.5　删除数据库

【实验目的】

- 掌握交互式删除数据库的方法。
- 掌握使用 T-SQL 删除数据库的方法。

【实验内容】

(1) 交互式删除数据库 testbase1。

(2) 使用 T-SQL 删除数据库 testbase2。

【实验步骤】

1. 交互式删除数据库 testbase1

(1) 启动 Microsoft SQL Server Management Studio。展开"数据库"文件夹,查看数据库 testbase1。

(2) 选择数据库 testbase1,右击,在打开的快捷菜单中选择"删除"选项。

(3) 查看"数据库"文件夹,数据库 testbase1 已不存在。

(4) 在资源管理器中打开文件夹"E:\张小山数据库",查看文件 testbase1_data.mdf 和 testbase1_log.ldf,发现已不存在。

注意:删除数据库时,不能采用在资源管理器中删除数据库文件的方法。

2. 使用 T-SQL 删除数据库 testbase2

(1) 启动 Microsoft SQL Server Management Studio。

(2) 打开查询编辑器窗口。单击工具栏中的 新建查询(N) 按钮,打开一个查询编辑器窗口,输入下列 T-SQL 语句,如图 1-31 所示。

```
DROP DATABASE testbase2
```

图 1-31　T-SQL 语句删除数据库 testbase2

(3) 执行 T-SQL 语句。单击工具栏中的 执行(X) 按钮,执行上面的 T-SQL 语句,如

图 1-32 所示。

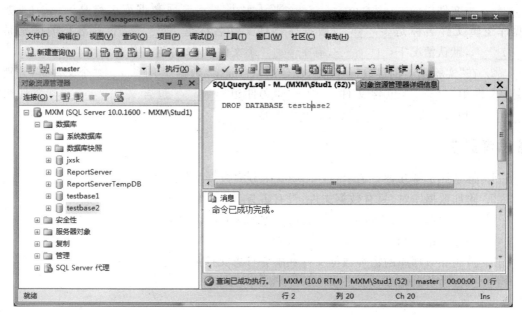

图 1-32　执行 T-SQL 语句删除数据库 testbase2

（4）查看"对象资源管理器"窗格中数据库 testbase2 是否还存在,若存在,则右击"数据库",在打开的快捷菜单中选择"刷新"选项,再查看"数据库"中的 testbase2 数据库已不存在。

（5）在资源管理器中,打开文件夹"E:\张小山数据库",查看数据库 testbase2 的所有物理文件都已不存在。

习　　题

【实验题】

1. 用交互式方法创建数据库 mybase,要求如下。

（1）数据文件存储的文件夹是 D:\mytestbase。

（2）数据存放在两个文件组 group1、group2 中。

2. 修改数据库 mybase 属性,要求如下。

（1）文件最大大小为 100MB。

（2）文件增长比例为 20%。

3. 将数据库 mybase 复制到移动硬盘上。

4. 删除数据库 mybase。

5. 用 T-SQL 实现上面 1～4 题的操作。

【填空题】

1. 在"实验 1.1 创建数据库"中,创建的数据库 testbase1 包含的文件有：文件

_____,大小_____,默认大小_____;文件_____,大小_____,默认大小_____;文件_____,大小_____,默认大小_____;数据库名称是_____;数据库逻辑文件名称是_____;数据库物理文件名称是_____;这些名称的区别是_____,默认情况下,_____,有_____个文件组,文件组名称是_____。

2. 在"实验 1.1 创建数据库"中,创建的 testbase2 数据库有_____个文件组,分别是:文件组_____包含文件_____,文件组_____包含文件_____,文件组_____包含文件_____,默认的文件组是_____。

【思考题】

1. 你掌握了哪几种 SQL Server 2008 中分离数据库的方法?

2. 附加数据库时,只有数据文件,没有事务日志文件,可以完成附加吗?

3. 附加数据库 testbase1 时,能否将数据库名称改为 testbase8?

4. 删除数据库和分离数据库有何区别?

5. 被删除数据库的物理数据文件和事务日志文件是否还存在?

实验 2　　数 据 库 表

数据库表(data base table)是包含数据库中所有数据的数据库对象,创建数据库之后,即可创建数据库表。

【知识要点】

1. 数据库表

数据库表(简称表)是数据库内最重要的对象,它最主要的功能是存储数据内容。创建数据库之后,即可创建数据库表。数据库表存储在数据库文件中,并可以将其存放在指定的文件组上。数据库表是列的集合,每一列都是不可再分的。数据在数据库表中是按行和列的格式组织排列的,每行代表唯一的一条记录,而每列代表记录中的一个数据项。每一列具有相同的域,即有相同的数据类型。SQL Server 的每个数据库最多可存储 20亿个表,每个表可以有 1024 列。表的行数及总大小仅受可用存储空间的限制。每行最多可以存储 8060 字节(B)。

2. 数据库表结构

每个数据库表至少包含下面内容。
- 数据库表名称。
- 数据库表中所包含列的列名称,同一表中的列名称不能相同。
- 每列的数据类型。
- 字符数据类型列的长度(字符个数)。
- 每个列的取值是否可以为空(Null)。

3. 列的数据类型

在 SQL Server 2008 数据库表中列的数据类型如表 2-1 所示。

表 2-1　列的数据类型

类　别	类　型	说　明
精确数字	bigint	存储大小为 8 字节。$-2^{63}(-9\ 223\ 372\ 036\ 854\ 775\ 808) \sim 2^{63}-1$ $(9\ 223\ 372\ 036\ 854\ 775\ 807)$的整型数据
	int	存储大小为 4 字节。$-2^{31}(-2\ 147\ 483\ 648) \sim 2^{31}-1(2\ 147\ 483\ 647)$的整型数据

类 别	类 型	说 明
精确数字	smallint	存储大小为 2 字节。$-2^{15}(-32\ 768)\sim 2^{15}-1(32\ 767)$ 的整型数据
	tinyint	存储大小为 1 字节。$0\sim 255$ 的整型数据
	bit	可以取值为 1、0 或 Null 的整数数据类型。Microsoft SQL Server 2008 Database Engine 优化了 bit 列的存储。如果表中的列为 8bit 或更少,则这些列作为 1 字节存储。如果列为 $9\sim 16$bit,则这些列作为 2 字节存储,以此类推。字符串值 TRUE 和 FALSE 可以转换为以下 bit 值:TRUE 转换为 1,FALSE 转换为 0
	decimal[(p[,s])]	带固定精度和小数位数的数值数据类型。numeric 在功能上等价于 decimal。使用最大精度时,有效值为 $-10^{38}+1\sim 10^{38}-1$。p (精度):最多可以存储的十进制数字的总位数,包括小数点左边和右边的位数。该精度必须是从 1 到最大精度 38 的值,默认精度为 18。s(小数位数):小数点右边可以存储的十进制数字的最大位数。小数位数必须是 $0\sim p$ 的值。仅在指定精度后才可以指定小数位数。默认的小数位数为 0;因此,$0\leqslant s\leqslant p$。最大存储大小基于精度而变化
	numeric[(p[,s])]	
	money	存储大小为 8 字节。货币数据值为 $-922\ 337\ 203\ 685\ 477.580\ 8\sim 922\ 337\ 203\ 685\ 477.580\ 7$
	smallmoney	存储大小为 4 字节。货币数据值为 $-214\ 748.364\ 8\sim +214.748\ 364\ 7$
近似数字	float	存储字节数取决于 n 的值。$-1.79E+308\sim -2.23E-308$、0 以及 $2.23E-308\sim 1.79E+308$
	real	存储大小为 4 字节。$-3.40E+38\sim -1.18E-38$、0 以及 $1.18E-38\sim 3.40E+38$
日期和时间	datetime	时间范围:1753 年 1 月 1 日到 9999 年 12 月 31 日 精确度:3.33 毫秒
	smalldatetime	时间范围:1900 年 1 月 1 日到 2079 年 6 月 6 日 精确度:1 分钟
字符串	char[(n)]	固定长度的非 Unicode 字符数据,长度为 n 字节。n 的取值范围为 $1\sim 8000$,存储大小是 n 字节
	varchar[(n|max)]	长度可变的非 Unicode 字符数据。n 的取值范围为 $1\sim 8000$。max 指示最大存储大小是 $2^{31}-1$ 字节。存储大小是输入数据的实际长度加 2 字节。所输入数据的长度可以为 0 个字符
	text	服务器代码页中长度可变的非 Unicode 数据,最大长度为 $2^{31}-1$ (2 147 483 647)个字符。当服务器代码页使用双字节字符时,存储仍是 2 147 483 647 字节。根据字符串,存储大小可能小于 2 147 483 647 字节

类　别	类　型	说　明
Unicode 字符串	nchar[(n)]	n 个字符的固定长度的 Unicode 字符数据。n 值必须在 1～4000（含边界值）。存储大小为 2n 字节
	nvarchar[(n|max)]	可变长度 Unicode 字符数据。n 值为 1～4000（含边界值）。max 指示最大存储大小为 $2^{31}-1$ 字节。存储大小是所输入字符个数的两倍＋2 字节。所输入数据的长度可以为 0 个字符
	ntext	长度可变的 Unicode 数据,最大长度为 $2^{30}-1(1\ 073\ 741\ 823)$ 个字符。存储大小是所输入字符个数的两倍(以字节为单位)
二进制 字符串	binary[(n)]	长度为 n 字节的固定长度二进制数据,其中 n 是 1～8000 的值。存储大小为 n 字节
	varbinary[(n|max)]	长度可变的二进制数据。n 可以取 1～8000 的值。max 指示最大存储大小为 $2^{31}-1$ 字节。存储大小为所输入数据的实际长度＋2字节。所输入数据的长度可以是 0 字节
	image	长度可变的二进制数据,0～$2^{31}-1(2\ 147\ 483\ 647)$字节
其他数 据类型	cursor	这是变量或存储过程 OUTPUT 参数的一种数据类型,这些参数包含对游标的引用。使用 cursor 数据类型创建的变量可以为空
	sql_variant	用于存储 SQL Server 2008 支持的各种数据类型(不包括 text、ntext、image、timestamp 和 sql_variant)的值
	table	一种特殊的数据类型,用于存储结果集以进行后续处理。table 主要用于临时存储一组行,这些行是作为表值函数的结果集返回的
	timestamp	存储大小为 8 字节。公开数据库中自动生成的唯一二进制数字的数据类型。timestamp 通常用作给表行加版本戳的机制
	uniqueidentifier	16 字节的全局唯一标识符(GUID)
	xml	可以在列中存储 XML 实例,xml 数据类型使用户可以在 SQL Server 数据库中存储 XML 文档和片段。xml 数据类型实例的存储表示形式不能超过 2GB

4. 对数据库表的操作

创建数据库表之后,可进行下面的操作。

- 修改数据库表结构。
- 删除数据库表。
- 查询数据库表中的数据。
- 更新(插入、修改、删除)数据库表中的数据。

5. 创建数据库表的 T-SQL 语句

```
CREATE TABLE
    [ database_name.[ owner ] .| owner.] table_name
    ( { <column_definition >
        | column_name AS computed_column_expression
```

```
            | <table_constraint >::=[ CONSTRAINT constraint_name ] }
                | [ { PRIMARY KEY | UNIQUE } [ ,...n ]
      ]
[ ON { filegroup | DEFAULT } ]


<column_definition >::={ column_name data_type }
    [ COLLATE <collation_name >]
    [ [ DEFAULT constant_expression ]
        | [ IDENTITY [ ( seed , increment) [ NOT FOR REPLICATION ] ] ]
      ]
  [ ROWGUIDCOL]
    [ <column_constraint >] [ ...n ]


<column_constraint >::=[ CONSTRAINT constraint_name ]
    { [ NULL | NOT NULL ]
        | [ { PRIMARY KEY | UNIQUE } [ CLUSTERED | NONCLUSTERED ]
            [ WITH FILLFACTOR=fillfactor ]
            [ON {filegroup | DEFAULT} ]
          ]
        | [ [ FOREIGN KEY ] REFERENCES ref_table [ ( ref_column) ]
              [ ON DELETE { CASCADE | NO ACTION } ]
              [ ON UPDATE { CASCADE | NO ACTION } ]
              [ NOT FOR REPLICATION ]
          ]
    | CHECK [ NOT FOR REPLICATION ] ( logical_expression)
    }


<table_constraint >::=[ CONSTRAINT constraint_name ]
    { [ { PRIMARY KEY | UNIQUE } [ CLUSTERED | NONCLUSTERED ]
          { ( column [ ASC | DESC ] [ ,...n ]) } }
        [ WITH FILLFACTOR=fillfactor ]
        [ ON { filegroup | DEFAULT } ]
      ]
      | FOREIGN KEY [ ( column [ ,...n ]) ]
   REFERENCES ref_table [ ( ref_column [ ,...n ]) ]
   [ ON DELETE { CASCADE | NO ACTION } ]
   [ ON UPDATE { CASCADE | NO ACTION } ]
   [ NOT FOR REPLICATION ]
   | CHECK [ NOT FOR REPLICATION ] ( search_conditions) }
```

6. 修改数据库表结构的 T-SQL 语句

```
ALTER TABLE table
{ [ ALTER COLUMN column_name
```

```
{ new_data_type [ ( precision [ , scale ] ) ]
    [ COLLATE <collation_name >]
    [ NULL | NOT NULL ]
    | {ADD | DROP } ROWGUIDCOL }
]
| ADD { [ <column_definition >]
        | column_name AS computed_column_expression
    } [ ,...n ]
| [ WITH CHECK | WITH NOCHECK ] ADD { <table_constraint >} [ ,...n ]
| DROP { [ CONSTRAINT ] constraint_name
        | COLUMN column
    } [ ,...n ]
| { CHECK | NOCHECK } CONSTRAINT { ALL | constraint_name [ ,...n ] }
| { ENABLE | DISABLE } TRIGGER { ALL | trigger_name [ ,...n ] }
}
```

7. 删除数据库表的 T-SQL 语句

```
DROP TABLE table_name
```

【实验目的】

- 掌握创建数据库表的方法。
- 掌握修改数据库表结构的方法。
- 掌握删除数据库表的方法。

实验 2.1　创建数据库表

【实验目的】

- 掌握交互式创建数据库表的方法。
- 掌握使用 T-SQL 语句创建数据库表的方法。
- 掌握向数据库表中录入数据的方法。

【实验内容】

在数据库 jxsk 中,创建如下数据库表:教师表 T、学生表 S、课程表 C、选课表 SC、授课表 TC。各数据库表的结构如表 2-2～表 2-6 所示。

表 2-2　教师表 T

字段名	数据类型	长度(字节数)	允许 Null 值	中文描述
TNO	char	2	否	教师号
TN	char	8	否	教师姓名

字段名	数据类型	长度（字节数）	允许 Null 值	中文描述
SEX	char	2	是	性别
AGE	tinyint	1	是	年龄
PROF	char	10	是	职称
SAL	smallint	2	是	工资
COMM	smallint	2	是	岗位津贴
DEPT	char	10	是	系名

表 2-3　学生表 S

字段名	数据类型	长度（字节数）	允许 Null 值	中文描述
SNO	char	2	否	学生号
SN	char	8	否	学生姓名
SEX	char	2	是	性别
AGE	tinyint	1	是	年龄
DEPT	char	10	是	系名

表 2-4　课程表 C

字段名	数据类型	长度（字节数）	允许 Null 值	中文描述
CNO	char	2	否	课程号
CN	char	10	否	课程名
CT	tinyint	1	是	课时数

表 2-5　选课表 SC

字段名	数据类型	长度（字节数）	允许 Null 值	中文描述
SNO	char	2	否	学号
CNO	char	2	否	课程号
SCORE	tinyint	1	是	成绩

表 2-6　授课表 TC

字段名	数据类型	长度（字节数）	允许 Null 值	中文描述
TNO	char	2	否	教师号
CNO	char	2	否	课程号
Evaluation	char	20	是	评价

【实验步骤】

1. 交互式创建数据库表 T

（1）启动 Microsoft SQL Server Management Studio。

（2）打开表设计器。选择"数据库"→jxsk，展开数据库 jxsk 内容。右击"表"，在打开的快捷菜单中选择"新建表"选项，如图 2-1 所示，打开表设计窗格，如图 2-2 所示。

（3）按照表 2-2 的内容，输入各字段定义，如图 2-3 所示。

（4）保存新建数据库表 T。单击工具栏中的 ![save] 按钮，打开"选择名称"对话框，输入表名称 T，如图 2-4 所示，单击"确定"按钮。

（5）单击如图 2-3 所示窗格右上角的"关闭"按钮 ![close]，关闭设计表 T 窗格。

（6）查看数据库表 T。在"对象资源管理器"中，选择"数据库"→jxsk→"表"→dbo. T→"列"，如图 2-5 所示，查看教师表 T 的内容。若双击左窗格中 dbo. T 的"列"，则在右窗格中也可以看到教师表 T 的内容。

图 2-1　选择创建数据库表命令

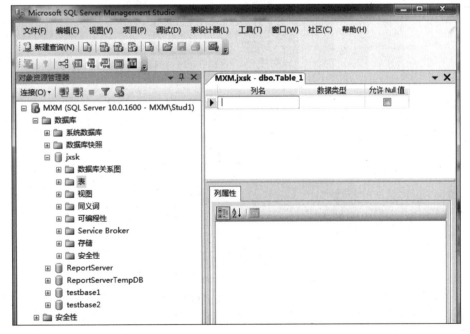

图 2-2　数据库表设计窗格

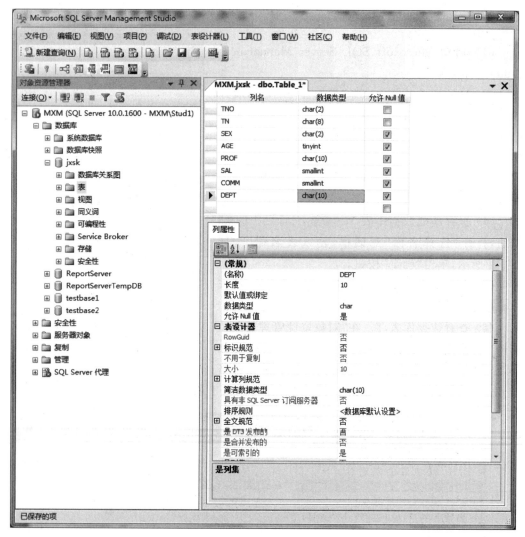

图 2-3　创建数据库中的教师表 T

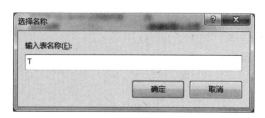

图 2-4　输入表名称 T

SQL Server 实验指导(第 4 版)

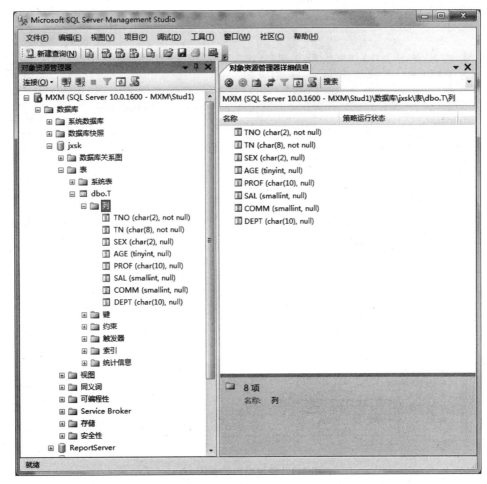

图 2-5　教师表 T 的列定义

2. 交互式创建数据库表 S

参照本实验中"1. 交互式创建数据库表 T"的步骤,创建数据库 jxsk 中的学生表 S。学生表 S 中的列定义如表 2-3 所示。

3. 用 T-SQL 语句创建数据库表 C

(1) 启动 Microsoft SQL Server Management Studio。

(2) 打开查询编辑器窗口。单击工具栏中的 新建查询(N) 按钮,打开一个查询编辑器窗口,输入下列 T-SQL 语句,创建数据库表 C。

```
CREATE TABLE C(CNO CHAR(2),
          CN CHAR(10),
          CT TINYINT)
```

(3) 设置当前数据库。在工具栏中的"可用数据库"下拉列表框中,选择数据库 jxsk

为当前数据库,如图 2-6 所示。

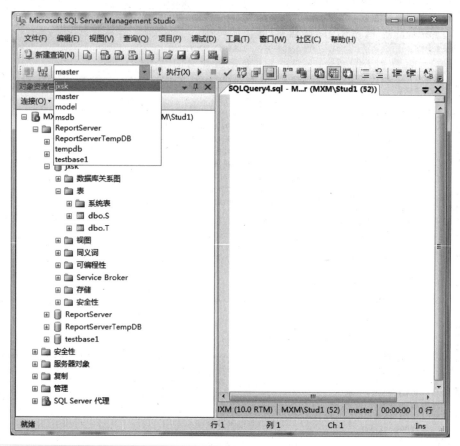

图 2-6　设置当前数据库 jxsk

（4）执行 T-SQL 语句。单击工具栏中的 ❗执行(X) 按钮,执行该 T-SQL 语句。若执行成功,在下面的“消息”窗格中显示“命令已成功完成。”,如图 2-7 所示;若执行不成功,则“消息”窗格中显示错误信息。

（5）检查数据库表 C 是否已存在。在“对象资源管理器”窗格中,选择“数据库”→jxsk,右击“表”,在打开的快捷菜单中选择“刷新”选项,可以看到“表”中已存在课程表dbo. C,如图 2-8 所示。其中,dbo 为表 C 的所有者。查看、比较课程表 C 的“列”中各列的定义是否与你创建的数据库表一致。

4. 用 T-SQL 语句创建数据库表 SC

重复上面实验“3. 用 T-SQL 语句创建数据库表 C”的过程,创建数据库表 SC,只创建SNO 和 CNO 两个字段。输入下列 T-SQL 语句,并执行。

```
CREATE TABLE SC(SNO CHAR(2),
                CNO CHAR(2))
```

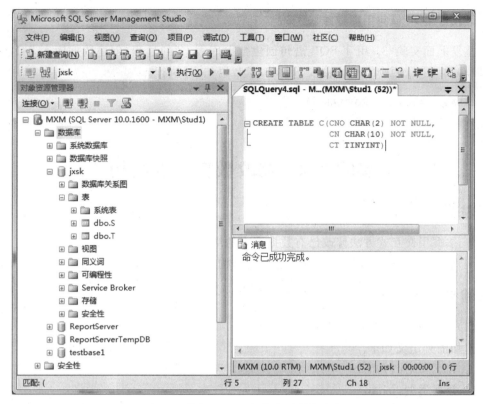

图 2-7　执行 T-SQL 语句创建数据表 C

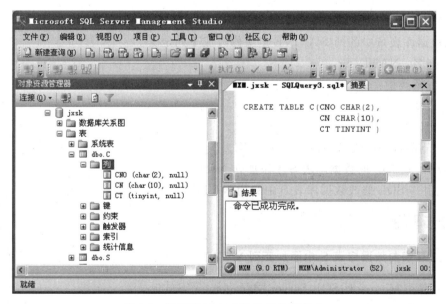

图 2-8　数据库 jxsk 中的表 C 的列定义

5. 用 T-SQL 语句创建数据表 TC

重复上面实验"3. 用 T-SQL 语句创建数据库表 C"的过程,创建数据库表 TC,只创建 TNO 和 CNO 两个字段。输入下列 T-SQL 语句,并执行。

```
CREATE TABLE TC(TNO CHAR(2),
                CNO CHAR(2))
```

实验 2.2　修改数据库表结构

【实验目的】

- 掌握用交互式方法修改已有数据库表的结构。
- 掌握用 T-SQL 修改已有数据库表的结构。

【实验内容】

(1) 向已有数据库表 S 中追加学籍列。

追加的列定义如下。

- 列名:NATIVE。
- 数据类型:char。
- 长度:40。
- 允许 Null 值:否。

(2) 修改已有数据库表 S 中的列定义。

把数据库表 S 中的列 NATIVE 定义修改成下列定义。

- 列名:NATIVE。
- 数据类型:char。
- 长度:16。
- 允许 Null 值:是。

(3) 删除数据库表 S 中的列 NATIVE。

(4) 用 T-SQL 向数据库表 S 中添加列 NATIVE。

(5)用 T-SQL 修改数据库表 S 中的列 NATIVE。

【实验步骤】

1. 交互式向数据库表 S 中添加新列 NATIVE

(1) 启动 Microsoft SQL Server Management Studio。

(2) 打开表设计器。在"对象资源管理器"窗格中,选择"数据库"→jxsk→"表",右击数据库表 dbo.S,在打开的快捷菜单中选择"设计"选项,如图 2-9 所示,打开数据库表 S 设计编辑器(以下简称表设计器),如图 2-10 所示。

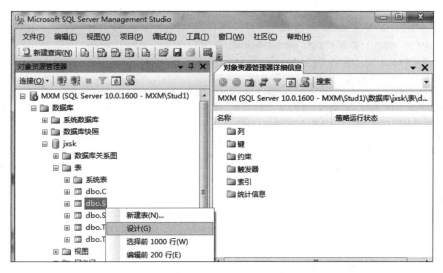

图 2-9 选择"设计"选项

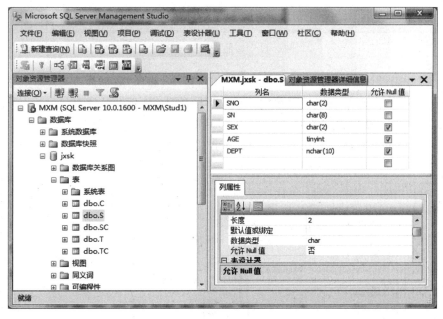

图 2-10 数据库表 S 设计编辑器

（3）在表设计器的最后一行，添加新列 NATIVE，列名为 NATIVE，数据类型为 char，长度为 40，允许 Null 值为否，如图 2-11 所示。

（4）保存修改。在工具栏中单击 按钮，保存对数据库表 S 的修改。单击窗口中的 按钮，关闭 dbo.S 设计窗口。

2. 交互式修改数据库表 S 中的列 NATIVE

（1）启动 Microsoft SQL Server Management Studio。

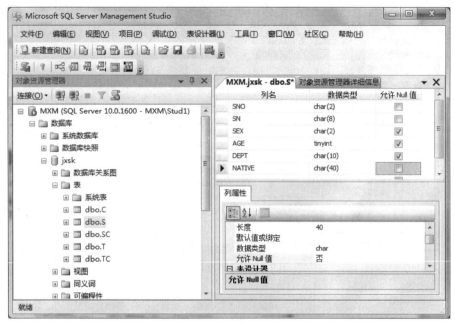

图 2-11　添加新列 NATIVE

（2）打开表设计器。在"对象资源管理器"窗格中,选择"数据库"→jxsk→"表",右击数据库表 dbo.S,在打开的快捷菜单中选择"设计"选项,打开表设计器。

（3）在表设计器中找到要修改的列 NATIVE,将此列的定义修改为列名 NATIVE,数据类型为 char,长度为 16,允许 Null 值,如图 2-12 所示。

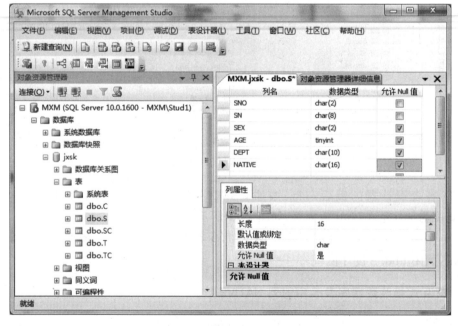

图 2-12　修改列 NATIVE

SQL Server 实验指导（第 4 版）

（4）保存修改。在工具栏中单击按钮，保存对数据库表 S 的修改，关闭表设计器窗口。

3. 交互式删除数据库表 S 中的列 NATIVE

（1）启动 Microsoft SQL Server Management Studio。

（2）打开表设计器。在"对象资源管理器"窗格中，选择"数据库"→jxsk→"表"，右击数据库表 dbo.S，在打开的快捷菜单中选择"设计"选项，打开表设计器。

（3）在表设计器中找到要删除的列 NATIVE，单击 NATIVE 的行选择器，选择要删除的列 NATIVE 的定义行。

（4）右击 NATIVE 列所在的行，在打开的快捷菜单中选择"删除列"选项，如图 2-13所示，列 NATIVE 即从表 S 中删除。

图 2-13　选择"删除列"选项

（5）保存修改。在工具栏中单击按钮，保存对数据库表 S 的修改，关闭表设计器窗口。

4. 用 T-SQL 向数据库表 S 中添加列 NATIVE

（1）启动 Microsoft SQL Server Management Studio。

（2）打开查询编辑器窗口。单击工具栏中的 ![新建查询(N)] 按钮，打开一个查询编辑器窗口。输入下列 T-SQL 语句，为数据库表 S 增加新列 NATIVE。新列的列名定义为 NATIVE，数据类型为 char，长度为 40，允许 Null 值。

```
ALTER TABLE S
        ADD NATIVE CHAR(40) NULL
```

（3）设置当前数据库。在工具栏中的"可用数据库"下拉列表框中，选择数据库 jxsk 为当前数据库，如图 2-6 所示。

（4）执行 T-SQL 语句。单击工具栏中的 ![执行(X)] 按钮，执行上面语句，如图 2-14 所示。

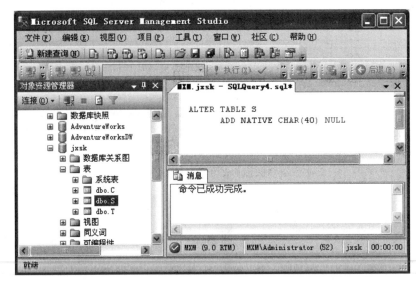

图 2-14 执行 T-SQL 增加新列 NATIVE

（5）查看表 S，确认增加了新列 NATIVE。在"对象资源管理器"窗格中，选择"数据库"→jxsk→"表"→dbo. S→"列"，右击"列"，在打开的快捷菜单中选择"刷新"选项，可查看到"列"中增加一新列 NATIVE(char(40)，null)。

5. 用 T-SQL 修改数据库表 S 中的列 NATIVE

（1）启动 Microsoft SQL Server Management Studio。

（2）打开查询编辑器窗口。单击工具栏中的 ![新建查询(N)] 按钮，打开一个查询编辑器窗口。输入下列 T-SQL 语句，修改数据库表 S 中列 NATIVE 的定义。该列的列名定义为 NATIVE，数据类型为 CHAR，长度为 16，允许 Null 值。

```
ALTER TABLE S
        ALTER COLUMN NATIVE CHAR(16) NULL
```

（3）设置当前数据库。在工具栏中的"可用数据库"下拉列表框中，选择数据库 jxsk 为当前数据库，如图 2-6 所示。

（4）执行 T-SQL 语句。单击工具栏中的 ❗执行(X) 按钮,执行上面语句,如图 2-15 所示。

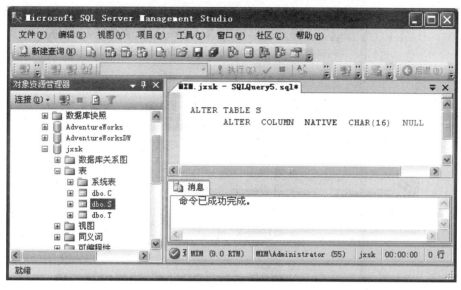

图 2-15　执行 T-SQL 修改列 NATIVE

（5）查看表 S,确认列 NATIVE 已被正确修改。在"对象资源管理器"窗格中,选择 "数据库"→jxsk→"表"→dbo.S→"列",右击"列",在打开的快捷菜单中选择"刷新"选项, 可查看到列 NATIVE 定义已修改为 NATIVE(char(16),null)。

实验 2.3　删除数据库表

【实验目的】

- 掌握交互式删除数据库表。
- 掌握用 T-SQL 删除数据库表。

【实验内容】

（1）交互式删除数据库表 TC。
（2）用 T-SQL 删除数据库表 T。

【实验步骤】

1. 交互式删除数据库表 TC

（1）启动 Microsoft SQL Server Management Studio。

（2）在"对象资源管理器"窗格中,选择"数据库"→jxsk→"表",右击数据库表 dbo.TC,在打开的快捷菜单中选择"删除"选项,如图 2-16 所示,打开"删除对象"对话框,如图 2-17 所示。

图 2-16　选择"删除"选项

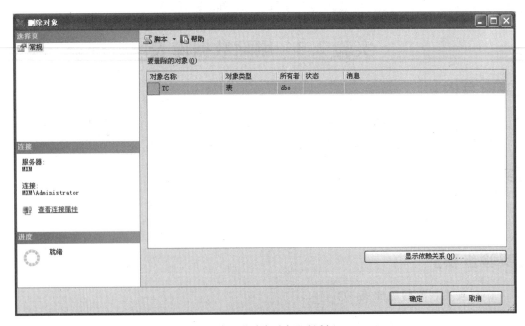

图 2-17　"删除对象"对话框

（3）查看"要删除的对象"列表中存在待删除的数据库表 TC，单击"确定"按钮，完成删除数据库表 TC 的操作。

（4）查看"对象资源管理器"窗格，数据库 jxsk 中已不存在数据库表 TC。

2. 用 T-SQL 删除数据表 T

（1）启动 Microsoft SQL Server Management Studio。

（2）打开查询编辑器窗口。单击工具栏中的 新建查询(N) 按钮，打开一个查询编辑器窗口。输入下列 T-SQL 语句，删除数据库 jxsk 中的数据库表 T。

```
USE jxsk
GO
DROP TABLE T
GO
```

（3）单击工具栏中的 执行(X) 按钮，执行上面语句，如图 2-18 所示。

图 2-18　执行 T-SQL 删除数据库表 T

（4）查看表数据库 jxsk，确认数据库表 T 已被删除。在"对象资源管理器"窗格中，选择"数据库"→jxsk→"表"，右击"表"，在打开的快捷菜单中选择"刷新"选项，可查看到数据库表 T 已不存在。

习　　题

【实验题】

1. 创建数据库 jiaoxuedb。

2. 在数据库 jiaoxuedb 中创建数据库表 Student、Teacher、Course、SC、TC，它们的表

数据如图 2-19～图 2-23 所示。

图 2-19　学生表 Student

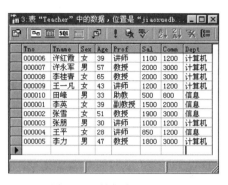

图 2-20　教师表 Teacher

图 2-21　课程表 Course

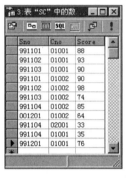

图 2-22　选课表 SC

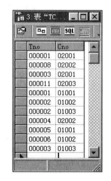

图 2-23　教师授课表 TC

3. 给学生表 Student 增加两个字段：一个是长度为 2000 个字符的字段简历 Resume；另一个是长度为 20 个字符的籍贯 Native。

4. 把学生表中的籍贯列改为 40 个字符。

5. 删除学生表中的简历字段 Resume。

6. 删除教师授课表 TC。

【思考题】

1. 一个数据库中的数据库表可以有相同的表名吗？同一个数据库表中，列名称可以相同吗？

2. 用 ALTER TABLE 语句可以修改已有的列名或删除已有的列吗？

3. 解释语句 USE jxsk 的含义。给出与此语句功能相同的操作。

4. 有下列定义：

```
Create Table Test(item1 char(10),
                  item2 nchar(10),
                  item3 nchar(20),
```

```
item4 nvarchar(20))
```

回答下列问题：

(1) item1 与 item2 所占磁盘空间各是多少字节？是否相同？

(2) item3 与 item4 所占磁盘空间各是多少字节？是否相同？

(3) 在 item1 对应的数据项中，可以输入字符串"12345678901"吗？为什么？

实验 3　数 据 操 作

创建数据库表之后，就可以向数据库表中录入数据，并且可以对数据库表中的数据进行录入、插入、修改、删除、复制等更新操作。

【知识要点】

1. 数据操作

创建数据库表之后，即可对其进行如下操作。

- 录入数据至数据库表。
- 插入数据至数据库表。
- 修改数据库表中的数据。
- 删除数据库表中的数据。
- 复制数据库表（结构和数据）。

2. 录入数据至数据库表

可以采用下列方法录入数据至数据库表中。

- 使用数据管理器。
- 使用 T-SQL 语言中的 INSERT INTO 语句。
- 使用 SQL Server 的导入数据功能把其他数据源数据导入 SQL Server 数据库表中。

3. 插入数据的 T-SQL 语句语法

```
INSERT [INTO] table_name [(column_list)] VALUES(data_values)
```

4. 修改数据的 T-SQL 语句语法

```
UPDATE { table_name | view_name }
      SET
      { column_name={ expression | DEFAULT | NULL }
      [ ,...n ]
      { { [ FROM { <table_source >} [ ,...n ] ]
         [ WHERE < search_condition >] } }
```

5. 删除数据的 T-SQL 语句语法

```
DELETE
        FROM { <table_name > } [ ,...n ]
    [ WHERE{ <search_condition > } ]
```

6. 数据库表的复制

可以通过 T-SQL 语句,复制已存在的数据库表生成一个新的数据库表。若被复制的数据库表中不存在数据,则只复制此表的数据结构至新表;若被复制的数据库表中存在数据,则既复制此表的数据结构又复制此表的所有数据至新表中。

复制数据库表的 T-SQL 语句语法如下。

```
SELECT select_list
    [ INTO new_table ]
     FROM table_source
    [ WHERE search_condition ]
    [ GROUP BY group_by_expression ]
    [ HAVING search_condition ]
    [ ORDER BY order_expression [ ASC | DESC ] ]
```

【实验目的】

- 掌握各种录入、插入数据至数据库表的方法。
- 掌握修改数据库表中数据的方法。
- 掌握删除数据库表中数据的方法。
- 掌握复制数据库表的方法。

实验 3.1 录入数据至数据库表

【实验目的】

- 掌握 SQL Server 的导入功能把非 SQL Server 数据源数据导入 SQL Server 数据库表的方法。
- 掌握交互式录入数据至数据库表的方法。
- 掌握使用 T-SQL 插入数据至数据库表的方法。

【实验内容】

(1) 把一个 Excel 工作表中的数据导入数据库表 S 中。此 Excel 文件名为 S_EXCEL.xls,其数据格式内容如图 3-1 所示,满足导入到 SQL Server 数据库表中的要求。

(2) 交互式录入数据至数据库表 T 中,数据如图 3-2 所示。

(3) 使用 INSERT INTO 语句插入数据至数据库表 C,数据如图 3-3 所示。

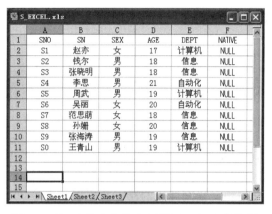

图 3-1 Excel 格式文件 S_EXCEL. xls 中的数据

TNO	TN	SEX	AGE	PROF	SAL	COMM	DEPT
T5	张兰	女	39	副教授	1300	2000	信息
T4	张雪	女	51	教授	1600	3000	自动化
T3	刘伟	男	30	讲师	900	1200	计算机
T2	王平	女	28	讲师	800	1200	信息
T1	李力	男	47	教授	1500	3000	计算机

图 3-2 待录入到数据库表 T 的数据

图 3-3 待录入到数据库表 C 的数据

【实验步骤】

1. 把 Excel 格式文件 S_EXCEL.xls 中的数据导入数据库表 S

（1）创建 Excel 格式文件 S_EXCEL. xls。启动 Microsoft Office Excel，创建如图 3-1 所示的工作表数据文件，文件路径名为"E:\张小山数据库\S_EXCEL. xls"。

（2）启动 Microsoft SQL Server Management Studio。

（3）打开导入向导对话框。在"对象资源管理器"窗格中，选择"数据库"→jxsk，右击 jxsk，在打开的快捷菜单中选择"任务"→"导入数据"选项，如图 3-4 所示，打开"SQL Server 导入和导出向导"对话框，如图 3-5 所示。

（4）选择数据源 Excel 文件。单击"下一步"按钮，打开"选择数据源"对话框，在"数据源"下拉列表框中，选择 Microsoft Excel；单击"Excel 文件路径"文本框右侧的 浏览(_R)... 按钮，选择要导入的源数据文件"E:\张小山数据库\S_EXCEL. xls"；在 "Excel 版本"下拉列表框中，选择 Microsoft Excel 2007；选择"首行包含列名称"复选框，如图 3-6 所示。单击"下一步"按钮，打开"选择目标"对话框。

（5）选择目标数据库。在"选择目标"对话框中，设置导入目标数据库各选项，如图 3-7 所示。单击"下一步"按钮，打开"指定表复制或查询"对话框，如图 3-8 所示，选择默认设置"复制一个或多个表或视图的数据"单选按钮，再单击"下一步"按钮，打开"选择

图 3-4　选择"任务"→"导入数据"选项

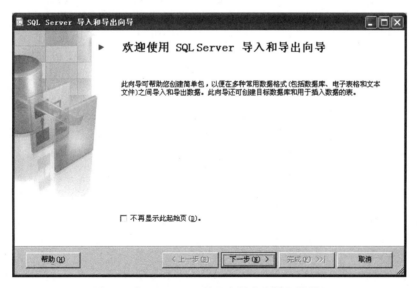

图 3-5　"SQL Server 导入和导出向导"对话框

图 3-6　选择导入数据源

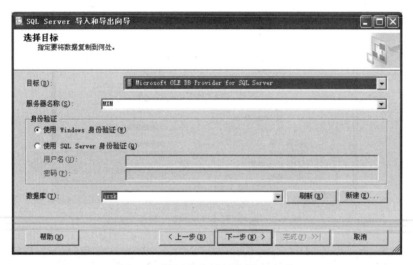

图 3-7　设置导入目标数据库选项

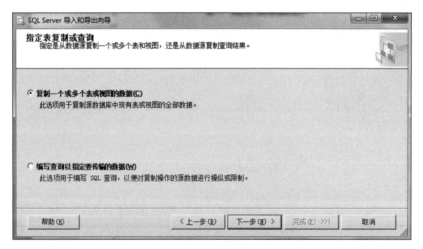

图 3-8　"指定表复制或查询"对话框

源表和源视图"对话框。

（6）设置数据源和目标选项。在"表和视图"列表中，单击第一行"源"列中 Sheet1 $
左侧的复选框，显示一个"√"，表示工作表 Sheet1 $ 作为数据来源表；选择同行"目标"列
的下拉列表框中的[dbo].[S]，表示[jxsk].[dbo].[S]作为接收 Sheet1 $ 数据的数据库
表，如图 3-9 所示。

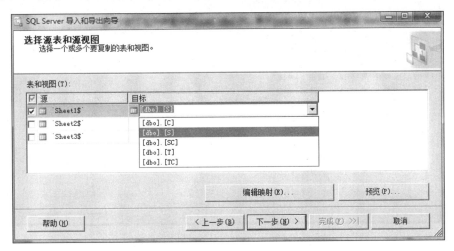

图 3-9　设置数据导入接收关系

（7）查看导入数据至目标数据库表的映射关系。单击"编辑映射"按钮，打开"列映
射"对话框，如图 3-10 所示，查看导入数据源表 Sheet1 $ 与目标数据库表 S 各列的映射关
系，并将"可为空值"列和"大小"列设置为与数据库表 S 对应列定义一致，单击"确定"按
钮，关闭"列映射"对话框，返回到"选择源表和源视图"对话框。

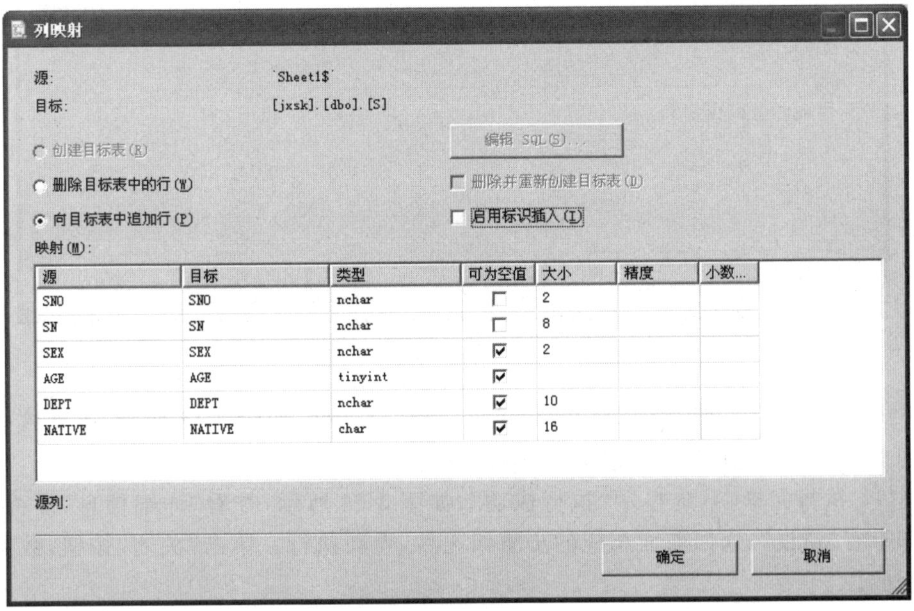

图 3-10　数据导入接收映射关系

(8) 预览数据源数据。单击"预览"按钮，打开"预览数据"对话框，如图 3-11 所示，查看要导入的 Sheet1$ 表中的数据，单击"确定"按钮，关闭"预览数据"对话框，返回到"选择源表和源视图"对话框。

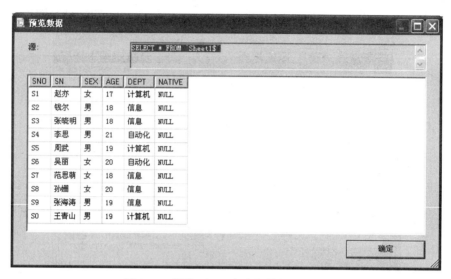

图 3-11　预览 Sheet1$ 中的数据对话框

(9) 单击"下一步"按钮，打开"保存并执行包"对话框，选择"立即执行"复选框，如图 3-12 所示。

图 3-12　"保存并执行包"对话框

(10) 单击"下一步"按钮，打开"完成该向导"对话框，如图 3-13 所示，查看该向导要执行的操作，单击"完成"按钮，执行数据导入操作。

(11) 执行完毕，系统显示"执行成功"，如图 3-14 所示，查看"详细信息"是否都"成功"，如果有"错误"，返回前面相应的步骤纠正后，重新执行。单击"关闭"按钮，数据导入操作完成。

(12) 查看导入结果。在"对象资源管理器"窗格中，选择"数据库"→jxsk→"表"，右

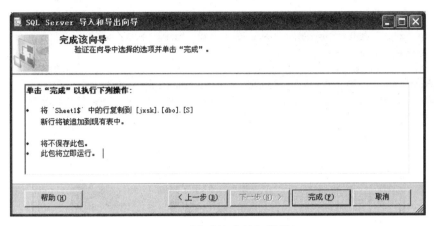

图 3-13 "完成该向导"对话框

图 3-14 执行成功信息提示对话框

击数据库表 S,在打开的快捷菜单中选择"编辑前 200 行"选项,打开数据库表 S,如图 3-15 所示,与 S_EXCEL.xls 的 Sheet1 工作表数据对照,内容是相同的。

2. 交互式录入数据至数据库表 T

(1) 打开数据库表 T。在"对象资源管理器"窗格中,选择"数据库"→jxsk→"表",右击数据库表 T,在打开的快捷菜单中选择"编辑前 200 行"选项,打开数据库表 T。

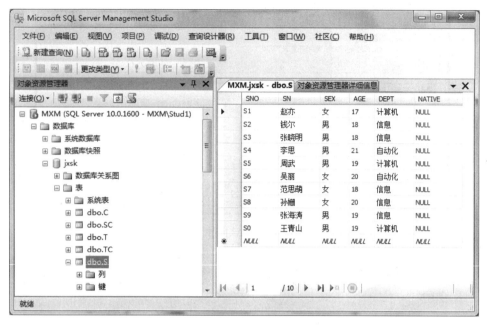

图 3-15　导入后的学生表 S 中的数据

（2）录入数据至数据库表 T。在打开的空的数据库表 T 中,把图 3-2 中的数据录入到教师表 T 中。

（3）单击数据库表 T 窗格右上角的 ✖ 按钮,关闭数据库表 T。

3. 使用 INSERT INTO 语句插入数据至数据库表 C

（1）启动 Microsoft SQL Server Management Studio。

（2）打开查询编辑器窗口。单击工具栏中的 新建查询(N) 按钮,打开一个查询编辑器窗口。输入下列 T-SQL 语句,把课程记录('C1','程序设计','60')插入到课程表 C 中。

```
USE jxsk
GO
INSERT INTO C VALUES('C1','程序设计','60')
GO
```

（3）单击工具栏中的 执行(X) 按钮,执行上面语句,如图 3-16 所示。

（4）查看课程表 C。在“对象资源管理器”窗格中,选择“数据库”→jxsk→“表”,右击数据库表 C,在打开的快捷菜单中选择“编辑前 200 行”选项,打开数据库表 C,可以看到数据库表 C 中已存在课程记录('C1','程序设计','60')。

（5）插入全部数据。重复本实验的步骤（2）和（3）,将图 3-3 中其他课程数据行录入至数据库表 C 中。

（6）查看课程表 C 中所有的数据。在 SQL Server Management Studio 右窗格中,单击打开的数据库表 C 标签“表-dbo.C”,单击工具栏中的 执行(X) 按钮,可以看到数据库表 C 中的所有数据行。

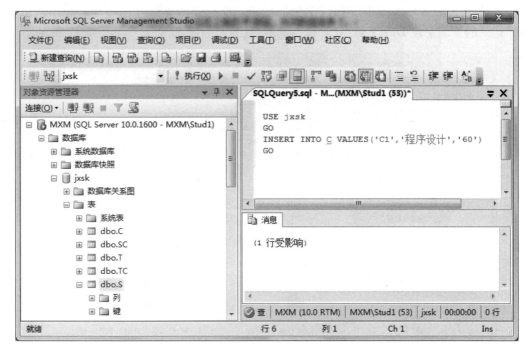

图 3-16　执行 T-SQL 语句

实验 3.2　修改数据

【实验目的】

- 掌握交互式修改数据库表中数据的方法。
- 掌握用 T-SQL 语句修改数据库表中数据的方法。

【实验内容】

（1）交互式修改数据库表 S 中的数据。要求：把"周武"同学的系别 DEPT 改为"信息"。

（2）用 T-SQL 语句修改数据库表 T 中的数据。要求：把教师"王平"的职称 PROF 改为"副教授"。

【实验步骤】

1. 交互式修改数据库表 S 中的数据

要求：把"周武"同学的系别 DEPT 改为"信息"。

（1）打开数据库表 S。在"对象资源管理器"窗格中，选择"数据库"→jxsk→"表"，右击数据库表 S，在打开的快捷菜单中选择"编辑前 200 行"选项，打开数据库表 S，如图 3-15 所示。

（2）修改数据库表 S 中"周武"学生的记录。在打开的数据库表 S 中，选中学生"周武"记录的系别字段 DEPT 值"计算机"，删除"计算机"，输入"信息"，如图 3-17 所示。

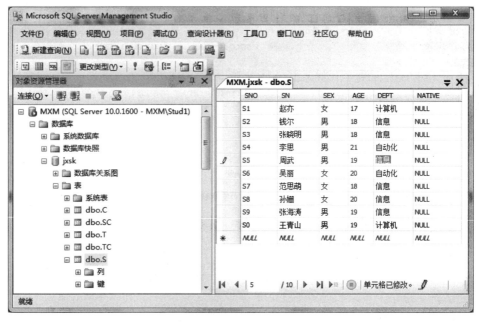

图 3-17　DEPT 字段值修改后的数据库表 S

（3）单击数据库表 S 窗格右上角的 ✕ 按钮，关闭表 S，保存数据。

2. 用 T-SQL 语句修改数据库表 T 中的数据

要求：把教师"王平"的职称 PROF 改为"副教授"。

（1）查看教师表 T 中的数据。在"对象资源管理器"窗格中，选择"数据库"→jxsk→"表"，右击数据库表 T，在打开的快捷菜单中选择"编辑前 200 行"选项，打开数据库表 T，查看教师"王平"的职称为"讲师"，如图 3-2 所示。

（2）打开查询编辑器窗口。单击工具栏中的 新建查询(N) 按钮，打开一个查询编辑器窗口。输入下列 T-SQL 语句，把教师表 T 中的教师"王平"的职称改为"副教授"。

```
USE jxsk
GO
UPDATE T SET PROF='副教授' WHERE TN ='王平'
GO
```

（3）单击工具栏中的 执行(X) 按钮，执行上面语句，如图 3-18 所示。

（4）查看教师表 T。单击右窗格中的"表-dbo.T"标签，显示数据库表 T，单击工具栏中的 执行(X) 按钮，刷新数据库表 T，如图 3-19 所示，可以看到教师表 T 中的教师"王平"的职称已改为"副教授"。

（5）关闭数据库表 T。

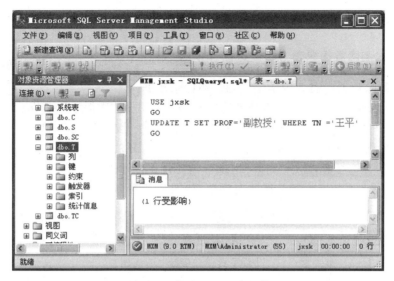

图 3-18　修改 PROF 字段值

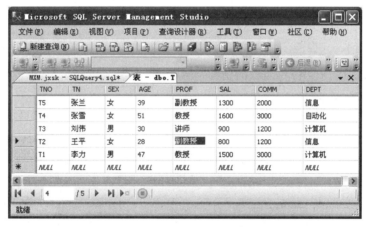

图 3-19　教师表 T 中王平的职称已改为副教授

实验 3.3　删　除　数　据

【实验目的】

- 掌握交互式删除数据库表中数据的方法。
- 掌握用 T-SQL 删除数据库表中数据的方法。

【实验内容】

（1）交互式删除数据库表 S 中的数据。要求：删除学生"周武"的记录数据。

（2）用 T-SQL 语句删除数据库表 T 中的数据。要求：删除教师"王平"的记录数据。

【实验步骤】

1. 交互式删除数据库表 S 中的数据

要求：删除数据库表 S 中学生"周武"的记录数据。

（1）打开数据库表 S。在"对象资源管理器"窗格中，选择"数据库"→jxsk→"表"，右击数据库表 S，在打开的快捷菜单中选择"编辑前 200 行"选项，打开数据库表 S，如图 3-17 所示。

（2）删除数据库表 S 中"周武"学生的记录。在打开的数据表 S 中，单击"周武"学生记录行左侧的行选择器，选中"周武"记录行，右击，在打开的快捷菜单中选择"删除"选项，如图 3-20 所示。系统显示确认删除对话框，如图 3-21 所示。

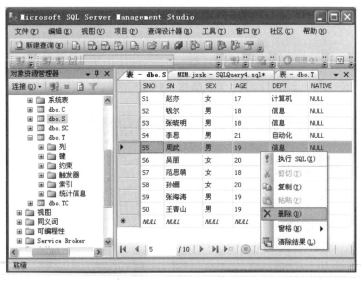

图 3-20　选择"删除"选项

图 3-21　删除数据行系统提示

（3）单击"是"按钮，"周武"同学的记录立即被删除。

（4）查看数据库表 S，发现已经不存在学生"周武"的记录，关闭数据库表 S。

2. 用 T-SQL 语句删除数据库表 T 中的数据

要求：删除教师"王平"的记录数据。

（1）查看教师表 T 中的数据。在"对象资源管理器"窗格中，选择"数据库"→jxsk→"表"，右击数据库表 T，在打开的快捷菜单中选择"编辑前 200 行"选项，打开数据库表 T，查看教师"王平"的记录，如图 3-19 所示。

（2）打开查询编辑器窗口。单击工具栏中的 _⬚ **新建查询(N)** 按钮，打开一个查询编辑器窗口。输入下列 T-SQL 语句，删除教师表 T 中教师"王平"的记录。

```
USE jxsk
GO
DELETE FROM T WHERE TN = '王平'
GO
```

（3）单击工具栏中的 **！执行(X)** 按钮，执行上面语句，右侧下方"消息"窗格中显示"（1 行受影响）"，如图 3-22 所示。

图 3-22　执行 T-SQL 删除数据记录

（4）查看数据库表 T 中数据的变化。单击右窗格中的"表-dbo.T"标签，显示数据库表 T，选中"王平"所在行，右击，在打开的快捷菜单中选择"执行 SQL"选项按钮，如图 3-23 所示。刷新数据库表 T，可以看到教师表 T 中的教师"王平"记录已不存在。

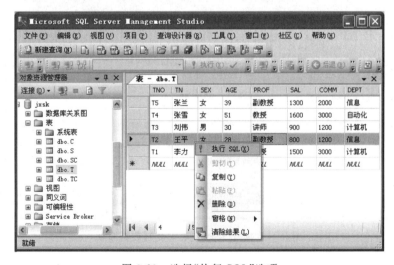

图 3-23　选择"执行 SQL"选项

(5) 关闭数据库表 T。

实验 3.4　复制数据库表

【实验目的】

- 掌握用 T-SQL 复制一个数据库表的方法。
- 掌握用 T-SQL 复制数据库表部分数据的方法。

【实验内容】

(1) 用 T-SQL 复制数据库表 S 生成一新数据库表 test1。
(2) 用 T-SQL 复制数据库表 T 中的"男"教师记录生成一新数据库表 Test2。

【实验步骤】

1. 用 T-SQL 复制数据库表 S 生成一新数据库表 test1

(1) 创建复制数据库表的 T-SQL 命令。单击工具栏中的 新建查询(N) 按钮,打开一个查询编辑器窗口,输入下列 T-SQL 语句。

```
USE jxsk
GO
SELECT * INTO test1 FROM S
GO
```

(2) 执行 T-SQL 语句。单击工具栏中的 执行(X) 按钮,执行 T-SQL 语句,右下方"消息"窗格中显示"(10 行受影响)",如图 3-24 所示。

图 3-24　执行 T-SQL 语句复制数据库表

（3）查看数据库表 test1。在"对象资源管理器"窗格中,选择"数据库"→jxsk→"表",可以看到数据库表 test1 已经存在。右击数据库表 test1,在打开的快捷菜单中选择"编辑前 200 行"选项,打开数据库表 test1,查看其中的数据共 10 行,如图 3-25 所示。

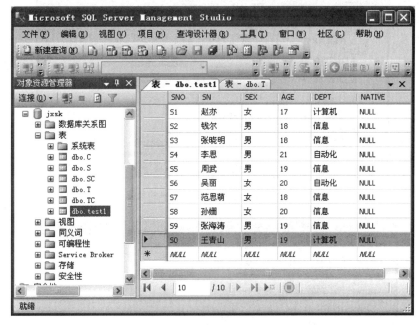

图 3-25　数据库表 test1 中的数据

2. 用 T-SQL 复制数据库表 T 中"男"教师记录,生成一新数据库表 Test2

（1）创建复制数据库表的 T-SQL 命令。单击工具栏中的 <kbd>新建查询(N)</kbd> 按钮,打开一个查询编辑器窗口,输入下列 T-SQL 语句。

```
USE jxsk
GO
SELECT TN,SEX,AGE,PROF INTO Test2 FROM T
WHERE SEX = '男'
GO
```

（2）执行 T-SQL 语句。单击工具栏中的 <kbd>执行(X)</kbd> 按钮,执行 T-SQL 语句,如图 3-26 所示。

（3）查看复制结果。在"对象资源管理器"窗格中,选择"数据库"→jxsk→"表",可以看到数据库表 Test2 已经存在。打开表 T 和表 Test2,若表 T 中没有数据内容,则 Test2 只复制表 T 中的 TN、SEX、AGE、PROF 定义;若表 T 中有数据,则 Test2 既复制了 T 的 TN、SEX、AGE、PROF 定义,又复制了 T 表中字段 SEX 取值为"男"的 TN、SEX、AGE、PROF 的数据,如图 3-27 和图 3-28 所示。

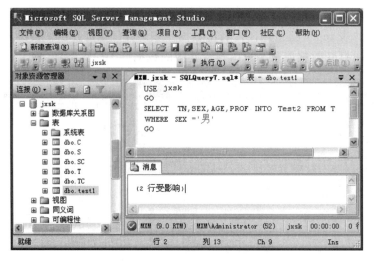

图 3-26　数据库表 Test2 中的数据

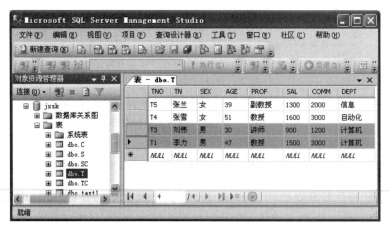

图 3-27　数据库表 T 中的数据

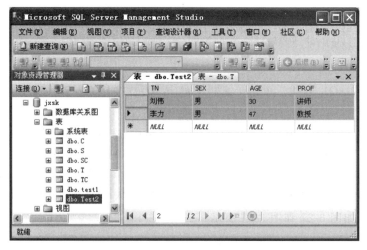

图 3-28　数据库表 Test2 中的数据

SQL Server 实验指导(第 4 版)

习　题

【实验题】

1. 交互式录入如图 3-29 所示的前 5 个记录数据至数据库 jxsk 的数据库表 SC 中。

2. 用 INSERT INTO 语句录入如图 3-29 所示的后 5 个记录数据至数据库 jxsk 的数据库表 SC 中。

3. 利用 SQL Server 导入数据的功能，把一个存放有课程信息的文本文件 TC_TXT. txt 中的内容导入数据库 jxsk 中的教师授课表 TC 中。文本文件 TC_TXT. txt 的数据格式如图 3-30 所示。

SNO	CNO	SCORE
S1	C2	85
S1	C5	100
S2	C5	60
S2	C6	80
S2	C7	
S3	C2	70
S3	C4	85
S4	C2	85
S4	C3	83
S5	C2	89

图 3-29　表 SC 数据

"TNO"	"CNO"
"T1"	" C1 "
"T1"	" C4 "
"T2"	" C5"
"T3"	" C1"
"T3"	"C5 "
"T4"	"C2 "
"T4"	" C3 "
"T5"	"C5"
"T5"	"C7"

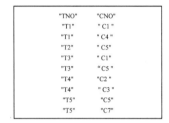

图 3-30　文件 TC_TXT. txt 数据格式

4. 用 T-SQL 语句把计算机系学生的年龄增加 1 岁。

5. 把成绩不及格的学生的学号、课号和成绩放入一个新表 makeup_s 中。

6. 删除表 makeup_s 中成绩在 20 分以下的学生记录。

7. 在 Access 或 VFP 数据库管理系统中，创建一个数据库表 SC，并录入图 3-29 中的数据，然后把其中的数据导入 SQL Server 教学数据库 jxsk 中的表 SC 中。

实验 4　完整性约束

数据库的完整性是指数据的正确性、有效性和相容性。例如,在性别字段中,只能取"男"或"女"两个值中的一个,没有第三个可取值;学生的学号必须唯一。在 SQL Server 2008 中,系统提供多种强制数据完整性的机制,以便确保数据库中的数据质量。

【知识要点】

1. 完整性约束作用的对象

- 关系:包括若干元组间、关系集合上以及关系之间的联系的约束。
- 元组:包括元组中各个字段间联系的约束。
- 列:包括列的类型、取值范围、精度、唯一性、为空性、默认定义、CHECK 约束、主键约束、外键约束。

2. 完整性约束类型

- 实体完整性。
- 域完整性。
- 参照完整性。
- 用户定义完整性。

3. 实体完整性

实体完整性将行定义为特定表的唯一实体。实体完整性作用的对象是列,强制表的标识符列或主键的完整性(通过 UNIQUE 约束、PRIMARY KEY 约束或 IDENTITY 属性)。

4. 域完整性

域完整性作用的对象是列,是指给定列的输入有效性。强制域有效性的方法有:限制类型(通过数据类型)、格式(通过 CHECK 约束和规则)或可能值的范围(通过 FOREIGN KEY 约束、CHECK 约束、DEFAULT 定义、NOT NULL 定义和规则)。

5. 参照完整性

参照完整性作用的对象是关系。在输入或删除记录时,参照完整性保持表之间已定义的关系。在 SQL Server 中,引用完整性基于子表外键与主表主键之间或子表外键与主表唯一键之间的关系(通过 FOREIGN KEY 和 CHECK 约束)。参照完整性确保键值在所有表中一致。这样的一致性要求不能引用不存在的值,如果键值更改了,那么在整个数据库中,对该键值的所有引用要进行一致更改。

6. 用户定义完整性

用户定义完整性使用户可以定义不属于其他任何完整性分类的特定业务规则,作用的对象可以是列,也可以是元组或关系。所有的完整性类型都支持用户定义完整性,如CREATE TABLE 中的所有列级、表级约束、存储过程和触发器。

7. CHECK 约束

CHECK 约束通过限制输入到列中的值来强制域的完整性。CHECK 约束从逻辑表达式返回结果是 TRUE 还是 FALSE 来判断。例如,通过创建 CHECK 约束可将本科生的 Age 列的取值范围限制在 14～40 岁,从而防止输入的年龄超出正常的本科生范围。其逻辑表达式为:

```
Age>=14 AND Age <=40
```

(1) 创建和修改 CHECK 约束。
- 作为表定义的一部分在创建表时创建。
- 添加到现有表中。表和列可以包含多个 CHECK 约束。
- 修改或删除现有的 CHECK 约束。例如,可以修改表中列的 CHECK 约束的表达式。

(2) CHECK 约束的设置。
在现有表中添加 CHECK 约束时,该约束可以仅作用于新数据也可以同时作用于现有的数据;默认设置为 CHECK 约束的同时作用于现有数据和新数据。

(3) 禁用 CHECK 约束。
下列情况可以禁用现有 CHECK 约束。
- INSERT 和 UPDATE 语句,可以允许不经约束确认修改表中的数据。在执行 INSERT 和 UPDATE 语句时,如果新数据违反约束或约束应只适用于数据库中已有的数据,那么可禁用 CHECK 约束。
- 复制处理。如果该约束为源数据库所特有,则在复制时请禁用 CHECK 约束。

8. 默认值

默认值是指当向表中插入数据时,如果某些列未明确给出插入值,那么 SQL Server 将用预先在这些列上定义的值作为插入值。当某个默认值被创建后,有一个唯一的名字,并且成为数据库中的一个对象。用户要使用默认值时,需要把默认值对象绑定至表中相应的一列或多列上或某个用户定义的数据类型上,不使用时再将绑定解除。

【实验目的】

- 认识完整性约束对数据库的重要性。

- 掌握实体完整性的创建、修改、维护。
- 掌握域完整性的创建、修改、维护。
- 掌握参照完整性的创建、修改、维护。
- 掌握用户定义完整性的创建、修改、维护。

实验 4.1　实体完整性约束

【实验目的】

- 掌握交互式创建 PRIMARY KEY 约束的方法。
- 掌握用 T-SQL 创建 PRIMARY KEY 约束。
- 掌握交互式创建 UNIQUE 约束的方法。
- 掌握用 T-SQL 创建 UNIQUE 约束。
- 掌握用 T-SQL 创建 IDENTITY 属性列。

【实验内容】

（1）交互式为数据库表 S 创建 PRIMARY KEY 约束。

（2）交互式创建数据库表 TEST_SC,并创建 PRIMARY KEY 约束,TEST_SC 表的结构定义如下。

表名：TEST_SC。

包含的列如下。

- 学号：SNO CHAR(2)。
- 课号：CNO CHAR(2)。
- 成绩：SCORE TINYINT。
- 主键：(SNO,CNO)。

（3）用 T-SQL 为现有表 T 在 TNO 列上创建 PRIMARY KEY 约束。

（4）用 T-SQL 创建数据库表 TEST_C,并以列约束形式创建 PRIMARY KEY 约束。TEST_C 表的结构定义如下。

表名：TEST_C。

包含的列如下。

- 课号：CNO CHAR(2)。
- 课名：CN CHAR(10)。
- 课时：CT TINYINT。
- 主键：CNO。
- 主键约束名：PK_ TEST_C。

（5）用 T-SQL 创建数据库表 TEST_TC,并以表约束形式创建 PRIMARY KEY 约束。TEST_TC 表的结构定义如下。

表名：TEST_TC。

包含的列如下。

- 教师号：TNO CHAR(2)。
- 课号：CNO CHAR(2)。
- 主键：(TNO,CNO)。
- 主键约束名：PK_ TEST_TC。

（6）交互式为现有表 TEST_TC 中的 CNO 和 TNO 列创建 UNIQUE 约束。

（7）用 T-SQL 为现有表 C 中的 CN 列创建 UNIQUE 约束。

（8）交互式为现有表 TEST_SC 增加新列 ID_SC,并创建此列属性为 IDENTITY。

（9）用 T-SQL 为现有表 TEST_TC 增加新列 ID_TC,并创建此列属性为 IDENTITY。

（10）交互式取消 ID_SC 列的标识属性和删除现有表 TEST_SC 的主键 PK_ TEST_ SC。

（11）用 T-SQL 删除表 C 中 CN 列的 UNIQUE 约束 UNIQUE_C。

【实验步骤】

1. 交互式为数据库表 S 创建 PRIMARY KEY 约束

（1）打开表设计器。启动 Microsoft SQL Server Management Studio,展开数据库 jxsk 中的"表"节点。右击表 S,在打开的快捷菜单中选择"设计"选项,打开表设计器,如图 4-1 所示。

图 4-1　表设计器

（2）创建主键。选择 SNO 列,单击工具栏中的 按钮,在 SNO 列最左侧的行选择器中显示一把钥匙,如图 4-2 所示。

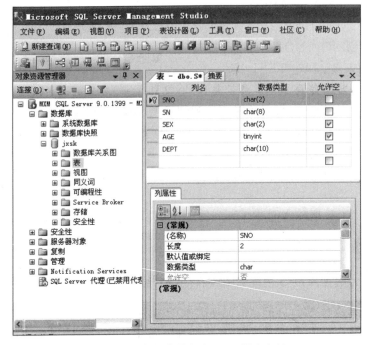

图 4-2　在表设计器中为 SNO 创建主键

（3）保存对数据库表 S 的修改,关闭表设计器。

2. 交互式创建数据库表 TEST_SC,并创建 PRIMARY KEY 约束

（1）打开表设计器。启动 Microsoft SQL Server Management Studio,展开数据库 jxsk 中的"表"节点,右击,在打开的快捷菜单中选择"新建表"选项,打开表设计器,如图 4-3 所示,输入 TEST_SC 各列的设置。

（2）创建主键。同时选择 SNO 和 CNO 列,单击工具栏中的 🔑 按钮,在 SNO 列和 CNO 列的行选择器中各显示一把钥匙,表示（SNO,CNO）是关系 TEST_SC 的主键。查看 SNO 和 CNO 列中"允许空"列的"√"消失,表示 SNO,CNO 都不能取空值,如图 4-4 所示。

（3）保存修改。单击工具栏中的"保存"按钮 🔙,输入表名 TEST_SC,单击"确定"按钮,关闭表设计器。

3. 用 T-SQL 为现有表 T 在 TNO 列上创建 PRIMARY KEY 约束

（1）用表设计器打开数据库表 T,如图 4-5 所示。

（2）确认表 T 中的 TNO 列的空属性为非空。查看表 T 中的待定义为主键的列 TNO 的"允许空"属性设置为"允许空",将其设置为非空,如图 4-6 所示。单击"保存"按钮,保存当前的修改。关闭表设计器。

（3）打开查询编辑器窗口。单击工具栏中的 🔲 新建查询(N) 按钮,打开一个查询编辑器窗口,输入下列 T-SQL 语句,为数据库表 T 在列 TNO 上创建主键。

图 4-3 表 TEST_SC 结构

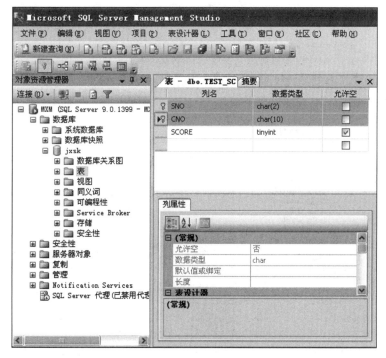

图 4-4 创建主键(SNO,CNO)

图 4-5　表 T 结构

图 4-6　表 T 中设 TNO 为非空

SQL Server 实验指导(第 4 版)

```
USE jxsk
GO
ALTER TABLE T
    ADD CONSTRAINT PK_TNO PRIMARY KEY(TNO)
GO
```

（4）执行 T-SQL 命令。单击工具栏中的 ！执行(x) 按钮，执行 T-SQL 语句，如图 4-7 所示。

图 4-7　用 T-SQL 为表 T 创建 PRIMARY KEY

（5）查看表 T 的变化。在"对象资源管理器"窗格中，选择"数据库"→jxsk→"表"→dbo. T→"列"和"索引"，可以看到列 TNO 空属性变为非空，增加了聚集类型的索引 PK_TNO，如图 4-8 所示。

4. 用 T-SQL 创建数据库表 TEST_C，并以列约束形式创建 PRIMARY KEY 约束

（1）打开查询编辑器窗口。

（2）创建新数据库表及其主键约束。在查询编辑器窗口输入下列 T-SQL 语句，创建数据库表 TEST_C，并以列约束的形式在列 CNO 上创建主键。

```
USE jxsk
GO
CREATE TABLE TEST_C(
    CNO CHAR(2)CONSTRAINT PK_TEST_C PRIMARY KEY,
    CN CHAR(10),
    CT TINYINT)
GO
```

（3）单击工具栏中的 ！执行(x) 按钮，执行 T-SQL 语句，如图 4-9 所示。

（4）查看表 TEST_C。在"对象资源管理器"窗格中，刷新数据库 jxsk，选择"数据库"→jxsk→"表"→dbo. TEST_C→"列"和"索引"，查看各列的定义以及聚集类型的索引

实验 4　完整性约束

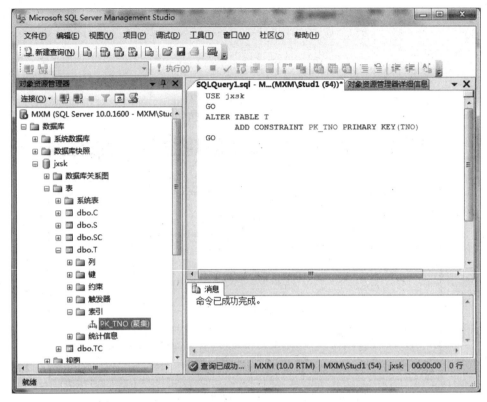

图 4-8　表 T 的聚集索引

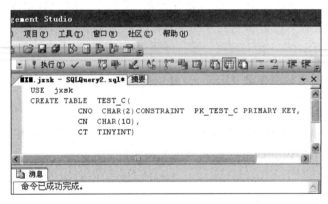

图 4-9　创建 TEST_C 表及其主键

PK_ TEST_C,如图 4-10 所示。

5. 用 T-SQL 创建数据库表 TEST_TC,并以表约束形式创建 PRIMARY KEY 约束

（1）打开查询编辑器窗口。

（2）创建新数据库表及其主键约束。在查询编辑器窗口输入下列 T-SQL 语句,创建新数据库表 TEST_TC,并以表约束的形式在列 TNO 和 CNO 上创建主键,主键约束名为 PK_TEST_TC。

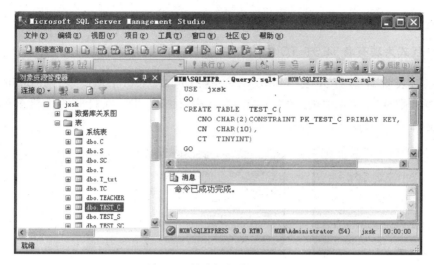

图 4-10　创建的新表 TEST_C

```
USE jxsk
GO
CREATE TABLE TEST_TC(
    TNO CHAR(2),
    CNO CHAR(2),
    CONSTRAINT PK_TEST_TC PRIMARY KEY(TNO,CNO))
GO
```

(3) 单击工具栏中的 执行 按钮，执行 T-SQL 语句，如图 4-11 所示。

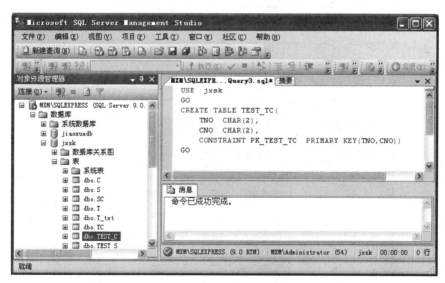

图 4-11　创建新数据库表 TEST_TC 及其主键

(4) 查看表 TEST_TC 的键信息。在"对象资源管理器"窗格中，刷新数据库 jxsk，选择"数据库"→jxsk→"表"→dbo. TEST_TC→"键"或"索引"，查看各列的定义以及聚集类型的索引 PK_TEST_TC,如图 4-12 所示。

6. 交互式为现有表 TEST_TC 中的 CNO 和 TNO 列创建 UNIQUE 约束

（1）用表设计器打开表 TEST_TC。启动 Microsoft SQL Server Management Studio,展开数据库 jxsk 中的"表"节点。右击表 TEST_TC,在打开的快捷菜单中选择"修改"选项,打开表设计器,如图 4-13 所示。

图 4-12 创建的新表 TEST_TC
及其主键对象

图 4-13 TEST_TC 表结构

（2）打开"索引/键"对话框。单击工具栏中的"管理索引和键"按钮，打开"索引/键"对话框,如图 4-14 所示,查看各项设置值。

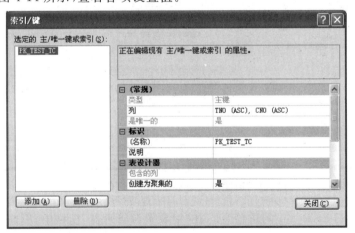

图 4-14 TEST_TC 表的"索引/键"对话框

（3）创建索引 IX_TEST_TC1。单击"添加"按钮，查看窗口中各项值的变化。设置"（名称）"为 IX_TEST_TC1，单击"选定的 主/唯一键或索引："中的值，查看其值变为 IX_TEST_TC1。

（4）设置列 TNO 和 CNO 为 UNIQUE 约束。在"索引/键"对话框中，单击"列"所在行右端的![]按钮，打开"索引列"对话框，在各列的列表中，单击第二行第一列的下拉按钮，选择 CNO 列，单击"确定"按钮。在"索引/键"对话框中，"类型"选择"唯一键"，如图 4-15 所示。

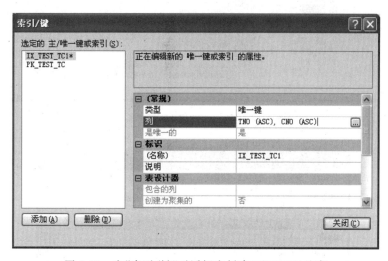

图 4-15　在"索引/键"对话框中创建 UNIQUE 约束

（5）关闭"索引/键"对话框。

7. 用 T-SQL 为现有表 C 中的 CN 列创建 UNIQUE 约束

（1）打开查询编辑器窗口。

（2）创建 T-SQL 语句。在查询编辑器窗口输入下列 T-SQL 语句，为数据库表 C 在课程名 CN 列上创建 UNIQUE 约束，约束名为 UNIQUE_C。

```
USE jxsk
GO
ALTER TABLE C
ADD CONSTRAINT UNIQUE_C UNIQUE(CN)
GO
```

（3）创建表的 UNIQUE 约束。单击工具栏中的 ![]执行(x) 按钮，执行 T-SQL 语句，如图 4-16 所示。

（4）查看表 C 的变化。在"对象资源管理器"窗格中，刷新数据库 jxsk，选择"数据库"→jxsk→"表"→dbo.C→"索引"，查看各列的定义以及聚集类索引 PK_C 和非聚集类索引 UNIQUE_C，如图 4-17 所示。

图 4-16　给表 C 创建 UNIQUE 约束

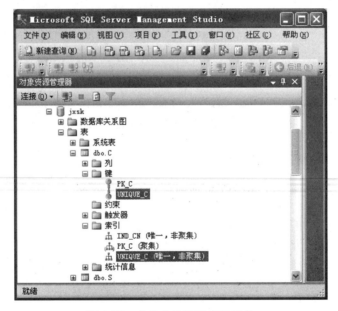

图 4-17　表 C 中的键和索引对象

8. 交互式为现有表 TEST_SC 增加新列 ID_SC,并创建此列属性为 IDENTITY

(1) 用表设计器打开表 TEST_SC。

(2) 插入新列 ID_SC,如图 4-18 所示。在新空行中,输入新列名 ID_SC,数据类型为 int,不允许空。

(3) 设置 ID_SC 列为标识列 IDENTITY。选中 ID_SC 列,在窗口下端单击"标识规范"左侧的田图标,单击"(是标识)"右端的下拉按钮,在打开的下拉列表框中选择"是"。查看其下面行的"标识增量"及"标识种子"中的值,如图 4-19 所示。

图 4-18 插入新列

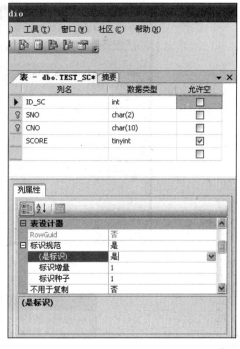

图 4-19 设置 IDENTITY 列

（4）保存修改。单击工具栏中的 ■ 按钮，保存所做的修改。

（5）关闭表设计器。

9. 用 T-SQL 为现有表 TEST_TC 增加新列 ID_TC，并创建此列属性为 IDENTITY

（1）打开查询编辑器窗口。

（2）创建 T-SQL 语句。在查询编辑器窗口输入下列 T-SQL 语句，为数据库表 TEST_TC 增加一个新列 ID_TC，并设置此列为 IDENTITY。

```
USE jxsk
GO
ALTER TABLE TEST_TC ADD ID_TC INT IDENTITY
GO
```

（3）设置列 ID_TC 为标识 IDENTITY 列。单击工具栏中的 ! 执行(X) 按钮，执行 T-SQL 语句，如图 4-20 所示。

（4）查看表 TEST_TC 的属性。用表设计器打开表 TEST_TC，右侧是 TEST_TC 表的属性窗口，查看"标识列"及各属性的设置，如图 4-21 所示。

（5）关闭表 TEST_TC 的表设计器。

10. 交互式取消 ID_SC 列的标识属性和删除现有表 TEST_SC 的主键 PK_TEST_SC

（1）用表设计器打开表 TEST_SC。

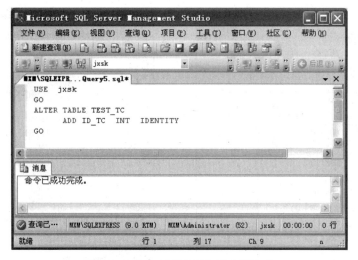

图 4-20　给表 TEST_TC 创建标识列

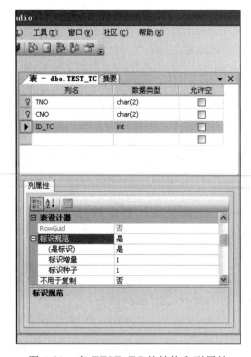

图 4-21　表 TEST_TC 的结构和列属性

（2）取消标识列属性。在窗口下端单击"标识规范"左侧的 ⊞ 图标，单击"（是标识）"右端的下拉按钮，在打开的下拉列表框中选择"否"，如图 4-22 所示，查看其他选项的变化。

（3）删除主键约束。选中两个主属性 SNO 和 CNO 列，如图 4-23 所示，单击两列左边的 按钮，结果如图 4-24 所示。

（4）关闭表设计器。

SQL Server 实验指导（第 4 版）

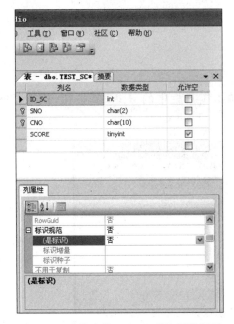
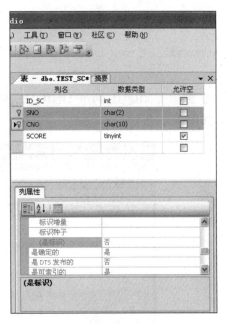

图 4-22　取消表的 ID_SC 列的标识属性　　　　图 4-23　选择主键的两个主属性

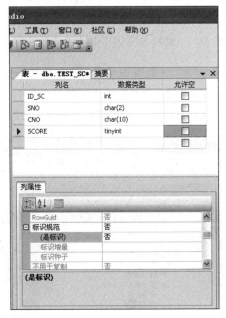

图 4-24　修改后的表 TEST_SC 结构定义

11. 用 T-SQL 删除表 C 中 CN 列的 UNIQUE 约束 UNIQUE_C

（1）打开查询编辑器窗口。

（2）创建 T-SQL 语句。在查询编辑器窗口输入下列 T-SQL 语句，删除数据库表 C 中的唯一约束 UNIQUE_C。

```
USE jxsk
GO
ALTER TABLE C DROP UNIQUE_C
GO
```

（3）删除 UNIQUE 约束 UNIQUE_C。单击工具栏中的 ❗执行(X) 按钮，执行 T-SQL 语句，如图 4-25 所示。

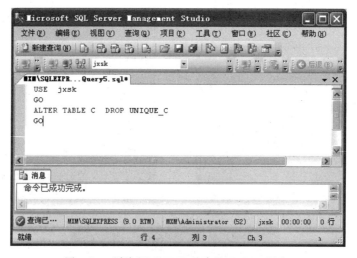

图 4-25　删除 UNIQUE 约束的 T-SQL 语句

（4）查看表 C 中的变化。在"对象资源管理器"窗格中，刷新数据库 jxsk，选择"数据库"→jxsk→"表"→dbo. C→"键"和"索引"。查看"索引"中已没有非聚集类索引 UNIQUE_C，"键"中也没有 UNIQUE_C，如图 4-26 所示。

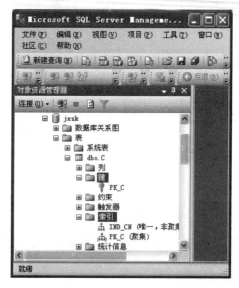

图 4-26　表 C 中的键和索引对象

实验 4.2 域完整性约束

【实验目的】

- 掌握交互式为列创建 DEFAULT 约束。
- 掌握用 T-SQL 为列创建 DEFAULT 约束。
- 掌握交互式创建 CHECK 约束。
- 掌握用 T-SQL 创建 CHECK 约束。

【实验内容】

（1）交互式为现有数据库表 T 创建 DEFAULT 和 CHECK 约束。

要求：CHECK 约束对已有数据不做检查。

① 性别列 SEX 的 DEFAULT 约束：DEFAULT＝'男'。

② PROF 列与 COMM 列之间限定取值关系的 CHECK 约束。现实中的情况是：不同的职称对应不同的岗位工资，语义规则如表 4-1 所示。

表 4-1 职称与岗位津贴

PROF（职称）	COMM（岗位津贴）	PROF（职称）	COMM（岗位津贴）
教授	4000	讲师	1500
副教授	2000	助教	1000

故为 T 创建表达此语义规则的 CHECK 约束，约束名为 CHECK_T。逻辑表达式为：

```
(PROF='教授'  AND  COMM=4000)OR
(PROF='副教授'AND  COMM=2000)OR
(PROF='讲师'  AND  COMM=1500)OR
(PROF='助教'  AND  COMM=1000)
```

要求：此约束对表 T 中已有数据不做检查。

（2）用 T-SQL 给现有数据库表 S 创建 CHECK 约束。

要求：本科生的年龄限制在 14～40 岁，此约束对表 S 中已有数据做检查。

（3）用 T-SQL 创建一数据库表 TEST_S，包含 DEFAULT 和 CHECK 约束。表的结构定义如表 4-2 所示。

表 4-2 表 TEST_S 的结构定义

列名	类型和长度	DEFAULT	NULL	CHECK 表达式	约束名
SNO	char(2)		NOT NULL		学号
SN	char(8)		NOT NULL		姓名

列名	类型和长度	DEFAULT	NULL	CHECK 表达式	约束名
SEX	char(2)	'男'	NULL	'女' OR '男'	DEFAULT_SEX CHECK_SEX
AGE	int	18	NULL	>=14 AND <=40	DEFAULT_AGE CHECK_S_AGE

（4）用 T-SQL 删除表 T 中 PROF 列和 COMM 列之间的 CHECK 约束 CHECK_T。

（5）交互式删除表 TEST_S 中 SEX 列的 DEFAULT 约束及 AGE 列的 CHECK 约束。

【实验步骤】

1. 交互式为现有数据库表 T 创建 DEFAULT 和 CHECK 约束

要求：CHECK 约束对已有数据不做检查。

（1）用表设计器打开数据库表 T，如图 4-27 所示。

（2）为性别列 SEX 设置 DEFAULT 约束值"男"。单击选择 SEX 列，然后在表设计器下面的"列属性"框中的"默认值或绑定"输入框中，输入"男"，如图 4-28 所示。在说明中输入 DE_T_SEX。

图 4-27　数据库表 T 的定义

图 4-28　为表 T 的 SEX 列设置 DEFAULT 约束

（3）打开表 T 的"CHECK 约束"对话框。单击工具栏中的"管理 CHECK 约束"按钮
，打开表 T 的"CHECK 约束"对话框，如图 4-29 所示。

图 4-29　表 T 的"CHECK 约束"对话框

（4）创建 PROF 列与 COMM 列之间限定取值关系的 CHECK 约束。单击"添加"按
钮，查看窗口内容的变化。对窗口中的各项进行如下设置：在"（名称）"输入框中，把默认
名改为 CHECK_T，将"在创建或重新启用时
检查现有数据"选项设置为"否"，单击"表达
式"右端的 按钮，打开"CHECK 约束表达
式"对话框，根据表 4-1，输入下列 CHECK 约
束表达式，如图 4-30 所示。

(PROF='教授' AND COMM=4000)OR
(PROF='副教授' AND COMM=2000)OR
(PROF='讲师' AND COMM=1500)OR
(PROF='助教' AND COMM=1000)

图 4-30　表 T 的"CHECK 约束表达式"对话框

单击"确定"按钮，若约束表达式正确，则关闭表 T 的"CHECK 约束表达式"对话框；
若有错误，则修改表达式至正确，再单击"确定"按钮。设置后的"CHECK 约束"对话框如
图 4-31 所示。在该对话框中可以查看其他选项的值及作用。

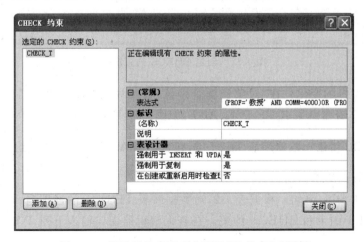

图 4-31　设置后的表 T 的"CHECK 约束"对话框

实验 4　完整性约束

(5) 关闭表 T 的"CHECK 约束"对话框。

(6) 关闭 T 表设计器。

(7) 查看表 T 的 CHECK 和 DEFAULT 约束。

2. 用 T-SQL 给现有数据库表 S 创建 CHECK 约束

要求：本科生的年龄限制在 14～40 岁，此约束对表 S 中已有数据做检查。

(1) 打开查询编辑器窗口。

(2) 创建 T-SQL 语句。在查询编辑器窗口输入下列 T-SQL 语句，约束名为 CHECK_AGE。

```
USE jxsk
GO
ALTER TABLE S WITH CHECK
    ADD CONSTRAINT CHECK_AGE CHECK( AGE>=14 AND AGE<=40)
GO
```

(3) 执行 T-SQL 语句，如图 4-32 所示。

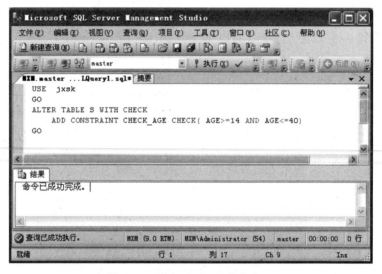

图 4-32　创建 CHECK 约束窗口

(4) 查看表 S 的变化。在"对象资源管理器"窗格中，选择"数据库"→jxsk→"表"→dbo.S→"约束"，查看约束名 CHECK_AGE，如图 4-33 所示。

3. 用 T-SQL 创建一数据库表 TEST_S，包含 DEFAULT 和 CHECK 约束

(1) 打开查询编辑器窗口。

(2) 创建 T-SQL 语句。根据表 4-2，对数据库表 TEST_S 的性别列、年龄列分别创建默认 DEFAULT 约束和 CHECK 约束。在查询编辑器窗口输入下列 T-SQL 语句。

```
USE  jxsk
```

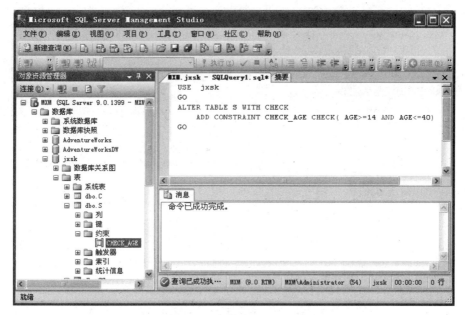

图 4-33 新创建的 CHECK 对象

```
GO
CREATE TABLE TEST_S(
  SNO CHAR(2) NOT NULL,
  SN CHAR(8)  NOT NULL,
  SEX CHAR(2) NULL CONSTRAINT DEFAULT_SEX  DEFAULT '男'
        CONSTRAINT CHECK_SEX CHECK(SEX='男' OR SEX='女'),
  AGE TINYINT  NULL CONSTRAINT DEFAULT_AGE  DEFAULT 18,
        CONSTRAINT CHECK_S_AGE CHECK(AGE>=14 AND AGE<=40))
GO
```

（3）执行 T-SQL 语句，如图 4-34 所示。

（4）查看表 TEST_S 中的列和约束对象。在"对象资源管理器"窗格中，刷新并选择"数据库"→jxsk→"表"→dbo.TEST_S→"列"和"约束"，查看其中的内容，如图 4-35 所示。

4. 用 T-SQL 删除表 T 中 PROF 列和 COMM 列之间的 CHECK 约束

（1）打开查询编辑器窗口。

（2）创建 T-SQL 语句。在查询编辑器窗口输入下列 T-SQL 语句，删除约束名为 CHECK_T 的 CHECK 约束。

```
USE  jxsk
GO
ALTER TABLE T
      DROP CONSTRAINT CHECK_T
GO
```

（3）执行 T-SQL 语句，如图 4-36 所示。

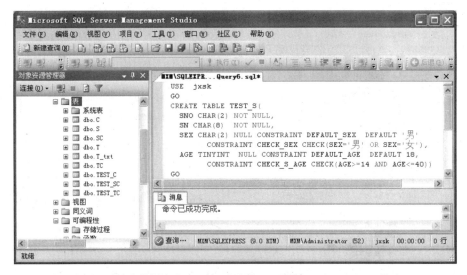

图 4-34　创建数据库表 TEST_S 及其 DEFAULT 和 CHECK 约束

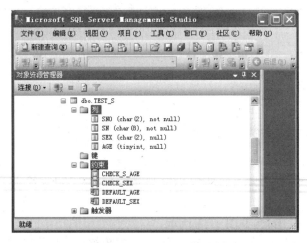

图 4-35　表 TEST_S 中的对象

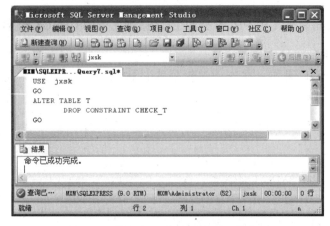

图 4-36　删除表 T 中的 CHECK 约束图

（4）查看表 T 中约束的变化。在"对象资源管理器"窗格中，展开表 T 中的"约束"节点，查看名为 CHECK_T 的 CHECK 约束已不存在，如图 4-37 所示。

图 4-37　表 T 中约束对象的变化

5. 交互式删除表 TEST_S 中 SEX 列的 DEFAULT 约束和 AGE 列的 CHECK 约束

（1）用表设计器打开表 TEST_S，选择 SEX 列，如图 4-38 所示。

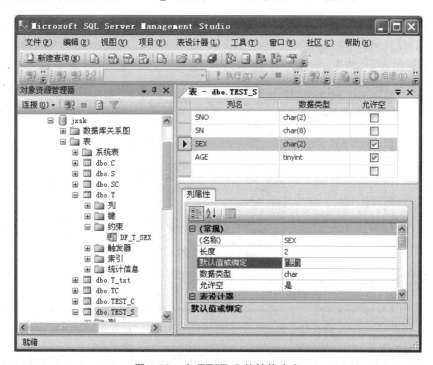

图 4-38　表 TEST_S 的结构定义

（2）在表设计器下部的"列属性"框中,清除"默认值或绑定"栏中的值"('男')",则SEX 列的 DEFAULT 约束被删除,如图 4-39 所示。

图 4-39　SEX 列的 DEFAULT 约束被删除

（3）打开表 TEST_S 的"CHECK 约束"对话框。单击工具栏中的"管理 CHECK 约束"按钮▦,打开表 TEST_S 的"CHECK 约束"对话框,在"选定的 CHECK 约束"框中选择 CHECK_S_AGE 约束,如图 4-40 所示。

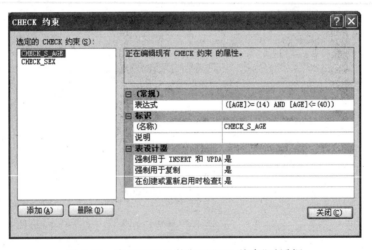

图 4-40　表 TEST_S 的"CHECK 约束"对话框

（4）删除约束。单击"删除"按钮,可以看到 CHECK_S_AGE 约束被删除,如图 4-41所示,注意观察各选项的变化。

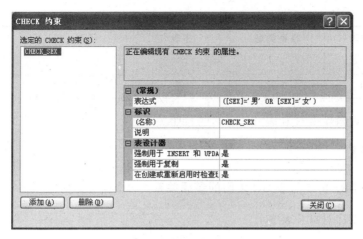

图 4-41　CHECK_S_AGE 约束被删除

（5）关闭表 TEST_S 的"CHECK 约束"对话框。

（6）关闭表设计器。

实验 4.3　参照完整性约束

【实验目的】

- 掌握创建主表和子表关联关系的方法。
- 掌握通过外键实现参照完整性约束。
- 掌握修改、删除参照完整性约束的方法。

【实验内容】

（1）交互式创建表 S 与表 SC 之间的参照关系。表 S 与表 SC 通过外键 SNO 实现参照完整性约束（约束名采用系统默认）：子表 SC 中 SNO 的取值要参照主表 S 中 SNO 的取值。

要求：取消"创建或重新启用时检查现有数据"，选择"级联更新规则"。

（2）用 T-SQL 创建表 T 与表 TC 之间的参照关系。表 T 与表 TC 通过外键 TNO 实现参照完整性约束 FK_T_TC：子表 TC 中 TNO 的取值要参照主表 T 中 TNO 的取值。

要求：取消"创建或重新启用时检查现有数据"，选择"级联删除相关记录"。

（3）创建数据库 jxsk 中 5 个表之间的关联关系图。5 个表中存在的关联关系如表 4-3 所示。

表 4-3　数据库 jxsk 中各表之间的关联关系

关联关系的表	联系类型	主表	子表	外键
表 S 与表 SC	1:n	S	SC	SNO
表 C 与表 SC	1:n	C	SC	CNO

关联关系的表	联系类型	主表	子表	外键
表 T 与表 TC	1:*n*	T	TC	TNO
表 C 与表 TC	1:*n*	C	TC	CNO

（4）交互式删除表 C 和表 TC 之间的参照关系。

【实验步骤】

1. 交互式创建表 S 与表 SC 之间的参照关系

（1）用表设计器打开表 SC。

（2）打开表 SC 的"外键关系"对话框。单击工具栏中的"关系"按钮 ，打开"外键关系"对话框，如图 4-42 所示。

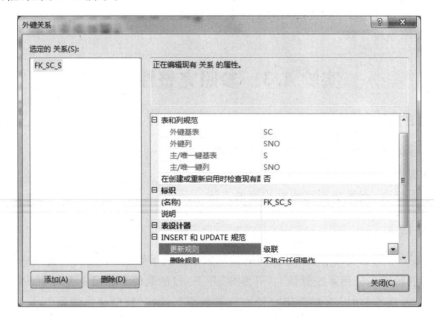

图 4-42　在"外键关系"对话框中创建关系

　　（3）创建表 S 与表 SC 的关联关系。单击"添加"按钮，查看关系名是系统给出的默认名 FK_SC_SC。单击"表和列规范"右端的 [...] 按钮，打开"表和列"对话框。在"主键表"中，选定主表 S，选定字段 SNO。在"外键表"中，选定子表 SC，选定字段 SNO。单击"确定"按钮关闭"表和列"对话框。在"外键关系"对话框中的"在创建或重新启用时检查现有数据"一项选择"否"。单击"INSERT 和 UPDATE 规范"左侧的 ⊞ 按钮，在"更新规则"一项选择"级联"。设置结束后的窗口如图 4-42 所示。

　　（4）关闭"外键关系"对话框。

　　（5）关闭表设计器，保存对表 SC 进行的上述修改。

　　（6）打开数据库表 S 和表 SC，如图 4-43 所示，对照两表中学号为 S1 的记录。

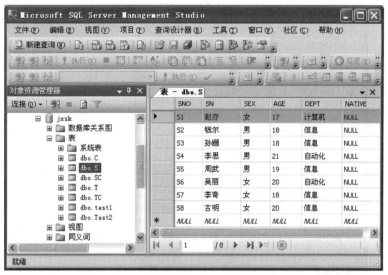

(a) 数据库表 S 中的记录

(b) 数据库表 SC 中的记录

图 4-43　数据库表 S 和 SC

（7）验证表 S 与表 SC 之间的参照完整性约束，即"级联"的更新规则。把数据库表 S 中的学号 S1 改为 S9；单击工具栏中的 ⏺ 执行(X) 按钮，即可执行这个操作。数据库表 S 中的数据行次序发生改变，如图 4-44(a)所示。单击表 SC 窗口，使其成为当前表，单击工具栏中的 ⏺ 执行(X) 按钮，查看到 SC 表中 2 个学号值是 S1 的都变为 S9，且表 SC 中记录次序也发生了改变，如图 4-44(b)所示。这就是具有参照关系的表 S 和表 SC，在操作过程中遵守"级联"的"更新规则"。

(a) 表 S 的变化

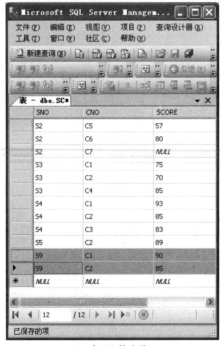

(b) 表 SC 的变化

图 4-44　在表 S 修改 S1 为 S9 后, S 和 SC 数据的变化

2. 用 T-SQL 创建表 T 与表 TC 之间的参照关系

(1) 打开查询编辑器窗口。

(2) 创建表 T 与表 TC 参照关系的 T-SQL 语句。在查询编辑器窗口输入下列

T-SQL 语句。

```
USE  jxsk
GO
ALTER TABLE TC WITH NOCHECK
    ADD CONSTRAINT FK_T_TC FOREIGN KEY(TNO)REFERENCES T(TNO)
    ON DELETE CASCADE
GO
```

(3) 执行 T-SQL 语句,如图 4-45 所示。

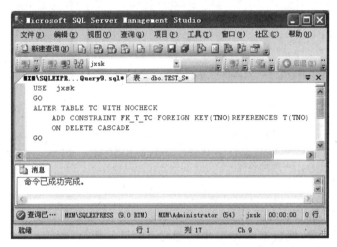

图 4-45   创建表 T 和 TC 的参照关系

(4) 查看表 TC 中对象的变化。在"对象资源管理器"窗格中,查看表 TC 中的"键"节点中存在名为 FK_T_TC 的外键约束,如图 4-46 所示。

图 4-46   表 TC 中的外键约束

（5）打开数据库表 T 和 TC,如图 4-47 所示。

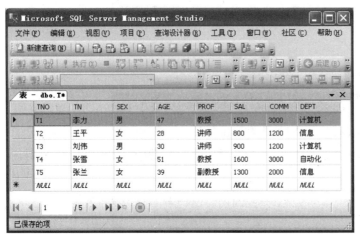

(a) 数据库表 T

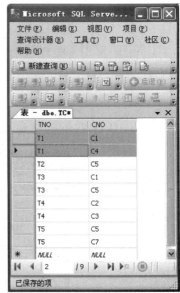

(b) 数据库表 TC

图 4-47   数据库表 T 和 TC 的数据

（6）验证表 T 和 TC 之间的参照关系:级联删除的规则。如图 4-48 所示,使用快捷菜单中的"删除"选项,把数据库表 T 中的学号 T1 记录删除,删除后的效果如图 4-49(a)所示。单击数据库表 TC 使其成为当前窗口,单击工具栏中的 ！执行(X) 按钮,查看到 TC表中 2 个学号值是 T1 的记录都不存在了,如图 4-49(b)所示。这就是级联删除规则的作用。

图 4-48   删除表 T 中的记录

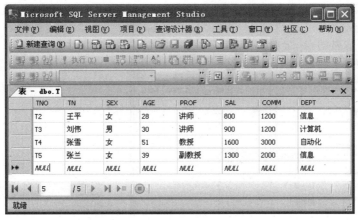

(a) 数据库表 T

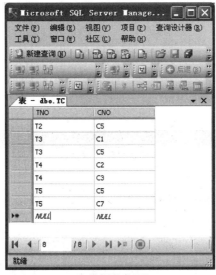

(b) 数据库表 TC

图 4-49　删除表 T 中 T1 记录后数据库表 T 和 TC 的内容

3. 创建数据库 jxsk 中 5 个表之间的关联关系图

（1）打开设计关系图窗口。启动 Microsoft SQL Server Management Studio，在左窗格中展开数据库 jxsk。右击"数据库关系图"，在打开的快捷菜单中选择"新建数据库关系图"选项，如图 4-50 所示。打开一个创建关系图的窗口和一个"添加表"对话框，其中"添加表"对话框列出了 jxsk 中的所有数据库表，如图 4-51 所示。

（2）添加数据库表。在"添加表"对话框中，选择表 C，单击"添加"按钮，表 C 即加入关系图窗口中。重复此过程，把表 S、SC、T、TC 添加到关系图窗口中，添加完成后可调整5 个表的相对位置，如图 4-52 所示。

（3）查看数据库 jxsk 中已存在的表关系。在关系图窗口中，可以看到表 T 与 TC 之间已存在一条关系线（此关系线由上面的实验步骤 2 创建）。由于表 T 与 TC 之间是一对

图 4-50　创建关系图　　　　　　　　图 4-51　"添加表"对话框

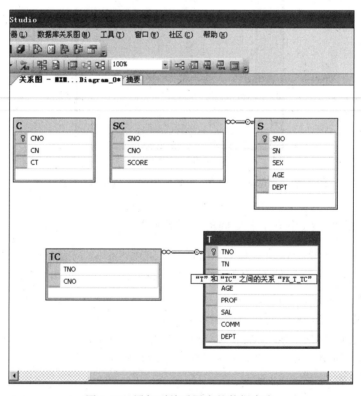

图 4-52　添加到关系图中的数据库表

关系,所以关系线表示多个对象的 |∞━ 端连接着表 TC,表示一个对象的 ━○ 端连接着表 T。同理,表 SC 与 S 此前也已创建了一对多的关联关系,所以它们之间也存在一条一对多的 |∞━○ 关系线。

(4)通过 CNO 创建表 C 和 TC 之间的一对多关联关系。单击并按住 C 表中的 CNO 字段,拖动至表 TC 中的 CNO 字段,松开鼠标左键,同时系统自动打开"外键关系"和"表和列"两个对话框,观察对话框中的各项值。单击"表和列"对话框的"确定"按钮退出,然后在"外键关系"对话框中,将"在创建或重新启用时检查现有数据"一项选择"否",单击"INSERT 和 UPDATE 规范"左侧的 ⊞ 按钮将其展开,"更新规则"和"删除规则"两项均选择"级联",如图 4-53 所示。

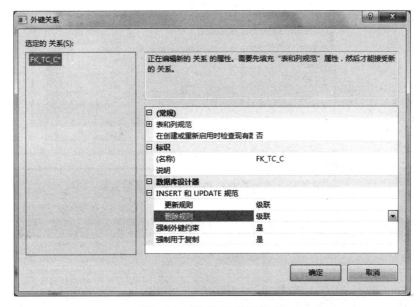

图 4-53 "外键关系"对话框

(5)单击"确定"按钮,关闭"外键关系"对话框,回到关系图窗口中,如图 4-54 所示,表 C 与 TC 之间生成了一条一对多的关系线。

(6)通过 CNO 创建表 C 和 SC 之间的一对多关联关系。重复步骤(4),创建表 C 和 SC 之间的一对多参照关系。图 4-55 即为数据库 jxsk 中 5 个表之间的关联关系图。

(7)保存关系图。单击工具栏中的 🖫 按钮,打开"选择名称"对话框,在"输入关系图名称"文本框中输入 S_SC_C_TC_T,如图 4-56 所示。单击"确定"按钮,回到关系图窗口。

(8)关闭关系图窗口。

(9)查看数据库 jxsk 中关系图对象。在"对象资源管理器"窗格中,选择"数据库"→jxsk→"数据库关系图",该节点下方即显示出刚创建的 S_SC_C_TC_T 关系图对象,如图 4-57 所示。

4. 交互式删除表 C 和表 TC 之间的参照关系

(1)用表设计器打开表 C,单击工具栏中的"关系"按钮 🔩,打开表 C 的"外键关系"对话框,如图 4-58 所示。

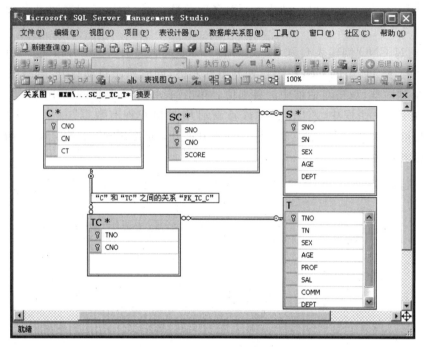

图 4-54　增加了表 C 和 TC 之间的关联关系

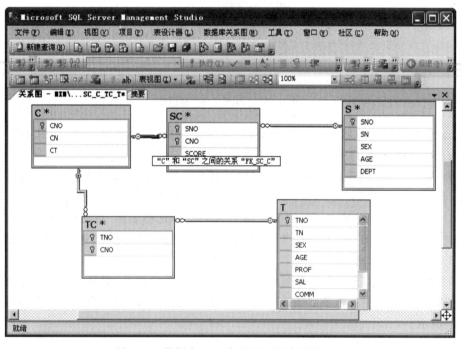

图 4-55　数据库 jxsk 中表之间的关联关系图

图 4-56　输入关系图名称　　　　　图 4-57　数据库 jxsk 中的关系图对象

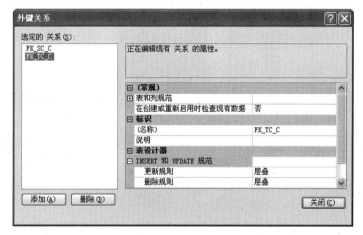

图 4-58　表 C 的"外键关系"对话框

（2）从"选定的 关系"中，选择关系名 FK_TC_C，单击"删除"按钮，此关系即被删除。

（3）关闭"外键关系"对话框，回到表设计器窗口。

（4）保存当前的修改，关闭表设计器窗口。

习　　题

【实验题】

针对实验 2 习题中建立的数据库（jiaoxuedb）进行下面的实验。

1. 对各数据库表创建实体完整性。

2. 创建数据库表之间的参照完整性。

3. 用不同的方法创建下面约束。

(1) "姓名"字段取值唯一。

(2) "性别"字段取值为：'男'或'女'；默认值：'男'。

(3) "年龄"和"分数"字段取值限定为：0~100。

4. 用实例验证上面创建的各完整性。

【思考题】

1. "标识"列的"标识种子"及"标识递增量"的默认值分别是多少？

2. 举例说明表设计器有哪些功能。

3. 为包含数据的现有表创建某种约束时，应注意什么问题？

4. 在上面的实验题 4 中，你能指出哪些实验是属于用户定义的完整性约束吗？

实验 5   索   引

通过索引可以快速访问表中的记录,大大提高数据库的查询性能。本实验介绍创建、删除索引的方法。

【知识要点】

1. 索引

索引是对数据库表中一个或多个列的值进行排序的逻辑结构。每个索引都有一个特定的搜索码与表中的记录关联。索引按顺序存储搜索码的值。使用索引能够快速访问表中的记录,提高查询速度。何时使用索引由 SQL Server DMBS 确定。

2. 索引类型及特点

SQL Server 有两种类型的索引:聚簇索引和非聚簇索引。

1)聚簇索引

聚簇索引指示表中数据行按索引键的排序次序存储。在 SQL Server 中,如果该表上尚未创建聚簇索引,且在创建 PRIMARY KEY 约束时未指定非聚簇索引,系统会自动在此 PRIMARY KEY 键上创建聚簇索引。

聚簇索引的特点如下。

- 每个表只能有一个聚簇索引。
- 聚簇索引改变数据的物理排序方式,使得数据行的物理顺序和索引中的键值顺序是一致的。所以,应该在创建任何非聚簇索引之前创建聚簇索引。

2)非聚簇索引

非聚簇索引具有完全独立于数据行的结构。数据表中的数据行不按索引键的顺序存储。在非聚簇索引中,每个索引都有指针指向包含该键值的数据行。

非聚簇索引的特点如下。

- 如果创建索引时没有指定索引类型,默认情况下为非聚簇索引。
- 应当在创建非聚簇索引之前创建聚簇索引。
- 每个表最多可以创建 259 个非聚簇索引。
- 包含索引的所有长度固定列的最大大小为 900B。
- 包含在同一索引的列的最大数目为 16。
- 最好在唯一值较多的列上创建非聚簇索引。

3. 使用索引的准则

业务规则、数据特征和数据的使用决定了创建索引的列。一般情况,应当在经常被查询的列上创建索引,以便提高查询速度。但索引将占用磁盘空间,并且降低添加、删除、更新行的速度。

1) 创建查询的列
- 主关键字所在的列。
- 外部关键字所在的列或在连接查询中经常使用的列。
- 按关键字的范围值进行搜索的列。
- 按关键字的排序顺序访问的列。

2) 不使用索引的列
- 在查询中很少涉及的列。
- 包含较少的唯一值的列。
- 更新性能比查询性能更重要的列。
- 有 text、ntext 或 image 数据类型定义的列。

4. 创建索引的 T-SQL 语句

```
CREATE [ UNIQUE ][CLUESTERED|NONCLUSTERED] INDEX 索引名
        ON { 表 | 视图 }(列名#1 [ASC | DESC ][,...n])
```

【实验目的】

- 掌握交互式创建、删除索引的方法。
- 掌握使用 T-SQL 创建、删除索引的方法。
- 掌握索引的管理和维护。

实 验 5.1　创 建 索 引

【实验目的】

- 掌握交互式管理聚簇索引的方法。
- 掌握用 T-SQL 创建聚簇索引的方法。
- 掌握交互式管理非聚簇索引的方法。
- 掌握用 T-SQL 创建非聚簇索引的方法。

【实验内容】

(1) 交互式为数据库表 SC 在 SNO 列和 CNO 列上创建 PRIMARY KEY,则系统自动在此 PRIMARY KEY 键上按升序创建聚簇索引 PK_SC。

(2) 用 T-SQL 为数据库表 T 在 TNO 列上按降序创建聚簇索引 IND_TNO。

（3）交互式为数据库表 T 在 TN 列上按升序和在 AGE 列上按降序创建非聚簇索引 IND_TN_AGE。

（4）用 T-SQL 为数据库表 C 在 CN 列上按升序创建唯一索引 IND_CN。

【实验步骤】

1. 交互式为表 SC 创建 PRIMARY KEY,则在此主键自动创建聚簇索引

（1）用表设计器打开表 SC。用表设计器打开数据库 jxsk 中的数据库表 SC,如图 5-1 所示。查看到表中没有创建主键。

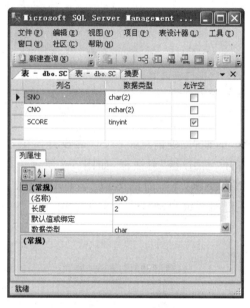

图 5-1　表 SC 的结构定义

（2）打开"索引/键"对话框。在 SC 表设计器中,右击,在打开的快捷菜单中选择"索引/键"选项,打开"索引/键"对话框,如图 5-2 所示。此时对话框中内容为空,说明表 SC 中没有创建任何索引。单击"关闭"按钮,返回表设计器。

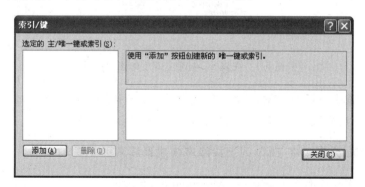

图 5-2　"索引/键"对话框

（3）在 SNO 和 CNO 上创建主键。同时选中 SNO 和 CNO 列，单击工具栏中的 按钮，即在 SNO 和 CNO 上创建了主键，如图 5-3 所示。

图 5-3　为表 SC 创建主键

（4）查看数据库表 SC 的索引/键信息。在 SC 表设计器中，右击，在打开的快捷菜单中选择"索引/键"选项，打开"索引/键"对话框，如图 5-4 所示。查看列表中的信息：索引"列"是 SNO(ASC) 和 CNO(ASC)，当前的索引"名称"为 PK_SC，"创建为聚集的"为"是"。此索引即是创建主键时系统自动生成的聚簇索引。

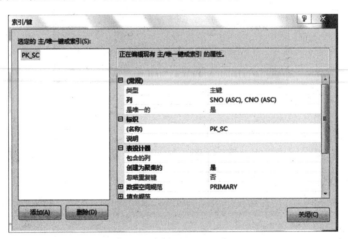

图 5-4　在表 SC 创建主键后的索引属性

（5）关闭"索引/键"对话框，返回 SC 表设计器。

（6）保存当前修改，关闭 SC 表设计器。

2. 用 T-SQL 为表 T 在 TNO 列上按降序创建聚簇索引 IND_TNO

（1）启动 Microsoft SQL Server Management Studio。

（2）创建 T-SQL 语句。单击工具栏中的 新建查询(N) 按钮，打开一个查询编辑器窗口,在查询窗口输入下列 T-SQL 语句,为表 T 在 TNO 列上按降序创建聚簇索引 IND_TNO。

```
USE jxsk
GO
CREATE CLUSTERED INDEX IND_TNO ON T(TNO DESC)
GO
```

(3) 执行 T-SQL 语句。单击工具栏中 ▮执行(x) 按钮,执行此 T-SQL 语句。

(4) 查看数据库表 T 的索引信息。用表设计器打开表 T,右击,在打开的快捷菜单中选择"索引/键"选项,打开"索引/键"对话框,可以看到表 T 中存在上面创建的索引 IND_TNO,如图 5-5 所示。

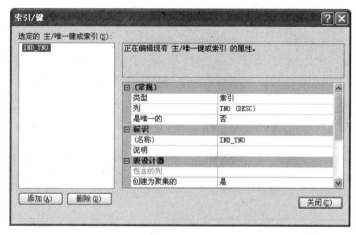

图 5-5   表 T 的"索引/键"对话框

(5) 关闭表 T 的"索引/键"对话框,返回表设计器。

(6) 关闭 T 表设计器。

3. 交互式为表 T 在 TN 列上按升序和在 AGE 列上按降序创建非聚簇索引 IND_TN_AGE

(1) 在 SQL Server Management Studio 中,用表设计器打开数据库 jxsk 中的数据库表 T。

(2) 打开"索引/键"对话框。在 T 表设计器中右击,在打开的快捷菜单中选择"索引/键"选项,打开"索引/键"对话框。

(3) 创建索引。单击"添加"按钮,观察"索引/键"对话框中各项的变化。在右侧列表中,进行如下设置。单击"列"行中的一个单元格,再单击该行右端的按钮,打开"索引列"对话框,按照图 5-6 所示进行设置。设置完成后单击"确定"按钮返回"索引/键"对话框。

(4) 设置索引名称。在"索引/键"对话框中,将"(名称)"设置为 IND_TN_AGE,如图 5-7 所示。

(5) 保存设置,关闭表 T 的"索引/键"对话框,返回 T 表设计器中。

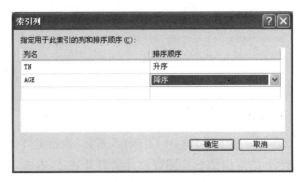

图 5-6　在"索引列"对话框中进行设置

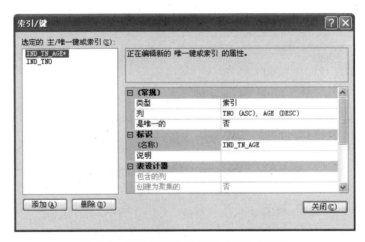

图 5-7　创建索引 IND_TN_AGE 对话框

(6) 关闭 T 表设计器。

4. 用 T-SQL 为数据库表 C 在 CN 列上按升序创建唯一索引 IND_CN

(1) 启动 Microsoft SQL Server Management Studio。

(2) 创建 T-SQL 语句。单击工具栏中的 新建查询(N) 按钮,打开一个查询编辑器窗口,在查询窗口输入下列 T-SQL 语句,为表 C 在的 CN 列上按升序创建唯一索引 IND_CN。

```
USE jxsk
GO
CREATE UNIQUE INDEX IND_CN ON C(CN)
GO
```

(3) 执行此 T-SQL 语句。单击工具栏中的 执行(X) 按钮,执行此 T-SQL 语句。

(4) 查看数据库表 C 的索引信息。用表设计器打开表 C,右击,在打开的快捷菜单中选择"索引/键"选项,打开"索引/键"对话框,可以看到表 C 中存在上面创建的索引 IND_CN,如图 5-8 所示。

(5) 关闭表 C 的"索引/键"对话框,返回表设计器窗口。

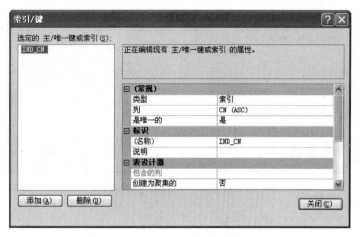

图 5-8　表 C 的"索引/键"对话框

（6）关闭 C 表设计器。

实验 5.2　删 除 索 引

【实验目的】

- 掌握交互式删除索引。
- 掌握用 T-SQL 删除索引。

【实验内容】

（1）交互式删除数据库表 C 中的索引 IND_CN。
（2）用 T-SQL 删除数据库表 T 中的索引 IND_TN _AGE。

【实验步骤】

1. 交互式删除表 C 中的索引 IND_CN

（1）在 SQL Server Management Studio 中，用表设计器打开数据库表 C。
（2）单击工具栏中的"表设计器"，单击"索引/键"选项，打开"索引/键"对话框，可以看到表 C 中存在上面创建的索引，如图 5-8 所示。
（3）删除索引 IND_CN。选定要删除的索引 IND_CN，单击"删除"按钮，即删除成功，如图 5-9 所示。
（4）关闭表 C 的"索引/键"窗格，返回表设计器窗口。保存修改，关闭表设计器。

2. 用 T-SQL 删除表 T 中的索引 IND_TN_AGE

（1）启动 Microsoft SQL Server Management Studio。
（2）创建 T-SQL 语句。单击工具栏中的 新建查询(N) 按钮，打开一个查询编辑器窗

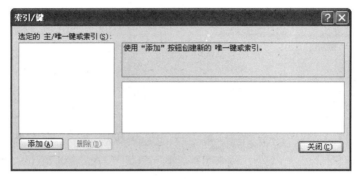

图 5-9 删除索引 IND_CN 后的对话框

口,在查询窗口输入下列 T-SQL 语句:

```
USE jxsk
GO
DROP INDEX T.IND_TN_AGE
GO
```

(3) 执行此 T-SQL 语句。单击工具栏中的 ❗ 执行(x) 按钮,执行此 T-SQL 语句,如图 5-10 所示。

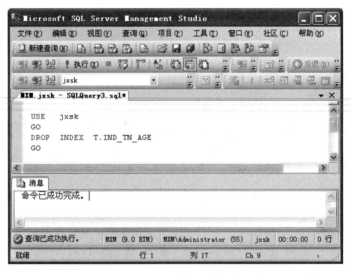

图 5-10 用 T-SQL 删除表 T 中的索引 IND_SN_AGE

(4) 查看数据库表 T 的索引信息。用表设计器打开表 T,右击,在打开的快捷菜单中选择"索引/键"选项,打开"索引/键"对话框,可以看到表 T 中不再存在索引 IND_TN_AGE。

(5) 关闭表 T 的"索引/键"对话框,返回表设计器窗口。

(6) 关闭 T 表设计器。

习　题

【实验题】

基于教学数据库 jxsk 完成下面的实验。

1. 对教师表 T 中的教师号 TNO 创建聚簇索引,并按降序排列。

2. 对学生选课表 SC,先按课号 CNO 升序排列,再按成绩 SCORE 降序排列。

3. 对学生表 S 中的学号 SNO 创建唯一索引,并按升序排列。

【思考题】

1. 一个表可以创建几个聚簇索引和几个非聚簇索引?

2. 主索引和唯一索引有何区别?

3. 在一个表还没有创建聚簇索引时,对其创建主键,那么此主键还会有何作用?

实验 6 视 图

视图是关系数据库系统中的重要机制。用户通过视图能以多种角度观察数据。视图可以对数据提供一定程度的安全保护。本实验主要介绍用交互式和 T-SQL 实现视图创建、修改、删除的方法和步骤,以及通过视图向基本表中插入、删除数据的方法和步骤。

【知识要点】

1. 视图

视图是从一个或几个基本表导出的表,它与基本表不同,是一个虚表。数据库中只存储视图的定义而不存储视图中的数据,从视图中可访问的数据应存放在原来的基本表中。视图一经定义,就可以和基本表一样被查询、被删除,也可以在一个视图上再定义新的视图,但对视图的更新(增加、删除、修改)操作则有一定的限制。

2. 视图的作用

- 视图能够简化用户的操作。
- 视图使用户能以多种角度看待同一数据。
- 视图对重构数据库提供了一定程度的逻辑独立性。
- 视图能够对机密数据提供安全保护。

3. 可更新视图的限制

- 若视图是由两个以上基本表导出的,则此视图不允许更新。
- 若视图的字段来自字段表达式或常数,则不允许对此视图执行 INSERT 和 UPDATE 操作,但允许执行 DELETE 操作。
- 若视图的字段来自集函数,则此视图不允许更新。
- 若视图定义中含有 GROUP BY 子句,则此视图不允许更新。
- 若视图中含有 DISTINCT 短语,则此视图不允许更新。
- 若视图定义中有嵌套查询,并且内层查询 FROM 子句中涉及的表也是导出该视图的基本表,则此视图不允许更新。
- 一个不允许更新的视图上定义的视图也不允许更新。

4. 创建视图的 T-SQL 语句

```
CREATE VIEW [ <database_name >.] [ <owner >.] view_name [ ( column [ ,...n ]) ]
AS
    select_statement
    [ WITH CHECK OPTION ]
```

5. 修改视图的 T-SQL 语句

```
ALTER VIEW [ <database_name >.] [ <owner >.] view_name [ ( column [ ,...n ]) ]
AS
    select_statement
    [ WITH CHECK OPTION ]
```

6. 删除视图的 T-SQL 语句

```
DROP VIEW { view } [ ,...n]
```

【实验目的】

- 掌握交互式创建、删除视图的方法。
- 掌握使用 T-SQL 创建、删除视图的方法。
- 掌握交互式更新视图的方法。
- 掌握使用 T-SQL 更新视图的方法。

实验 6.1 创 建 视 图

【实验目的】

- 掌握交互式创建视图的方法。
- 掌握使用 T-SQL 创建视图的方法。

【实验内容】

（1）交互式创建一个视图。视图名称是 View_S,其数据来源于一个基本表 S,包含的数据有 SNO、SN、SEX、DEPT。

（2）交互式创建一个成绩表视图。视图名称是 View_SCORETABLE,其数据来源于两个基本表 C 和 SC 及一个已有的视图 View_S,包含的数据有来自视图 View_S 的字段 SN、来自表 C 的字段 CN 和来自表 SC 的字段 SCORE。

（3）使用 T-SQL 创建一个课程表视图。视图名称是 View_CTABLE,其数据来源于两个基本表 T、C,包含的数据有来自数据库表 T 的字段 TN 和来自数据库表 C 的字段 CN。

【实验步骤】

1. 交互式创建视图 View_S

要求：视图名称是 View_S，其数据来源于一个基本表 S，包含的数据有 SNO、SN、SEX、DEPT。

（1）打开创建视图的窗口。启动 Microsoft SQL Server Management Studio，在"对象资源管理器"窗格中，展开数据库 jxsk，右击"视图"，在打开的快捷菜单中选择"新建视图"选项，如图 6-1 所示，即打开"添加表"对话框。

图 6-1 选择"新建视图"选项

（2）添加基本表。在"添加表"对话框中，选择表 S，单击"添加"按钮，如图 6-2 所示，关闭"添加表"对话框，返回创建视图窗口，可看到创建视图窗口中增加了表 S，如图 6-3 所示。

图 6-2 "添加表"对话框

（3）选择视图中的列。在表 S 中，分别选中字段 SNO、SN、SEX、DEPT 左侧的复选框，表示选中这些字段，将它们加入视图中，观察下面窗格中的变化，如图 6-3 所示。

（4）执行视图定义。单击工具栏中的 按钮，执行视图定义。窗口下面的表格数据即是视图的内容，如图 6-4 所示。

SQL Server 实验指导（第 4 版）

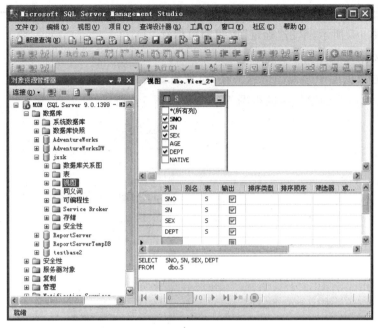

图 6-3　创建视图窗口

图 6-4　创建视图

（5）保存视图定义。单击工具栏中的 ![save] 按钮，打开"选择名称"对话框，输入视图名称 View_S，如图 6-5 所示，单击"确定"按钮即可保存。

（6）关闭创建视图窗口。

（7）查看数据库中的视图信息。在"对象资源管理器"窗格中，单击数据库 jxsk 中的"视图"节点，可以看到刚创建的视图 View_S，如图 6-6 所示。

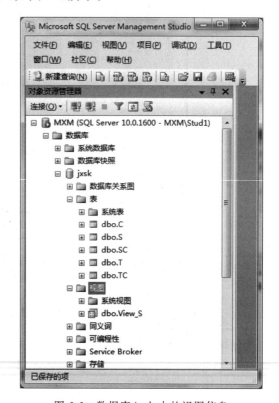

图 6-5　输入视图名称　　　　　　　　图 6-6　数据库 jxsk 中的视图信息

2. 交互式创建成绩视图 View_SCORETABLE

要求：视图名称是 View_SCORETABLE，其数据来源于两个基本表 C 和 SC 及一个已有的视图 View_S，包含的数据有来自视图 View_S 的字段 SN、来自表 C 的字段 CN 和来自表 SC 的字段 SCORE。

（1）打开创建视图的窗口。启动 Microsoft SQL Server Management Studio，在"对象资源管理器"窗格中，展开数据库 jxsk，右击"视图"，在打开的快捷菜单中选择"新建视图"选项，如图 6-1 所示。打开"添加表"对话框，如图 6-2 所示。

（2）添加基本表和视图。在"添加表"对话框中，选择表 C 和表 SC，单击"添加"命令，可看到创建视图窗口上部分窗格中增加了表 C 和表 SC，并查看下面窗格中语句的变化。以此类推，在"视图"中添加视图 View_S。单击"关闭"按钮，关闭"添加表"对话框，返回创建视图窗口，如图 6-7 所示。

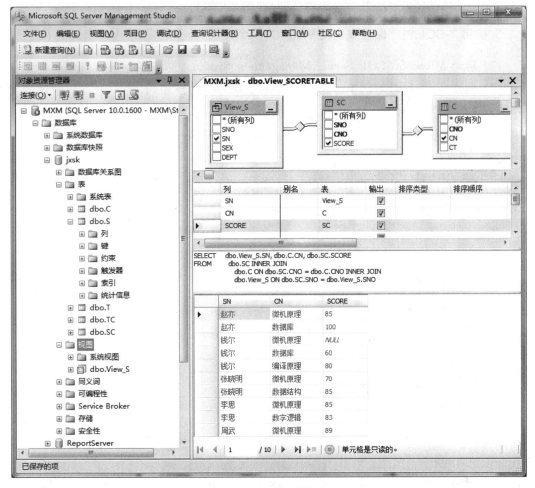

图 6-7　创建的视图 View_SCORETABLE 的内容

（3）选择视图中的列。在视图 View_S 中，单击字段 SN 左侧的复选框，表示选中字段 SN。以此类推，在表 C 中选择 CN，在表 SC 中选择 SCORE，如图 6-7 所示。观察图 6-7 中下面窗格中语句的变化。

（4）设置表和视图的连接方式。选中视图 View_S 中的 SNO 并将其拖曳到表 SC 中的 SNO，查看下面窗格中语句的变化；同样选中表 SC 中的 CNO 并拖曳到表 C 中的 CNO，查看下面窗格中语句的变化。

（5）执行视图定义。单击工具栏中的 ! 命令，执行视图定义。窗口下面的表格数据即是视图的内容，如图 6-7 所示。

（6）保存视图定义。单击工具栏中的 🖫 按钮，打开"选择名称"对话框，输入视图名称 View_SCORETABLE，单击"确定"按钮。

（7）关闭创建视图窗口。

（8）查看数据库中的视图信息。在"对象资源管理器"窗格中，展开数据库 jxsk 中的

"视图"节点,该节点下方即有刚创建的视图,如图 6-8 所示。

3. 使用 T-SQL 创建课程表视图 View_CTABLE

(1) 启动 Microsoft SQL Server Management Studio。

(2) 创建 T-SQL 语句。单击工具栏中的 🔳 新建查询(N) 按钮,打开一个查询编辑器窗口,输入下列 T-SQL 语句。

```
USE jxsk
GO
CREATE VIEW View_CTABLE
        AS SELECT TN,CN FROM T,C,TC
            WHERE T.TNO=TC.TNO AND C.CNO=TC.CNO
GO
```

(3) 执行 T-SQL 语句,如图 6-9 所示。

图 6-8　数据库 jxsk 中的视图

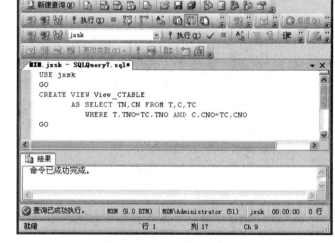

图 6-9　创建视图 View_CTABLE 的 T-SQL 语句

(4) 查看视图信息。在"对象资源管理器"窗格中,展开数据库 jxsk 中的"视图"节点,可以看到视图 View_CTABLE 已存在。

实验 6.2 修改视图

【实验目的】

- 掌握交互式修改视图定义的方法。
- 掌握使用 T-SQL 修改视图定义的方法。

【实验内容】

(1) 使用交互式方法把视图 View_S 中的字段 SNO 删掉。
(2) 使用 T-SQL 为视图 View_CTABLE 增加一个课时字段 CT tinyint。

【实验步骤】

1. 使用交互式方法把视图 View_S 中的字段 SNO 删掉

(1) 打开视图设计器。在"对象资源管理器"窗格中,展开数据库 jxsk 中的"视图"节点,右击视图对象 View_S,在打开的快捷菜单中选择"设计"选项,打开设计视图窗口,如图 6-10 所示。在此窗口中可查看各部分内容的关系。

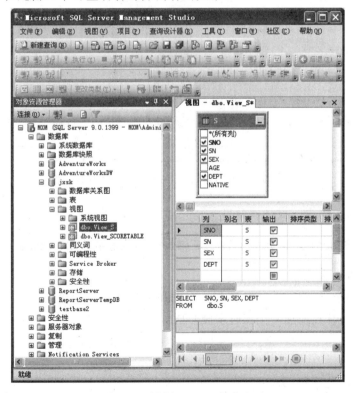

图 6-10 视图 View_S 的定义

（2）从视图中删除字段 SNO。在数据库表 S 中，取消选中 SNO 左端的复选框，然后查看窗口下部分列表和 T-SQL 语句的变化。

（3）执行操作。单击工具栏中的 ❗ 执行(X) 按钮，执行对视图定义的改变操作。窗口下部分表格中显示的是删除 SNO 后视图中的数据，如图 6-11 所示。

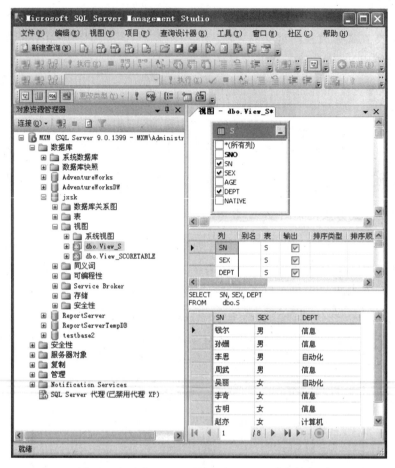

图 6-11　删除 SNO 后的视图 View_S 中的数据

（4）保存后关闭视图设计器窗口。

2. 使用 T-SQL 为视图 View_CTABLE 增加一个课时字段 CT tinyint

（1）打开查询编辑器窗口。

（2）创建修改视图的 T-SQL 语句。在查询编辑器窗口中输入下列 T-SQL 语句，给视图 View_CTABLE 增加一个课时字段 CT tinyint。

```
USE jxsk
GO
ALTER VIEW View_CTABLE
      AS SELECT TN,CN,CT FROM T,C,TC
```

```
WHERE T.TNO=TC.TNO AND C.CNO=TC.CNO
GO
```

（3）执行 T-SQL 语句，如图 6-12 所示。

图 6-12　创建视图 View_CTABLE 的 T-SQL 语句

（4）查看视图数据。在"对象资源管理器"窗格中，展开数据库 jxsk 中的"视图"节点，右击视图 View_CTABLE，在打开的快捷菜单中选择"编辑前 200 行"选项，打开视图 View_CTABLE 的数据窗口，显示出修改后的视图数据，如图 6-13 所示。

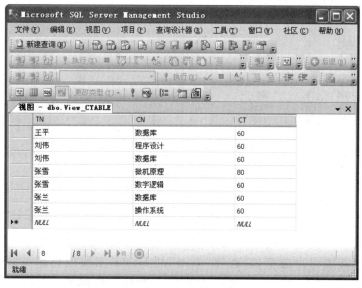

图 6-13　修改后的视图数据

（5）关闭视图数据窗口。

实验 6.3 　通过视图修改数据库数据

【实验目的】

- 掌握何种视图是可更新视图。
- 掌握通过视图修改数据库数据的方法。

【实验内容】

（1）交互式通过修改视图 View_S 中的数据来实现对其基本表 S 中数据的修改。

（2）对视图 View_S 执行 INSERT 语句,查看此视图的基本表 S 中数据的变化。

（3）修改视图 View_S 的定义,使其包含基本表 S 的主键字段 SNO,再对 View_S 执行插入操作。

（4）用 T-SQL 语句对视图 View_S 执行 DELETE 语句,查看此视图的基本表 S 中数据的变化。

【实验步骤】

1. 交互式通过修改视图 View_S 中的数据来实现对其基本表 S 中数据的修改

（1）打开视图 View_S 和表 S 的数据窗口。在 SQL Server Management Studio 中,分别打开视图 View_S 和基本表 S 的内容,如图 6-14 所示,对照图 6-14(a)和图 6-14(b)中"李奇"记录各相对应字段数据是否相同。

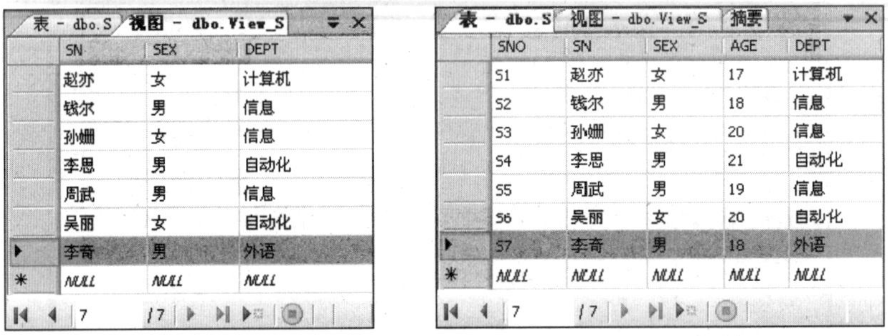

（a）视图 View_S 的数据 　　　　　　（b）基本表 S 的数据

图 6-14 　视图 View_S 和基本表 S 初始的数据对照

（2）更改视图 View_S 中的数据,查看表 S 中数据的变化。在视图 View_S 中,把"李奇"的系名 DEPT"外语"改为"计算机"。单击 ! 按钮,执行此操作,如图 6-15(a)所示。单击表 S 窗口,使其成为当前窗口,查看"李奇"的 DEPT 字段值仍然是"外语"。单击按钮 !,再查看"李奇"的 DEPT 字段值时已变为"计算机",与视图 View_S 中的改变一致,如图 6-15(b)所示。

（3）关闭视图 View_S 和基本表 S 的数据窗口。

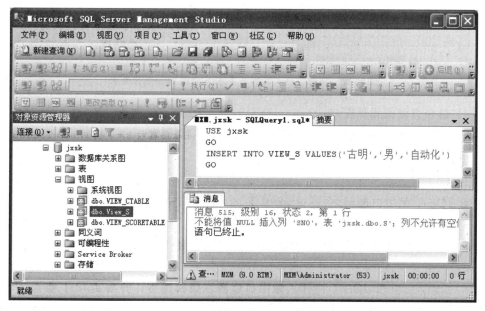

<table>
<tr><td colspan="3">表 - dbo.S | 视图 - dbo.View_S</td></tr>
<tr><td>SN</td><td>SEX</td><td>DEPT</td></tr>
<tr><td>赵亦</td><td>女</td><td>计算机</td></tr>
<tr><td>钱尔</td><td>男</td><td>信息</td></tr>
<tr><td>孙姗</td><td>女</td><td>信息</td></tr>
<tr><td>李思</td><td>男</td><td>自动化</td></tr>
<tr><td>周武</td><td>男</td><td>信息</td></tr>
<tr><td>吴丽</td><td>女</td><td>自动化</td></tr>
<tr><td>李奇</td><td>男</td><td>计算机</td></tr>
<tr><td>NULL</td><td>NULL</td><td>NULL</td></tr>
</table>

(a) 已修改的视图 View_S 的数据　　　　　　(b) 已修改的基本表 S 的数据

图 6-15　视图 View_S 和基本表 S 改变后的数据对照

2. 对视图 View_S 执行 INSERT 语句，查看此视图的基本表 S 中数据的变化

（1）打开查询编辑器窗口。

（2）创建 T-SQL 语句。在查询编辑器窗口中输入下列 T-SQL 语句。

```
USE jxsk
GO
INSERT INTO View_S VALUES('古明','男','自动化')
GO
```

（3）执行 T-SQL 语句。单击工具栏中的 ❗执行(X) 按钮执行 T-SQL 语句，系统"消息"提示错误，如图 6-16 所示。

图 6-16　执行 INSERT 出现错误

这是因为视图 View_S 来源于基本表 S，但却不包含基本表 S 的主键 SNO，主键的性质是不许取空值的。当向视图中插入一行新数据时，因没有 SNO 字段值，所以，从视图到基本表映射插入此行数据时，表 S 中的 SNO 字段值自动取空值，这是主键所不允许的，故执行失败。

3. 修改视图 View_S 的定义，使其包含表 S 中的主键，再执行插入操作

（1）打开查询编辑器窗口。

（2）修改视图。创建修改视图的 T-SQL 语句，使其包含表 S 中的字段 SNO、SN、SEX、DEPT，执行该 T-SQL 语句。

```
USE jxsk
GO
ALTER VIEW View_S
      AS SELECT SNO,SN,SEX,DEPT FROM S
GO
```

（3）浏览视图数据和表数据。在“对象资源管理器”窗格中，分别打开视图 View_S 和基本表 S 的数据窗口，两个窗口中的数据的对应行列完全相同，如图 6-17 所示。

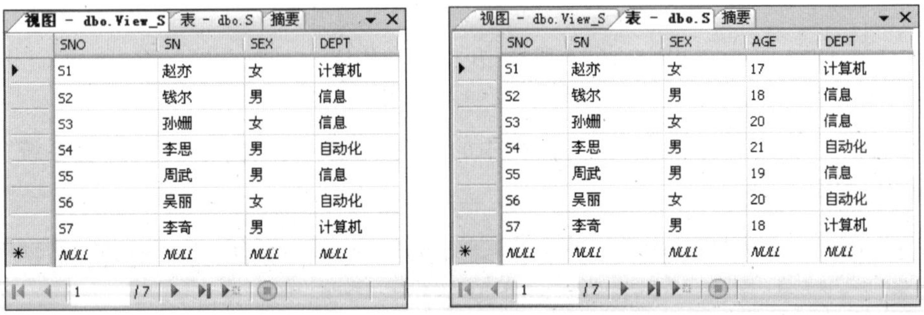

视图 - dbo.View_S | 表 - dbo.S | 摘要

SNO	SN	SEX	DEPT
S1	赵亦	女	计算机
S2	钱尔	男	信息
S3	孙姗	女	信息
S4	李思	男	自动化
S5	周武	男	信息
S6	吴丽	女	自动化
S7	李奇	男	计算机
NULL	NULL	NULL	NULL

(a) 视图 View_S 的数据

视图 - dbo.View_S | 表 - dbo.S | 摘要

SNO	SN	SEX	AGE	DEPT
S1	赵亦	女	17	计算机
S2	钱尔	男	18	信息
S3	孙姗	女	20	信息
S4	李思	男	21	自动化
S5	周武	男	19	信息
S6	吴丽	女	20	自动化
S7	李奇	男	18	计算机
NULL	NULL	NULL	NULL	NULL

(b) 基本表 S 的数据

图 6-17　视图 View_S 和基本表 S 修改前的数据对照

（4）打开查询编辑器窗口。

（5）创建 T-SQL 语句。在窗口中输入下列 T-SQL 语句。

```
USE jxsk
GO
INSERT INTO View_S VALUES('S8','古明','男','自动化')
GO
```

（6）单击工具栏中的 ! 执行(X) 按钮，执行 T-SQL 语句，如图 6-18 所示。

（7）观察视图 View_S 和基本表 S 的数据变化。打开视图 View_S 和基本表 S 的数据窗口，如图 6-19 中(a)所示，“古明”的记录已插入在视图中。再单击表 S 窗口中的 ! 按钮，更新当前表内容，如图 6-19 中(b)所示，“古明”的记录也已插入基本表 S 中。

（8）分别关闭视图和数据库表的窗口。

图 6-18　对视图执行 INSERT 语句

(a) 视图 View_S 的数据　　　　　　　　　(b) 基本表 S 的数据

图 6-19　视图 View_S 和基本表 S 数据对照

4. 用 T-SQL 语句对视图 View_S 执行 DELETE 语句,查看此视图的基本表 S 中数据的变化

(1) 对照表 S 和视图 View_S 中的内容。在"对象资源管理器"窗格中,分别打开视图 View_S 和基本表 S 的数据窗口,可见两个窗口中的对应内容是一致的,都存在学号是 S8 学生的记录,如图 6-19 所示。

(2) 打开查询编辑器窗口。

(3) 创建 T-SQL 语句。在窗口中输入下列 T-SQL 语句,删除学号是 S8 的学生的记录。

```
USE jxsk
GO
```

```
DELETE View_S WHERE Sno='S8'
GO
```

（4）执行 T-SQL 语句。单击工具栏中的 ！执行(X) 按钮，执行 T-SQL 语句，如图 6-20
所示。

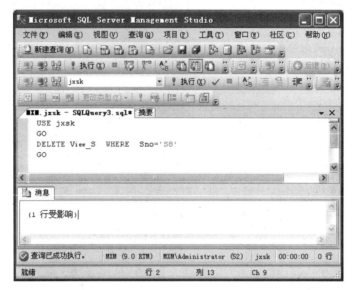

图 6-20　对视图执行 DELETE 语句

（5）观察视图 View_S 和基本表 S 的数据变化。单击 View_S 视图窗口选项卡，单击
！按钮，更新当前视图内容，如图 6-21 中(a)所示，学号是 S8 的学生记录已经不存在。再

(a) 对视图执行 DELETE 语句后的View_S 的数据

图 6-21　视图和基本表中数据的对照

(b) 对视图执行 DELETE 语句后的基本表 S 数据

图 6-21 （续）

单击表 S 窗口选项卡和 ! 按钮，更新当前表内容，如图 6-21(b)所示，学号是 S8 的学生记录也已经不存在。

(6) 分别关闭视图和数据库表的窗口。

实验 6.4   删 除 视 图

【实验目的】

- 掌握交互式删除视图的方法。
- 掌握使用 T-SQL 删除视图的方法。

【实验内容】

(1) 交互式删除视图 View_S。
(2) 使用 T-SQL 删除视图 View_CTABLE。

【实验步骤】

1. 交互式删除视图 View_S

(1) 启动 Microsoft SQL Server Management Studio。

(2) 展开视图节点。在"对象资源管理器"窗格中，单击数据库 jxsk 中的"视图"节点，该节点下方即为数据库 jxsk 中的视图对象。

(3) 删除视图 View_S。右击视图 View_S，在打开的快捷菜单中选择"删除"选项，如

图 6-22 所示，打开“删除对象”对话框，如图 6-23 所示。

图 6-22   选择“删除”选项

（4）查看“要删除的对象”列表，单击要删除的视图 View_S 左侧的复选框，单击“确定”按钮，视图 View_S 即被删除。

（5）查看视图信息。在“对象资源管理器”窗格中，刷新数据库 jxsk 中的“视图”节点，可看到视图 View_S 已经不存在。

2. 使用 T-SQL 删除视图 View_CTABLE

（1）打开查询编辑器窗口。

（2）查看视图信息。在“对象资源管理器”窗格中，展开数据库 jxsk 中的“视图”节

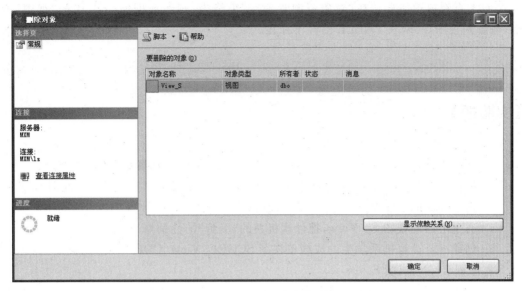

图 6-23 "删除对象"对话框

点,可看到视图 View_CTABLE 存在。

(3) 创建删除视图的 T-SQL 语句。在查询编辑器窗口中输入下列 T-SQL 语句。

```
USE jxsk
GO
DROP VIEW View_CTABLE
GO
```

(4) 执行 T-SQL 语句,如图 6-24 所示。

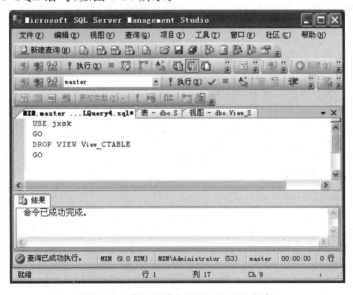

图 6-24 执行删除视图的 T-SQL 语句

（5）查看视图信息。在"对象资源管理器"窗格中,刷新数据库 jxsk 中的"视图"节点,可看到视图 View_CTABLE 已经不存在。

习　题

【实验题】

针对数据库 jiaoxuedb 进行如下操作。

1. 创建成绩视图 SCORE_View,包含学号 SNO、姓名 SN、课程名 CN、成绩 Score。

2. 创建一个计算机系学生名单视图 S _View,包含学号 SNO、姓名 SN、性别 SEX。

3. 通过上面的视图 SCORE_View,修改学号为 991102、课号为 01001 的成绩记录。

4. 通过上面的视图 S _View,把计算机系的"王蕾"的性别修改为"男"。

5. 创建一个计算机系学生的成绩单视图 SCORE_View_CDEPT,包含学号 SNO、姓名 SN、课程名 CN、成绩 Score。

6. 给视图 S _View 增加一个年龄 AGE 字段。

7. 创建一个教师工资表视图 SAL_View,包含字段:教师名 TN、性别 SEX、职称 PROF、工资总和 SALSUM、系别 DEPT。

8. 通过视图 SAL_View 查询教师"张朋"的工资收入。

【思考题】

1. 采用视图机制具有哪些优点?

2. 视图与数据库系统三级模式结构有何关系?

3. 视图是否只能来源于基本表,不能来源于已有的其他视图?

4. 是否所有的视图都具有通过其修改基本表数据的性质? 哪些视图不具有这种性质?

实验 7 数 据 查 询

数据查询是数据库的核心操作。T-SQL 语言提供了 SELECT 语句进行数据查询，该语句具有灵活的使用方式和丰富的功能。

【知识要点】

1. SELECT 语句的一般格式

```
SELECT [ ALL|DISTINCT ][TOP N [PERCENT] ] <目标列表达式>[别名]
                          [,<目标列表达式>[别名] ]...
    FROM <表名或视图名>[ 别名 ][,<表名或视图名>[ 别名 ] ]...
    [ WHERE <条件表达式>]
    [GROUP BY <列名 1>[ HAVING<条件表达式>]
              [,<列名 2>[ HAVING<条件表达式>]...]]
    [ORDER BY <列名 1>[ ASC | DESC] ,[ <列名 2>[ ASC | DESC] ] ...]]
```

2. 常用的聚合函数(如表 7-1 所示)

表 7-1　常用聚合函数

聚 合 函 数	描　　　述
AVG(expr)	列值的平均值。该列只能包含数字数据
COUNT(expr)，COUNT(*)	列值的计数(如果将列名指定为 expr)或是表或组中所有行的计数(如果指定 *)。COUNT(expr) 忽略 NULL 值,但 COUNT(*) 在计数中包含 NULL 值
MAX(expr)	列中最大的值(文本数据类型中按字母顺序排在最后的值)。忽略 NULL 值
MIN(expr)	列中最小的值(文本数据类型中按字母顺序排在最前的值)。忽略 NULL 值
SUM(expr)	列值的合计。该列只能包含数字数据。忽略 NULL 值

3. 查询条件列表（如表 7-2 所示）

表 7-2　查询条件列表

查询条件	谓　词
比较	=,>,<,>=,<=,!=,<>,!>,!<
确定范围	BETWEEN ...AND...,NOT BETWEEN ...AND...
确定集合	IN,NOT IN
字符匹配	LIKE,NOT LIKE
空值	IS NULL,IS NOT NULL
多重条件	AND,OR

4. 谓词 LIKE 在查询条件中的用法

1）语法格式

[NOT] LIKE '<匹配串>'[ESCAPE '<换码字符>']

2）匹配符

%（百分号）：代表任意长度的字符串。

_（下画线）：代表任意单个字符。

【实验目的】

- 掌握从简单到复杂的各种数据查询,包括单表查询、多表连接查询、嵌套查询、集合查询。
- 掌握用条件表达式表示检索条件。
- 掌握用聚合函数计算统计检索结果。

实验 7.1　单 表 查 询

【实验目的】

- 掌握指定列或全部列查询。
- 掌握按条件查询及模糊查询。
- 掌握对查询结果排序。
- 掌握使用聚集函数的查询。
- 掌握分组统计查询。

【实验内容】

1. 指定列或全部列查询

（1）查询 S 表中全体学生的详细记录。
（2）查询所有学生的姓名及其出生年份。

2. 按条件查询及模糊查询

（1）查询考试成绩有不及格的学生学号。
（2）查询年龄在 20～23 岁的学生姓名、系名、年龄。
（3）查询姓李的学生的姓名、学号和性别。
（4）查询名字中第二个字为"明"的男学生的姓名和系名。

3. 对查询结果排序

（1）查询信息系、计算机系学生的姓名、系名，结果按系名升序排序，姓名按降序排序。
（2）查询所有有课程号 C2 的学生的学号、课程号和成绩，并按成绩降序排序。

4. 使用聚集函数的查询

（1）查询计算机系学生总人数。
（2）查询选修微机原理课程的学生人数、平均分数、最高分数。

5. 分组统计查询

（1）查询各个课程号及相应的选课人数。
（2）查询选修两门以上课程的学生姓名和平均成绩。

【实验步骤】

1. 指定列或全部列查询

（1）查询 S 表中全体学生的详细记录。
① 打开查询编辑器窗口。
② 创建 T-SQL 语句。在新建查询编辑器窗口中输入下列 T-SQL 语句。

```
USE jxsk
GO
SELECT * FROM S
GO
```

③ 执行 T-SQL 语句。单击工具栏中的 ![执行(X)] 按钮，执行窗口中的 T-SQL 语句，执行结果如图 7-1 所示。

图 7-1　执行结果 1

（2）查询所有学生的姓名及其出生年份。

① 打开查询编辑器窗口。

② 创建 T-SQL 语句。在查询编辑器窗口中输入下列 T-SQL 语句。

```
USE jxsk
GO
SELECT SN,year(GETDATE())-AGE AS 出生年份 FROM S
GO
```

③ 执行 T-SQL 语句。单击工具栏中的 ▮ 执行(X) 按钮，执行窗口中的 T-SQL 语句，执行结果如图 7-2 所示。

2. 按条件查询及模糊查询

（1）查询考试成绩不及格的学生学号。

① 打开查询编辑器窗口。

② 创建 T-SQL 语句。在查询编辑器窗口中输入下列 T-SQL 语句。

```
USE jxsk
GO
SELECT DISTINCT SNO FROM SC
WHERE SCORE < 60
GO
```

图 7-2　执行结果 2

③ 执行 T-SQL 语句。单击工具栏中的 ![执行(X)] 按钮,执行窗口中的 T-SQL 语句,执行结果如图 7-3 所示。

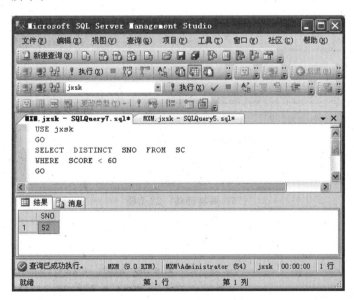

图 7-3　执行结果 3

(2) 查询年龄在 20～23 岁的学生姓名、系名、年龄。

实验 7　数据查询

① 打开查询编辑器窗口。

② 创建 T-SQL 语句。在查询编辑器窗口中输入下列 T-SQL 语句。

```
USE jxsk
GO
SELECT SN,DEPT,AGE FROM S
WHERE AGE BETWEEN 20 AND 23
GO
```

③ 执行 T-SQL 语句。单击工具栏中的 ⚡ 执行(X) 按钮,执行窗口中的 T-SQL 语句,执行结果如图 7-4 所示。

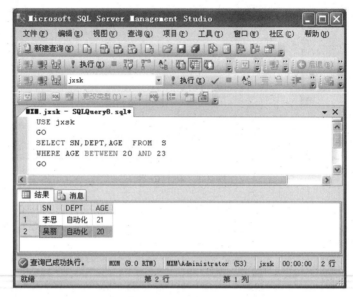

图 7-4 执行结果 4

(3) 查询姓李的学生的姓名、学号和性别。

① 打开查询编辑器窗口。

② 创建 T-SQL 语句。在查询编辑器窗口中输入下列 T-SQL 语句。

```
USE jxsk
GO
SELECT SN,SNO,SEX FROM S
WHERE SN LIKE '李%'
GO
```

③ 执行 T-SQL 语句。单击工具栏中的 ⚡ 执行(X) 按钮,执行窗口中的 T-SQL 语句,执行结果如图 7-5 所示。

(4) 查询名字中第二个字为"明"的男学生的姓名和系名。

① 打开查询编辑器窗口。

② 创建 T-SQL 语句。在查询编辑器窗口中输入下列 T-SQL 语句。

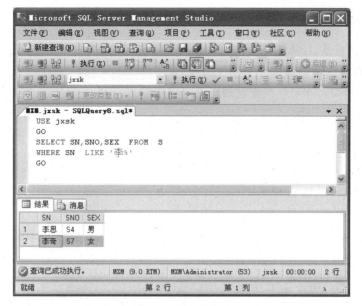

图 7-5　执行结果 5

```
USE jxsk
GO
SELECT SN AS 姓名,DEPT AS 系名 FROM S
WHERE  SN  LIKE '_明% 'AND  SEX ='男'
GO
```

③ 执行 T-SQL 语句。单击工具栏中的 ![执行] 按钮,执行窗口中的 T-SQL 语句,执行结果如图 7-6 所示。

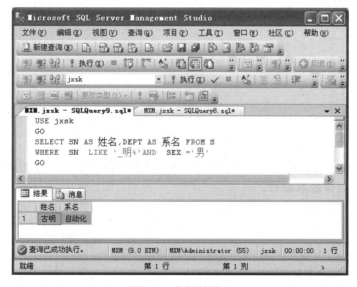

图 7-6　执行结果 6

3. 对查询结果排序

（1）查询信息系、计算机系学生的姓名、系名,结果按系名升序排序,姓名按降序排序。

① 打开查询编辑器窗口。

② 创建 T-SQL 语句。在查询编辑器窗口中输入下列 T-SQL 语句。

```
USE jxsk
GO
SELECT SN AS 姓名,DEPT AS 系名 FROM S
WHERE DEPT IN('信息','计算机')
ORDER BY DEPT , SN DESC
GO
```

③ 执行 T-SQL 语句。单击工具栏中的 ! 执行(x) 按钮,执行窗口中的 T-SQL 语句,执行结果如图 7-7 所示。

图 7-7　执行结果 7

（2）查询所有有课程号 C2 的学生的学号、课程号和成绩,并按成绩降序排序。

① 打开查询编辑器窗口。

② 创建 T-SQL 语句。在查询编辑器窗口中输入下列 T-SQL 语句。

```
USE jxsk
SELECT SNO AS 学号,CNO AS 课号,SCORE AS 成绩 FROM SC
WHERE CNO='C2' AND SCORE IS NOT NULL
ORDER BY SCORE DESC
GO
```

③ 执行 T-SQL 语句。单击工具栏中的 ![执行(X)] 按钮,执行窗口中的 T-SQL 语句,执行结果如图 7-8 所示。

图 7-8　执行结果 8

4. 使用聚集函数的查询

(1) 查询计算机系学生总人数。

① 打开查询编辑器窗口。

② 创建 T-SQL 语句。在查询编辑器窗口中输入下列 T-SQL 语句。

```
USE jxsk
GO
SELECT COUNT(*) AS 计算机系人数 FROM S
WHERE DEPT='计算机'
GO
```

③ 执行 T-SQL 语句。单击工具栏中的 ![执行(X)] 按钮,执行窗口中的 T-SQL 语句,执行结果如图 7-9 所示。

(2) 查询选修微机原理课程的学生人数、平均分数、最高分数。

① 打开查询编辑器窗口。

② 创建 T-SQL 语句。在查询编辑器窗口中输入下列 T-SQL 语句。

```
USE jxsk
GO
SELECT COUNT(*) AS 人数, AVG(SCORE) AS 平均分数,
```

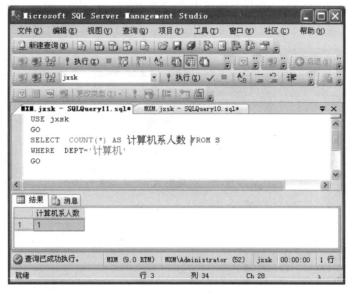

图 7-9　执行结果 9

```
          MAX(SCORE) AS 最高分数
FROM C,SC
WHERE CN='微机原理' AND C.CNO=SC.CNO
GO
```

③ 执行 T-SQL 语句。单击工具栏中的 ! 执行(X) 按钮,执行窗口中的 T-SQL 语句,执行结果如图 7-10 所示。

图 7-10　执行结果 10

SQL Server 实验指导(第 4 版)

5. 分组统计查询

（1）查询各个课程号及相应的选课人数。

① 打开查询编辑器窗口。

② 创建 T-SQL 语句。在查询编辑器窗口中输入下列 T-SQL 语句。

```
USE jxsk
GO
SELECT CNO AS 课程号,COUNT(SNO) AS 人数
FROM SC
GROUP BY CNO
GO
```

③ 执行 T-SQL 语句。单击工具栏中的 执行(X) 按钮，执行窗口中的 T-SQL 语句，执行结果如图 7-11 所示。

图 7-11　执行结果 11

（2）查询选修两门以上课程的学生姓名和平均成绩。

① 打开查询编辑器窗口。

② 创建 T-SQL 语句。在查询编辑器窗口中输入下列 T-SQL 语句。

```
USE jxsk
GO
SELECT SN AS 姓名，AVG(SCORE) AS 平均成绩
```

```
FROM    S, SC
WHERE   S.SNO=SC.SNO
GROUP BY S.SN HAVING COUNT ( * ) >2
GO
```

③ 执行 T-SQL 语句。单击工具栏中的 ![执行(X)] 按钮,执行窗口中的 T-SQL 语句,执行结果如图 7-12 所示。

图 7-12　执行结果 12

实验 7.2　多表连接查询

【实验目的】

多表之间的连接包括等值连接、自然连接、非等值连接、自身连接、外连接和复合条件连接。本实验主要掌握涉及一个以上数据表的查询。

【实验内容】

1. 自然连接

(1) 查询所有选课学生的学号、姓名、选课名称及成绩。
(2) 查询每门课程的课程号、任课教师姓名及其选课人数。

2. 自身连接

(1) 查询所有比刘伟工资高的教师姓名、工资和刘伟的工资。

（2）查询同时选修"程序设计"和"微机原理"的学生姓名、课程名。

3. 外连接

查询所有学生的学号、姓名、选课名称及成绩（没有选课的同学的选课信息显示为空）。

【实验步骤】

1. 自然连接

（1）查询所有选课学生的学号、姓名、选课名称及成绩。

① 打开查询编辑器窗口。

② 创建 T-SQL 语句。在查询编辑器窗口输入下列 T-SQL 语句。

```
USE jxsk
GO
SELECT S.SNO,SN,CN,SCORE FROM S,C,SC
WHERE S.SNO= SC.SNO AND C.CNO=SC.CNO
GO
```

③ 执行 T-SQL 语句。单击工具栏中的 ![执行(X)] 按钮,执行窗口中的 T-SQL 语句,执行结果如图 7-13 所示。

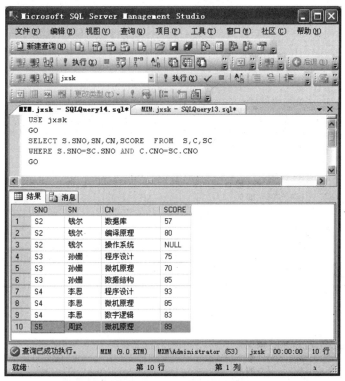

图 7-13　执行结果 13

（2）查询每门课程的课程号、任课教师姓名及其选课人数。

① 打开查询编辑器窗口。

② 创建 T-SQL 语句。在查询编辑器窗口中输入下列 T-SQL 语句。

```
USE jxsk
GO
SELECT C.CNO, TN, COUNT(SC.SNO) AS 学生人数
FROM T, TC, C, SC
WHERE T.TNO=TC.TNO AND C.CNO= TC.CNO AND C.CNO=SC.CNO
GROUP BY C.CNO,T.TN
GO
```

③ 执行 T-SQL 语句。单击工具栏中的 ![执行] 执行(X) 按钮，执行窗口中的 T-SQL 语句。执行结果如图 7-14 所示。

图 7-14　执行结果 14

2. 自身连接

（1）查询所有比刘伟工资高的教师姓名、工资和刘伟的工资。

① 打开查询编辑器窗口。

② 创建 T-SQL 语句。在查询编辑器窗口中输入下列 T-SQL 语句。

```
USE jxsk
GO
SELECT X.TN AS 姓名,X.SAL AS 教师工资,Y.SAL AS 刘伟工资
FROM T AS X,T AS Y
WHERE X.SAL>Y.SAL AND Y.TN='刘伟'
GO
```

③ 执行 T-SQL 语句。单击工具栏中的 ![执行(X)] 按钮,执行窗口中的 T-SQL 语句,执行结果如图 7-15 所示。

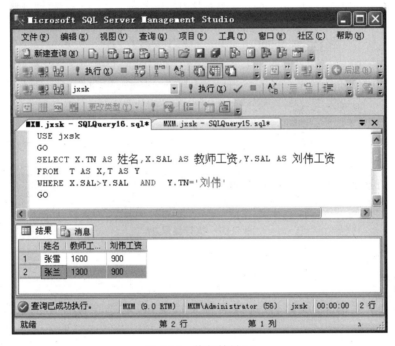

图 7-15　执行结果 15

（2）查询同时选修"程序设计"和"微机原理"的学生姓名、系名。

① 打开查询编辑器窗口。

② 创建 T-SQL 语句。在查询编辑器窗口中输入下列 T-SQL 语句。

```
USE jxsk
GO
SELECT DISTINCT (SN) AS 姓名, DEPT AS 系名
FROM C AS C1, C AS C2,SC AS SC1 ,SC AS SC2,S
WHERE C1.CNO=SC1.CNO AND C2.CNO=SC2.CNO AND
    C1.CN='程序设计' AND C2.CN='微机原理' AND
    SC1.SNO=SC2.SNO AND SC1.SNO=S.SNO
GO
```

③ 执行 T-SQL 语句。单击工具栏中的 ❗执行(X) 按钮,执行窗口中的 T-SQL 语句,执行结果如图 7-16 所示。

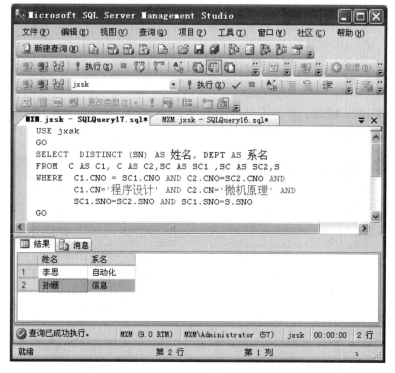

图 7-16 执行结果 16

3. 外连接

查询所有学生的学号、姓名、选课名称及成绩(没有选课的同学的选课信息显示为空)。

① 打开查询编辑器窗口。

② 创建 T-SQL 语句。在查询编辑器窗口中输入下列 T-SQL 语句。

```
USE jxsk
GO
SELECT  S.SNO, SN,CN,SCORE  FROM  S
LEFT OUTER JOIN SC  ON S.SNO=SC.SNO
LEFT OUTER JOIN C   ON C.CNO=SC.CNO
GO
```

③ 执行 T-SQL 语句。单击工具栏中的 ❗执行(X) 按钮,执行窗口中的 T-SQL 语句。执行结果如图 7-17 所示。因为吴丽、李奇、古明没有选课,所以他们的选课信息都显示为空。钱尔可能因没有参加考试,所以成绩显示信息为空。

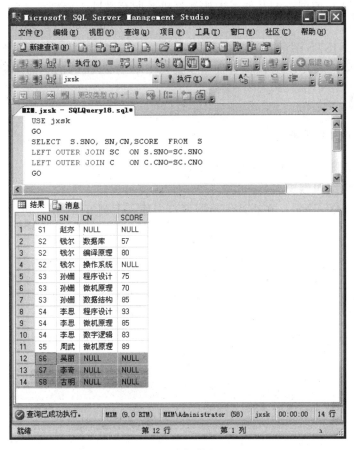

图 7-17　执行结果 17

实验 7.3　嵌套查询

【实验目的】

掌握嵌套查询使我们可以用多个简单查询构成复杂的查询,从而增强 T-SQL 的查询能力。

【实验内容】

1. 返回一个值的子查询

查询与刘伟职称相同的教师号、姓名和职称。

2. 返回一组值的子查询

(1) 使用 ANY 谓词查询讲授课程号为 C5 的教师姓名。

(2) 使用 IN 谓词查询讲授课程号为 C5 的教师姓名。

(3) 使用 ALL 谓词查询其他系中比计算机系所有教师工资都高的教师的姓名、工资和所在系。

(4) 使用 EXISTS 谓词查询没有讲授课程号为 C5 的教师姓名、所在系。

(5) 使用 NOT EXISTS 谓词查询至少选修了学生 S2 选修的全部课程的学生学号。

【实验步骤】

1. 返回一个值的子查询

查询与刘伟职称相同的教师号、姓名和职称。

① 打开查询编辑器窗口。

② 创建 T-SQL 语句。在查询编辑器窗口中输入下列 T-SQL 语句。

```
USE jxsk
GO
SELECT TNO,TN,PROF  FROM  T
WHERE PROF=(SELECT PROF FROM T WHERE TN='刘伟')
GO
```

③ 执行 T-SQL 语句。单击工具栏中的 执行(X) 按钮,执行窗口中的 T-SQL 语句,执行结果如图 7-18 所示。

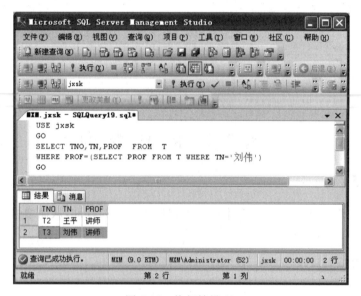

图 7-18   执行结果 18

2. 返回一组值的子查询

(1) 使用 ANY 谓词查询讲授课程号为 C5 的教师姓名。

① 打开查询编辑器窗口。

② 创建 T-SQL 语句。在查询编辑器窗口中输入下列 T-SQL 语句。

```
USE jxsk
GO
SELECT  TN  FROM  T
WHERE   TNO=ANY (SELECT TNO FROM TC WHERE CNO='C5')
GO
```

③ 执行 T-SQL 语句。单击工具栏中的 ![执行(X)] 按钮,执行窗口中的 T-SQL 语句,执行结果如图 7-19 所示。

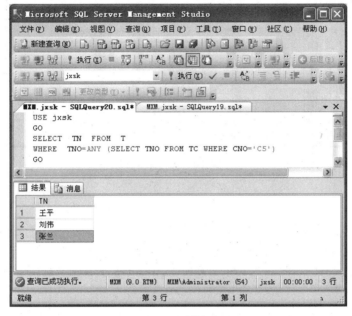

图 7-19　执行结果 19

（2）使用 IN 谓词查询讲授课程号为 C5 的教师姓名。

① 打开查询编辑器窗口。

② 创建 T-SQL 语句。在查询编辑器窗口中输入下列 T-SQL 语句。

```
USE jxsk
GO
SELECT  TN  FROM  T
WHERE   TNO IN (SELECT TNO FROM TC WHERE CNO='C5')
GO
```

③ 执行 T-SQL 语句。单击工具栏中的 ![执行(X)] 按钮,执行窗口中的 T-SQL 语句,执行结果如图 7-20 所示。

（3）使用 ALL 谓词查询其他系中比计算机系所有教师工资都高的教师的姓名、工资和所在系。

① 打开查询编辑器窗口。

② 创建 T-SQL 语句。在查询编辑器窗口中输入下列 T-SQL 语句。

图 7-20　执行结果 20

```
USE jxsk
GO
SELECT TN, SAL, DEPT FROM  T
WHERE   SAL>ALL (SELECT SAL FROM T
                WHERE DEPT='计算机')   AND (DEPT<>'计算机')
GO
```

③ 执行 T-SQL 语句。单击工具栏中的 ！执行(X) 按钮，执行窗口中的 T-SQL 语句，执行结果如图 7-21 所示。

（4）使用 EXISTS 谓词查询没有讲授课程号为 C5 的教师姓名、所在系。

① 打开查询编辑器窗口。

② 创建 T-SQL 语句。在查询编辑器窗口中输入下列 T-SQL 语句。

```
USE jxsk
GO
SELECT TN,DEPT  FROM T
WHERE  NOT EXISTS (SELECT * FROM TC
WHERE TNO=T.TNO AND CNO='C5')
GO
```

③ 执行 T-SQL 语句。单击工具栏中的 ！执行(X) 按钮，执行窗口中的 T-SQL 语句。执行结果如图 7-22 所示。

（5）使用 NOT EXISTS 谓词查询至少选修了学生 S2 选修的全部课程的学生学号。

① 打开查询编辑器窗口。

② 创建 T-SQL 语句。在查询编辑器窗口中输入下列 T-SQL 语句。

图 7-21　执行结果 21

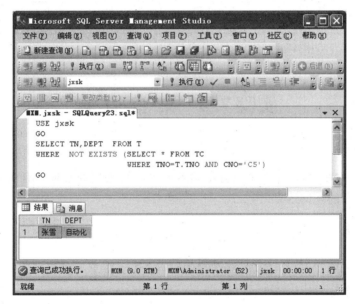

图 7-22　执行结果 22

```
USE jxsk
GO
SELECT  DISTINCT  SNO  FROM  SC SCX
WHERE NOT EXISTS(SELECT * FROM SC SCY
            WHERE SCY.SNO='S2'AND NOT EXISTS
              (SELECT * FROM SC SCZ
              WHERE SCZ.SNO=SCX.SNO  AND SCZ.CNO=SCY.CNO))
GO
```

实验 7　数据查询

③ 执行 T-SQL 语句。单击工具栏中的 ![执行(X)] 按钮,执行窗口中的 T-SQL 语句。执行结果如图 7-23 所示。

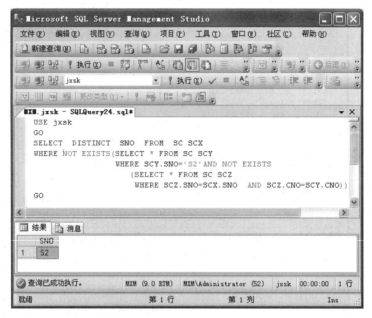

图 7-23　执行结果 23

实验 7.4　集 合 查 询

【实验目的】

掌握使用 UNION 操作符将来自不同查询但结构相同的数据集合组合起来,形成一个具有综合信息的查询结果。

【实验内容】

查询年龄不大于 19 岁或者是计算机系的学生。

【实验步骤】

查询年龄不大于 19 岁或者是计算机系的学生。

① 打开查询编辑器窗口。

② 创建 T-SQL 语句。在查询编辑器窗口中输入下列 T-SQL 语句。

```
USE jxsk
GO
SELECT * FROM  S  WHERE DEPT='计算机'
UNION
SELECT * FROM S  WHERE AGE<=19
```

③ 执行 T-SQL 语句。单击工具栏中的 ▮ 执行(X) 按钮,执行窗口中的 T-SQL 语句。执行结果如图 7-24 所示。在数值计算中空值作为零来处理,因古明年龄为空,故年龄也是小于 19 岁。

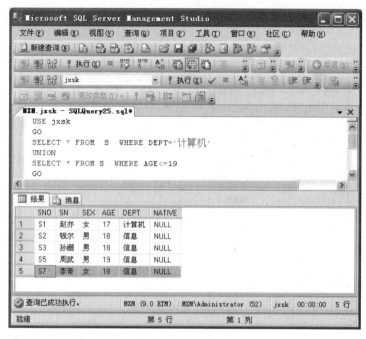

图 7-24　执行结果 24

习　　题

【实验题】

针对教学数据库 jiaoxuedb 实现下列 T-SQL 查询。

1. 查询成绩在 80～90 的记录。

2. 查询至少有 4 个同学选修的课程名。

3. 查询其他系中比信息系所有学生年龄都大的学生名单及年龄,并按年龄降序输出。

4. 查询与学生张建国同岁的所有学生的学号、姓名和系别。

5. 查询选修两门以上课程的学生名单。

6. 查询至少有一门与张建国选课相同的学生的姓名、课程名和系别。

7. 查询成绩比该课程平均成绩高的学生的成绩表。

8. 查询选修课号为 01001 课程且成绩高于课程 01002 的学生的姓名、此两门课程的课程名和成绩。

9. 查询所有未修 01001 号课程的学生名单。

10. 查询每个同学各门课程的平均成绩和最高成绩,按降序排列输出姓名、平均成绩和最高成绩。

    11. 查询所有学生都选修的课程号和课程名。

    12. 查询选修了 991102 号学生选修了的课程的学生学号和姓名。

【思考题】

    1. 针对教学数据库 jxsk（表中数据如图 7-25～图 7-29 所示），下面查询语句是否正确，为什么？

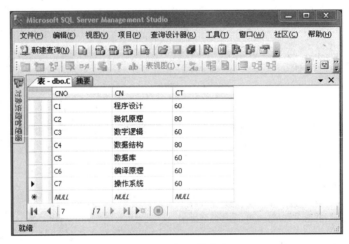

图 7-25　表 C 的内容

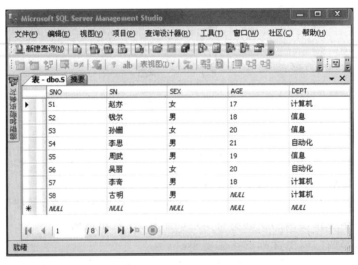

图 7-26　表 S 的内容

```
SELECT CN,TN,PROF,COUNT(SC.SNO)
FROM C,T,TC,SC
WHERE T.TNO=TC.TNO AND C.CNO=TC.CNO AND SC.CNO=C.CNO
GROUP BY SC.CNO
```

SNO	CNO	SCORE
S1	C1	90
S1	C2	85
S2	C5	57
S2	C6	80
S2	C7	NULL
S3	C1	75
S3	C2	70
S3	C4	85
S4	C1	93
S4	C2	85
S4	C3	83
S5	C2	89
NULL	NULL	NULL

图 7-27　表 SC 的内容

TNO	TN	SEX	AGE	PROF
T1	李力	男	47	教授
T2	王平	女	28	讲师
T3	刘伟	男	30	讲师
T4	张雪	女	51	教授
T5	张兰	女	39	教授
NULL	NULL	NULL	NULL	NULL

图 7-28　表 T 的内容

TNO	CNO
T1	C1
T1	C4
T2	C5
T3	C1
T4	C2
T4	C3
T5	C5
T5	C7
T3	C5
NULL	NULL

图 7-29　表 TC 的内容

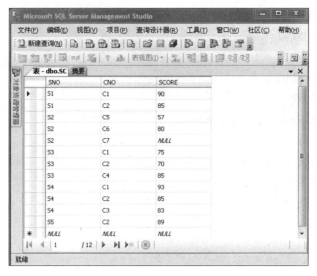

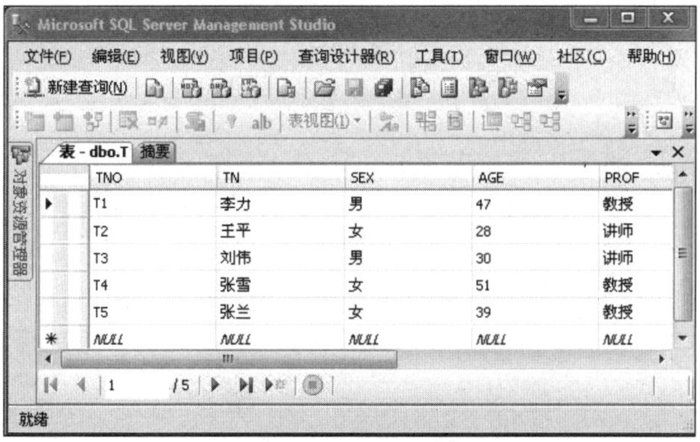

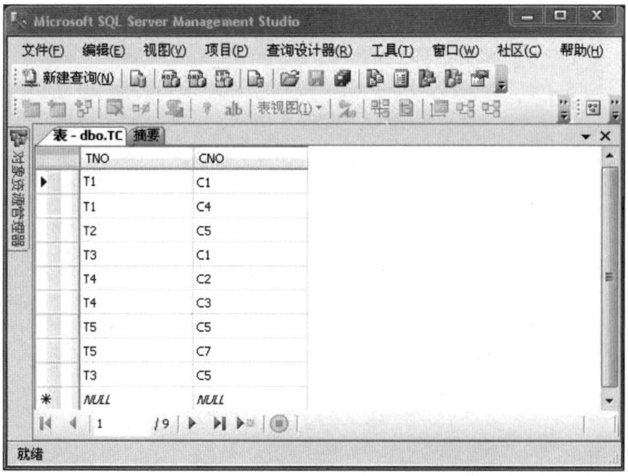

2. 用 LIKE 谓词表示查询条件 WHERE 中的表达式,下面哪个正确? 为什么?

(1) SN LIKE '欧阳_'

(2) SN LIKE '欧阳_ _'

(3) SN LIKE '欧阳％_'

(4) SN LIKE '欧阳_％'

3. 解释下面 ORDER BY 子句的作用。

(1) ORDER BY SN,SEX

(2) ORDER BY AGE,PROF DESC

4. 解释下面 GROUP BY 子句的作用。

(1) GROUP BY SEX

(2) GROUP BY AGE,PROF

实验 8　存储过程

存储过程是使用 SQL Server 所提供的 T-SQL 语言所编写的程序。SQL Server 不仅提供了用户自定义的存储过程的功能,而且也提供了许多可作为工具使用的系统存储过程。通过本实验,学习、掌握用户自定义存储过程的创建、执行、修改和删除方法。

【知识要点】

1. 存储过程的类型

SQL Server 中的存储过程划分为以下 4 类。

- 系统存储过程。
- 扩展存储过程。
- 用户自定义存储过程。
- 临时性存储过程。

常用的存储过程为两类:系统存储过程和用户自定义存储过程。系统存储过程是系统自动创建的,并以 sp_为前缀。在 SQL Server 2008 中,许多管理活动和信息活动都可以使用系统存储过程来执行。用户自定义存储过程是由用户创建并完成某一特定功能的存储过程,存储在所属的数据库中。

2. 存储过程的特点

使用 SQL Server 中的存储过程而不使用存储在客户计算机本地的 T-SQL 程序的原因主要是存储过程具有以下特点。

(1) 允许模块化程序设计。存储过程只需创建一次便可作为数据库中的对象之一存储在数据库中,以后各用户即可在程序中调用该过程任意次。

(2) 执行速度更快。存储过程只在第一次执行时需要编译且被存储在存储器内,以后再执行时就可以不必由数据引擎逐一再翻译,从而提高了执行速度。

(3) 减少网络流量。一个需要数百行 T-SQL 代码的操作由一条执行过程代码的单独语句就可实现,而不需要在网络中发送数百行代码。

(4) 可作为安全机制使用。对于没有直接执行存储过程中某个(些)语句权限的用户,也可授予他们执行该存储过程的权限。

(5) 减轻操作人员和程序设计者的劳动强度。用户通过执行现有的存储过程并提供存储过程所需的参数,可以得到他想要的结果而不用接触 T-SQL 命令。

3. SQL Server 2008 应用程序

在使用 SQL Server 2008 创建应用程序时，T-SQL 语言是应用程序和 SQL Server 数据库之间的主要编程接口。使用 T-SQL 程序时，可用两种方法存储和执行程序。

（1）在本地（客户端）创建并存储程序，把此程序发送给 SQL Server 执行。

（2）在 SQL Server 中创建存储过程，并将其存储在 SQL Server 中，然后 SQL Server 或客户端调用并执行此存储过程。

4. 存储过程的功能

SQL Server 中的存储过程与其他编程语言中的过程有以下类似之处。

（1）可以以输入参数的形式引用存储过程以外的参数。

（2）可以以输出参数的形式将多个值返回给调用它的过程或批处理。

（3）存储过程中包含有执行数据库操作的编程语句，也可调用其他存储过程。

（4）用 RETURN 向调用过程或批处理返回状态值，以表明调用成功或失败，以及失败原因。

5. 创建存储过程的 T-SQL 语句

```
CREATE PROCEDURE [拥有者.][存储过程名][;程序编号]
    [{ @参数名 数据类型 } [ VARYING ] [ =默认值] [ OUTPUT ]] [,...n ]
    [ WITH {RECOMPILE | ENCRYPTION | RECOMPILE,ENCRYPTION}]
    AS 程序行
```

6. 执行存储过程的 T-SQL 语句

```
[ [ EXEC[UTE ] ][ @返回值 =]
    { 程序名 [;程序编号] | @存储程序名的变量 }
    [ [ @参数名=] { 参数值 }| @变量[OUTPUT ] | [DEFAULT ] ]
    [,...n ]
    [ WITH RECOMPILE ]
```

7. 存储过程的权限

（1）执行 CREATE PROCEDURE 语句的必须是系统管理员、数据库拥有者或数据定义语言管理员角色中的一个成员，或被授予 CREATE PROCEDURE 权限。

（2）创建过程者一定拥有过程中所引用的所有对象的权限：UPDATE、INSERT、DELETE、SELECT。

（3）若过程拥有者把执行此过程的权限授予某用户，那么此用户就拥有此过程的执行权限。

【实验目的】

• 通过实验掌握存储过程的概念、功能。

- 掌握用户自定义存储过程的创建、执行、修改和删除。

实验 8.1 创建并执行存储过程

【实验目的】

- 掌握交互式创建存储过程的方法。
- 掌握用 T-SQL 创建存储过程的方法。
- 掌握执行存储过程的方法。

【实验内容】

（1）交互式创建并执行一存储过程 Pro_Qsinf：通过学生学号来查询学生的姓名、年龄、系名。默认学号是 S2。

（2）用 T-SQL 创建并执行一存储过程 Pro_Qscore：通过学生姓名和课程名查询该生该课程的成绩。

【实验步骤】

1. 交互式创建并执行一存储过程

（1）创建存储过程 Pro_Qsinf：通过学生学号来查询学生的姓名、年龄、系名。

① 打开 Microsoft SQL Server Management Studio。

② 打开存储过程编辑窗口。在"对象资源管理器"窗格中，选择"数据库"→jxsk→"可编程性"，右击"存储过程"，在打开的快捷菜单中选择"新建存储过程"选项，如图 8-1 所示。打开存储过程编辑窗口（包含模板语句），如图 8-2 所示。

③ 修改模板语句。将下面语句写到模板中。

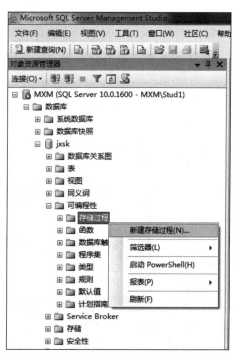

图 8-1 选择"新建存储过程"选项

```
CREATE PROCEDURE Pro_Qsinf
    @sno_in char(8)='S2', @sname_out
char(8) OUTPUT,
    @sage_out int OUTPUT, @dept_out
char(10) OUTPUT
AS
BEGIN
    SET NOCOUNT ON;
    SELECT @sname_out=SN, @sage_out=
AGE ,@dept_out=DEPT
    FROM S WHERE SNO=@sno_in
```

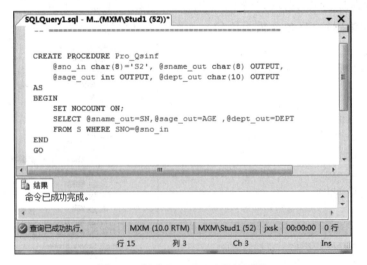

```
SQLQuery1.sql - M...k (MXM\Stud1 (52))
-- =======================================
-- Template generated from Template Explorer using:
-- Create Procedure (New Menu).SQL
--
-- Use the Specify Values for Template Parameters
-- command (Ctrl-Shift-M) to fill in the parameter
-- values below.
--
-- This block of comments will not be included in
-- the definition of the procedure.
-- =======================================
SET ANSI_NULLS ON
GO
SET QUOTED_IDENTIFIER ON
GO
-- =======================================
-- Author:        <Author,,Name>
-- Create date: <Create Date,,>
-- Description: <Description,,>
-- =======================================
CREATE PROCEDURE <Procedure_Name, sysname, ProcedureName>
    -- Add the parameters for the stored procedure here
    <@Param1, sysname, @p1> <Datatype_For_Param1, , int> = <Default_Value_For_Param1, , 0>,
    <@Param2, sysname, @p2> <Datatype_For_Param2, , int> = <Default_Value_For_Param2, , 0>
AS
BEGIN
    -- SET NOCOUNT ON added to prevent extra result sets from
    -- interfering with SELECT statements.
    SET NOCOUNT ON;

    -- Insert statements for procedure here
    SELECT <@Param1, sysname, @p1>, <@Param2, sysname, @p2>
END
GO
```

图 8-2   存储过程编辑窗口

```
END
GO
```

④ 语法检查。单击✔按钮,"结果"窗格中显示"命令已成功完成",如图 8-3 所示。

```
SQLQuery1.sql - M...(MXM\Stud1 (52))*
    -- =======================================
CREATE PROCEDURE Pro_Qsinf
    @sno_in char(8)='S2', @sname_out char(8) OUTPUT,
    @sage_out int OUTPUT, @dept_out char(10) OUTPUT
AS
BEGIN
    SET NOCOUNT ON;
    SELECT @sname_out=SN,@sage_out=AGE ,@dept_out=DEPT
    FROM S WHERE SNO=@sno_in
END
GO
```

结果
命令已成功完成。

查询已成功执行。 | MXM (10.0 RTM) | MXM\Stud1 (52) | jxsk | 00:00:00 | 0 行
行 15 | 列 3 | Ch 3 | Ins

图 8-3   创建 Pro_Qsinf 存储过程

⑤ 保存存储过程。单击工具栏中的 ▮ 执行(X) 按钮,保存创建的存储过程。

⑥ 查看数据库 jxsk 中的存储过程对象。在"对象资源管理器"窗格中,单击数据库 jxsk 中的"存储过程"节点,查看其下方存储过程对象中已存在 Pro_Qsinf,如图 8-4 所示。

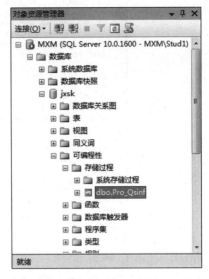

图 8-4 数据库 jxsk 中的存储过程对象

(2) 执行存储过程 Pro_Qsinf。查询并显示默认学号(S2)和学号为 S4 的学生的姓名和年龄。

① 打开查询编辑器窗口。

② 创建 T-SQL 语句。在查询编辑器窗口中输入下列 T-SQL 语句,查询并显示默认学号 S2 和学号为 S4 的学生的姓名和年龄。

```
USE jxsk
GO
DECLARE @sno_in char(8),
        @sname_out char(8),
        @sage_out int,
        @sdept_out char(10)
EXEC Pro_Qsinf DEFAULT, @sname_out OUTPUT, @sage_out OUTPUT,
                @sdept_out OUTPUT
PRINT @sname_out
PRINT @sage_out
PRINT @sdept_out
SELECT @sno_in='S4'
EXEC Pro_Qsinf @sno_in,@sname_out OUTPUT,@sage_out OUTPUT,
                @sdept_out OUTPUT
PRINT @sname_out
PRINT @sage_out
PRINT @sdept_out
GO
```

③ 执行 T-SQL 语句。单击工具栏中的 ▮ 执行(X) 按钮,执行 T-SQL 语句,结果如图 8-5 所示。

2. 用 T-SQL 创建一存储过程

(1) 创建存储过程 Pro_Qscore:通过学生姓名和课程名查询该生该课程的成绩。

① 打开查询编辑器窗口。

② 创建 T-SQL 语句。在查询编辑器窗口中输入下列 T-SQL 语句。

```
CREATE PROCEDURE Pro_Qscore
    @sname_in char(8), @cname_in char(10) ,
    @score_out tinyint OUTPUT
AS SELECT @score_out=SCORE FROM S,C,SC
```

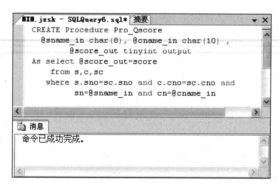

```
USE jxsk
declare  @sno_in char(8),
         @sname_out char(8),
         @sage_out int,
         @sdept_out char(10)
exec Pro_Qsinf default, @sname_out output, @sage_out output,
                @sdept_out output
print @sname_out
print @sage_out
print @sdept_out
select @sno_in='S4'
exec Pro_Qsinf @sno_in,@sname_out output,@sage_out output,
                @sdept_out output
print @sname_out
print @sage_out
print @sdept_out
go
```

消息
```
钱尔
18
信息
李思
21
自动化
```

图 8-5　执行存储过程查询 S2 和 S4 的信息

WHERE S.SNO=SC.SNO AND C.CNO=SC.CNO

AND SN=@sname_in AND CN=@cname_in

③ 执行 T-SQL 语句。单击工具栏中的 ▮ 执行(x) 按钮,执行 T-SQL 语句,结果如图 8-6 所示。

```
CREATE Procedure Pro_Qscore
    @sname_in char(8), @cname_in char(10) ,
        @score_out tinyint output
As select @score_out=score
    from s,c,sc
    where s.sno=sc.sno and c.cno=sc.cno and
        sn=@sname_in and cn=@cname_in
```

消息
```
命令已成功完成。
```

图 8-6　用 T-SQL 创建存储过程

④ 查看数据库 jxsk 中的存储过程对象。在"对象资源管理器"窗格中,单击数据库 jxsk 中的"存储过程"节点,查看其下方的存储过程对象中已存在 Pro_Qscore。

(2) 执行存储过程 Pro_Qscore。查询并显示学生"李思"的"程序设计"课程的成绩。

① 打开查询编辑器窗口。

② 创建 T-SQL 语句。在查询编辑器窗口中,输入下列 T-SQL 语句,查询并显示学生"李思"的"程序设计"课程的成绩。

```
USE jxsk
```

```
GO
DECLARE @sname_in char(8),
        @cname_in char(8),
        @score_out tinyint
SELECT @sname_in='李思'
SELECT @cname_in='程序设计'
EXEC Pro_Qscore @sname_in, @cname_in, @score_out OUTPUT
PRINT RTRIM ( @sname_in) +' ='+LTRIM( STR(@score_out ) )
GO
```

③ 执行 T-SQL 语句。单击工具栏中的 <kbd>! 执行(X)</kbd> 按钮,执行 T-SQL 语句,结果如图 8-7 所示。

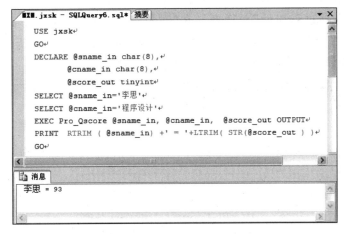

图 8-7　调用存储过程实现查询

实验 8.2　修改存储过程

【实验目的】

掌握修改存储过程的方法,而且不改变权限。

【实验内容】

(1) 交互式修改存储过程 Pro_Qsinf。

存储过程的定义如下:

```
CREATE PROCEDURE Pro_Qsinf
      @sno_in char(8)='S2',
      @sname_out char(8) OUTPUT,
      @sage_out int OUTPUT,
      @dept_out char(10) OUTPUT
AS
```

```
SELECT @sname_out=SN,@sage_out=AGE ,@dept_out=DEPT
FROM S WHERE SNO=@sno_in
```

修改要求：把定义中的变量 sno_in 长度修改为 2 字节；sage_out 变量类型改为
tinyint。

（2）用 T-SQL 修改存储过程 Pro_Qsinf。

存储过程的定义修改为根据学号查询姓名、性别、系名。设默认学号为 S1。

【实验步骤】

1. 交互式修改存储过程 Pro_Qsinf

（1）打开 Microsoft SQL Server Management Studio。

（2）打开"存储过程属性"对话框。在"对象资源管理器"窗格中，选择"数据库"→
jxsk→"可编程性"→"存储过程"，右击存储过程 Pro_Qsinf，在打开的快捷菜单中选择"修
改"选项，打开存储过程编辑窗口，如图 8-8 所示。

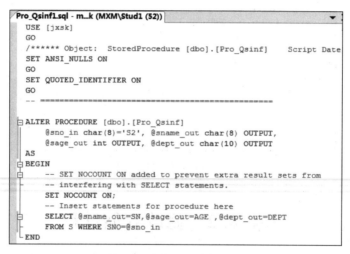

图 8-8　存储过程编辑窗口

（3）按要求修改定义。把输入变量 sno_in 的长度改为 2；把输出变量 sage_out 的类
型改为 tinyint，如图 8-9 所示。

（4）语法检查。单击工具栏中的"分析"按钮，检查语法是否正确。

（5）保存修改。单击工具栏中的"执行"按钮，保存对存储过程的修改。

2. 用 T-SQL 修改存储过程 Pro_Qsinf

（1）打开查询编辑器窗口。

（2）创建 T-SQL 语句。在查询编辑器窗口中输入下列 T-SQL 语句，将存储过程 Pro
_Qsinf 的定义修改为：根据学号查询姓名、性别、系名。设默认学号为 S1。

```
USE jxsk
```

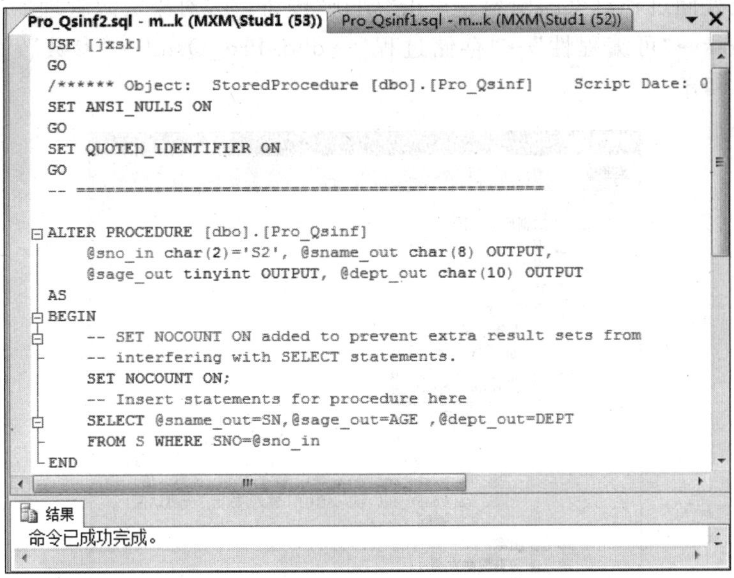

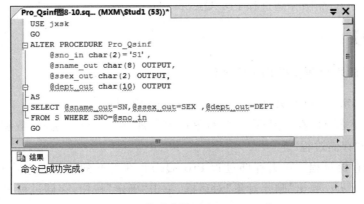

图 8-9 修改后的存储过程 Pro_Qsinf

```
GO
ALTER PROCEDURE Pro_Qsinf
    @ sno_in char(2)='S1',
    @ sname_out char(8) OUTPUT,
    @ ssex_out char(2) OUTPUT,
    @ dept_out char(10) OUTPUT
AS
SELECT @ sname_out=SN,@ ssex_out=SEX,@ dept_out=DEPT
FROM S WHERE SNO=@ sno_in
GO
```

（3）执行 T-SQL 语句。单击工具栏中的 ❗执行(x) 按钮，执行 T-SQL 语句，结果如图 8-10 所示。

图 8-10 修改存储过程 Pro_Qsinf

（4）检查存储过程对象的内容。单击"刷新"按钮，在"对象资源管理器"窗格中，选择"数据库"→jxsk→"可编程性"→"存储过程"→dbo. Pro_Qsinf→"参数"，查看定义的变化，如图 8-11 所示。

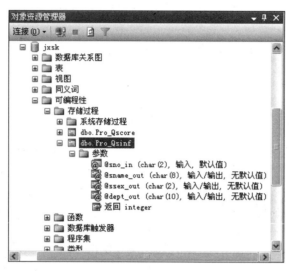

图 8-11　存储过程 Pro_Qsinf 中的对象

实验 8.3　删除存储过程

【实验目的】

- 掌握交互式删除存储过程的操作。
- 掌握使用 T-SQL 删除存储过程的方法。

【实验内容】

（1）交互式删除存储过程 Pro_Qsinf。

（2）用 T-SQL 删除存储过程 Pro_Qscore。

【实验步骤】

1. 交互式删除存储过程 Pro_Qsinf

（1）启动 Microsoft SQL Server Management Studio。

（2）选择要删除的存储过程。在"对象资源管理器"窗格中，选择"数据库"→jxsk→"可编程性"→"存储过程"。

（3）删除存储过程。右击存储过程 Pro_Qsinf，在打开的快捷菜单中选择"删除"选项，如图 8-12 所示。弹出"删除对象"对话框，单击"确定"按钮，存储过程 Pro_Qsinf 即被删除。

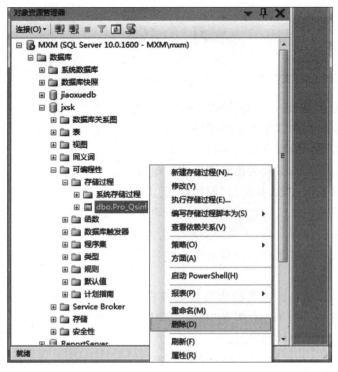

图 8-12 选择"删除"选项

2. 用 T-SQL 删除存储过程 Pro_Qscore

（1）打开查询编辑器窗口。

（2）创建 T-SQL 语句。在查询编辑器窗口中输入下列 T-SQL 语句。

```
USE jxsk
GO
DROP PROCEDURE Pro_Qscore
GO
```

（3）执行 T-SQL 语句。单击工具栏中的 ![执行(X)] 执行(X) 按钮，执行 T-SQL 语句，结果如图 8-13 所示。

图 8-13 删除存储过程的 SQL 语句

习　　题

【实验题】

基于"教学数据库 jiaoxuedb",创建下面存储过程。

1. 利用学生名查询该生选修的课程名、成绩、任课教师名。

2. 查询某系学生的最大年龄和最小年龄。

3. 利用学生姓名和课程名检索该生该课程的成绩。

4. 根据职称查询人数,并给出"副教授"的人数。

5. 统计某系某职称的人数、平均年龄、平均工资、最高工资。

6. 查询某系的教师人数、平均年龄和学生人数。

7. 利用课程名查询选修该课程的学生姓名、系别、成绩,并给出"程序设计"课程的查询信息。

8. 利用教师姓名和课程名检索该教师该任课的课程名、课时数、选课人数、平均成绩,最高成绩。并查询教师"张雪"的"微机原理"课程的情况记录。

9. 删除实验 1 创建的存储过程。

10. 删除实验 3 和实验 4 创建的存储过程。

【思考题】

1. 存储过程存放在什么地方?

2. 存储过程在什么时候被编译?

3. 下面是一个存储过程的定义:

```
CREATE PROCEDURE InsertRecord
(  @sno char (6),
   @sn char (8),
   @AGE tinyint,
   @sex char (2),
   @dept char (10))
AS
   INSERT INTO S VALUES ( @sno, @sn, @AGE, @sex,@dept )
GO
```

回答下列问题。

(1) @sno 是何种类型参数? 其他参数呢?

(2) 解释这个存储过程的功能。

(3) 给出执行此存储过程的一个例子。

实验 9　　　触 发 器

在 SQL Server 中,触发器同存储过程一样重要,它们都是用 T-SQL 语言所编写的程序。通过本实验,学习、掌握触发器的创建、修改、删除、执行的方法。

【知识要点】

1. 触发器

触发器(Trigger)是一种特殊类型的存储过程,它也是用 T-SQL 语言编写的程序。

存储过程是由用户利用命令 EXECUTE 执行它,而触发器是在用户要对某一表内的数据做插入、更新、删除时被触发执行。通常我们使用触发器来检查用户对数据库表的更新是否合乎整个应用系统的需求或商业规则以维持表内数据的完整性和正确性。

2. 触发器的作用

(1) 触发器可通过数据库中的相关表实现级联更改。

通过级联参照完整性约束可以更有效地执行这些更改。

(2) 触发器可以强制比用 CHECK 约束定义的约束更为复杂的约束。

- 与 CHECK 约束不同,触发器可以引用其他表中的列。

  例如,触发器可以使用另一个表中的 SELECT 比较插入或更新的数据,以及执行其他操作,如修改数据或显示用户定义的错误信息。

- 触发器的主要好处在于它们可以包含使用 T-SQL 代码的复杂处理逻辑。因此,触发器可以支持约束的所有功能。

(3) 触发器也可以评估数据修改前后的表状态,并根据其差异采取对策。

(4) 一个数据库表中的多个同类触发器(INSERT、UPDATE 或 DELETE)允许采取多个不同的对策以响应同一个修改语句。

3. 触发器类型

- UPDATE。
- INSERT。
- DELETE。

4. 创建触发器的 T-SQL 语句

```
CREATE TRIGGER 触发器名
    ON { 表名 | 视图名 }
    {
        {{ FOR | AFTER | INSTEAD OF } { [ INSERT ] [,UPDATE ] [,DELETE ]}
        AS
        [{ IF UPDATE(列名)[{ AND | OR } UPDATE(列名) ] [ ...n ] }]
        SQL 语句 [ ...n ]
    }
}
```

5. 修改触发器的 T-SQL 语句

```
ALTER TRIGGER 触发器名
    ON { 表名 | 视图名 }
    {
        {{ FOR | AFTER | INSTEAD OF } { [INSERT] [,UPDATE] [,DELETE]}
        AS
        [{ IF UPDATE(列名)[{ AND | OR } UPDATE(列名)] [...n] }]
            SQL 语句 [...n]
    }
}
```

6. 删除触发器的 T-SQL 语句

```
DROP TRIGGER {触发器名 } [,...n]
```

7. 触发器执行的时间

（1）在 UPDATE、INSERT、DELETE 语句执行后自动触发执行。

（2）对 FOR|AFTER 选项，触发器表中若定义了约束，则先处理约束，后执行触发器程序。

8. 使用 Inserted 和 Deleted 表

触发器语句中可以使用两种特殊的表：Deleted 表和 Inserted 表。这两个表由 SQL Server 自动创建和管理，并临时驻留在内存。在触发器中可以使用这两个表测试某些数据修改的效果及设置触发器操作的条件，但不能直接对表中的数据进行更改。

- Deleted 表用于存储 DELETE 和 UPDATE 语句所影响的行的复本。在执行 DELETE 或 UPDATE 语句时，行从触发器表中删除，并存储到 Deleted 表中。
- Inserted 表用于存储 INSERT 和 UPDATE 语句所影响的行的副本。在一个插入或更新事务处理中,新建行被同时添加到 Inserted 表和触发器表中。Inserted 表中的行是触发器表中新行的副本。更新事务类似于在删除之后执行插入;首先旧行被复制到 Deleted 表中,然后新行被复制到触发器表和 Inserted 表中。

【实验目的】

- 掌握触发器的创建、执行、修改、删除及其使用方法。
- 掌握触发器的功能。

实验 9.1 创建和执行触发器

【实验目的】

- 掌握交互式创建触发器的方法。
- 掌握使用 T-SQL 创建触发器的方法。
- 掌握触发器的执行方法。

【实验内容】

(1) 交互式为数据库表 S 创建一个级联更新触发器 trigger_S。

要求:若修改表 S 中一名学生的学号,则表 SC 中与该学生相关的学号自动修改。

(2) 用交互式为数据库表 SC 创建一个限制更新触发器 trigger_SC。

要求:若修改表 SC 中一条记录的学号,则要检查表 S 中是否存在与该学号相同的记录,若有则不许修改,若没有则可修改。

(3) 用 T-SQL 为数据库表 SC 创建一触发器 Score_sc_tri。

要求:当插入一条记录或修改成绩时,确保此记录的成绩为 0~100。

(4) 用 T-SQL 为数据库表 C 创建一层级联删除触发器 TRIGGER_DC。

要求:通过课程名从表 C 中删除某课程信息,同时删除表 SC 中与此课程相关的选课记录。

【实验步骤】

1. 交互式为数据库表 S 创建一个级联更新触发器 TRIGGER_S

要求:若修改表 S 中一名学生的学号,则表 SC 中与该学生相关的学号自动修改。

(1) 创建触发器。

① 启动 Microsoft SQL Server Management Studio。

② 打开触发器编辑窗口。在"对象资源管理器"窗格中,选择"数据库"→jxsk→"表"→"dbo. C",右击"触发器",在打开的快捷菜单中选择"新建触发器"选项,如图 9-1 所示,打开触发器编辑窗口,如图 9-2 所示。

③ 创建 T-SQL 语句。将窗口内模板语句修改为下列 T-SQL 语句,如图 9-3 所示。

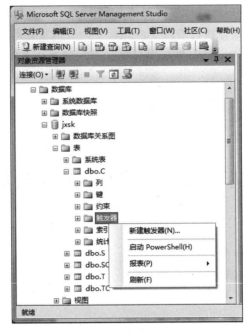

图 9-1 选择"新建触发器"选项

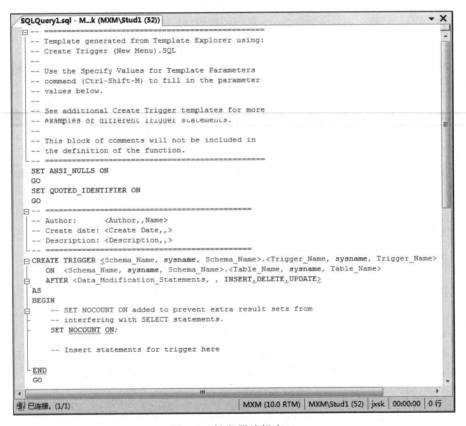

图 9-2 触发器编辑窗口

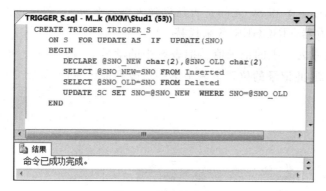

图 9-3　创建触发器

```
CREATE TRIGGER TRIGGER_S
    ON S   FOR UPDATE AS   IF   UPDATE(SNO)
    BEGIN
        DECLARE @SNO_NEW char(2),@SNO_OLD char(2)
        SELECT @SNO_NEW=SNO FROM Inserted
        SELECT @SNO_OLD=SNO FROM Deleted
        UPDATE SC SET SNO=@SNO_NEW   WHERE SNO=@SNO_OLD
    END
```

④ 语法检查。单击工具栏中的“分析”按钮✓，检查语法是否正确。

⑤ 创建触发器。单击“执行”按钮，保存创建的触发器。

(2) 验证触发器的作用。

① 查看数据库表 S 和 SC。在 SQL Server Management Studio 中，打开数据库表 S 和 SC 的数据表，如图 9-4 所示。可以看到，表 S 中的学号 S1 在表 SC 中有两条记录与之对应。

SNO	SN	SEX	AGE	DEPT
S1	赵亦	女	17	计算机
S2	钱尔	男	18	信息
S3	孙姗	女	20	信息
S4	李思	男	21	自动化
S5	周武	男	19	信息
S6	吴丽	女	20	自动化
S7	李奇	男	18	计算机
NULL	NULL	NULL	NULL	NULL

1 /7

(a) 数据库表 S

SNO	CNO	SCORE
S1	C1	90
S1	C2	85
S2	C5	57
S2	C6	80
S2	C7	NULL
S3	C1	75
S3	C2	70
S3	C4	85
S4	C1	93
S4	C2	85
S4	C3	83
S5	C2	89
NULL	NULL	NULL

2 /12

(b) 数据库表 SC

图 9-4　数据库表 S 和 SC 中的数据

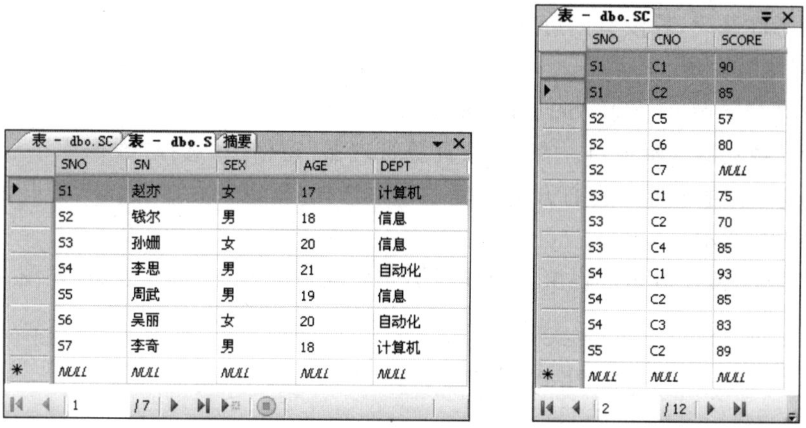

② 查看数据库表 S 和 SC 之间是否已创建外键参照关系,若已创建,则删除,使此功能用刚创建的触发器 TRIGGER_S 来代替。

③ 修改数据库表 S 中的记录值。把表 S 中的学号 S1 改为 S9。单击 ▐ 按钮,执行这种改变。可以看到,此记录的位置由表中第一行改到最后一行,如图 9-5(a)所示。

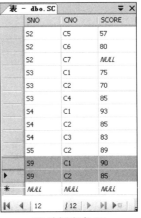

(a) 数据库表 S　　　　　　　　(b) 数据库表 SC

图 9-5　触发器级联更新数据库表 S 和 SC 中的数据

④ 级联更新数据库表 SC。单击表 SC,使其成为当前表,单击工具栏中的按钮 ▐ ,更新数据库表 SC 中的数据。可以看到,表 SC 中的两个 S1 学号同时自动变成 S9,并且位置也移到了最下面,如图 9-5(b)所示。

⑤ 关闭数据库表 S 和 SC。

2. 交互式为数据库表 SC 创建一个限制更新触发器 TRIGGER_SC

要求:若修改表 SC 中一条记录的学号,则要检查表 S 中是否存在与该学号相同的记录,若有则不许修改,若没有则可修改。

(1) 创建触发器。

① 启动 Microsoft SQL Server Management Studio。

② 打开触发器编辑窗口。在"对象资源管理器"窗格中,选择"数据库"→jxsk→"表"→dbo.SC,右击"触发器",在打开的快捷菜单中选择"新建触发器"选项,打开触发器编辑窗口,如图 9-2 所示。

③ 创建 T-SQL 语句。将窗口内模板语句修改为下列 T-SQL 语句,如图 9-6 所示。

```
CREATE TRIGGER TRIGGER_SC
ON SC FOR UPDATE AS IF UPDATE(SNO)
BEGIN
    DECLARE @SNO_NEW char(2),
            @SNO_OLD char(2),
            @SNO_CNT int
    SELECT @SNO_OLD=SNO FROM Deleted
```

```
SELECT @SNO_CNT=COUNT(*) FROM S WHERE SNO=@SNO_OLD
IF @SNO_CNT<>0
    ROLLBACK TRANSACTION
END
```

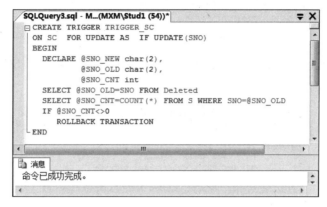

图 9-6 创建触发器 TRIGGER_SC

④ 语法检查。单击工具栏中的"分析"按钮✔,检查语法是否正确。

⑤ 创建触发器。单击"执行"按钮,保存创建的触发器。

(2) 验证触发器的作用。

① 查看数据库表 S 和 SC。在 SQL Server Management Studio 中,打开数据库表 S 和 SC 的数据表,如图 9-5 所示。可以看到,表 S 中的学号 S9 在表 SC 中有两条记录与之对应。

② 修改数据库表 SC 中的学号。把表 SC 中第一条记录中的学号由 S9 改为 S1,单击 ❗按钮,注意观察,修改后的学号又自动从 S1 改回 S9。这就是触发器 TRIGGER_SC 的作用。

③ 关闭数据库表 S 和 SC。

3. 用 T-SQL 为数据库表 SC 创建一个触发器 Score_sc_tri

要求:当插入一条记录或修改成绩时,确保此记录的成绩为 0~100。

(1) 创建触发器。

① 打开查询编辑器窗口。

② 创建 T-SQL 语句。在窗口中输入下列 T-SQL 语句。

```
USE jxsk
GO
CREATE TRIGGER  Score_SC_Tri
      ON SC FOR INSERT,UPDATE
      AS  DECLARE  @score_read  tinyint
          SELECT  @score_read=SCORE FROM Inserted
          IF  @score_read>=0 AND  @score_read<=100
```

```
BEGIN
    PRINT  '操作完成!'
    RETURN
END
PRINT  '成绩超出 0~100!请重新输入。'
ROLLBACK  TRANSACTION
```
GO

③ 执行 T-SQL 语句。单击工具栏中的 <kbd>! 执行(X)</kbd> 按钮，执行 T-SQL 语句，如图 9-7 所示。

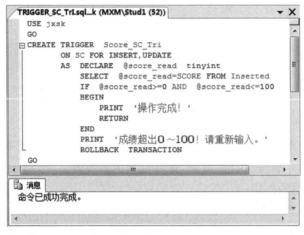

图 9-7　创建并执行触发器

④ 查看数据库 jxsk 中触发器对象。在"对象资源管理器"窗格中，选择"数据库"→jxsk→"表"→dbo.SC→"触发器"，可以看到 Score_sc_tri 已经存在，如图 9-8 所示。

（2）验证触发器的作用。

① 查看数据表 SC。在"对象资源管理器"窗格中，打开表 SC，如图 9-9 所示。

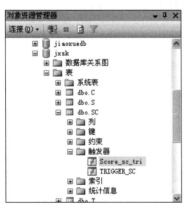

图 9-8　数据库 jxsk 的触发器对象

	SNO	CNO	SCORE
►	S2	C5	57
	S2	C6	80
	S2	C7	NULL
	S3	C1	75
	S3	C2	70
	S3	C4	85
	S4	C1	93
	S4	C2	85
	S4	C3	83
	S5	C2	89
	S9	C1	90
	S9	C2	85
*	NULL	NULL	NULL

图 9-9　数据表 SC

② 创建 T-SQL 语句。在查询编辑器窗口中输入如下 T-SQL 语句：

```
INSERT INTO SC VALUES('S1','C5',190)
GO
INSERT INTO SC VALUES('S1','C5',100)
GO
UPDATE SC SET SCORE=130 WHERE SNO='S2'AND CNO='C5'
GO
UPDATE SC SET SCORE=60 WHERE SNO='S2'AND CNO='C5'
GO
```

③ 执行 T-SQL 语句。单击工具栏中的 ⚡执行(X) 按钮，执行 T-SQL 语句，如图 9-10 所示。可以看到 4 条系统信息：第 1 条 INSERT 语句因成绩为 190 超出范围，而要求重新输入；第 2 条 INSERT 语句因成绩为 100 在正常范围，而插入表中；第 3 条 UPDATE 语句因成绩为 130 超出范围，而要求重新输入；第 4 条 UPDATE 语句因成绩为 60 在正常范围，而修改成功。

④ 查看数据库表 SC 中的数据。在如图 9-9 所示的数据库表 SC 数据窗口中，单击 ⚡ 按钮，更新表 SC 中的数据，如图 9-11 所示。可以看到增加了一个记录('S9','C5',100)，修改了一条记录('S2','C5',60)，即是②中 T-SQL 语句执行的结果。

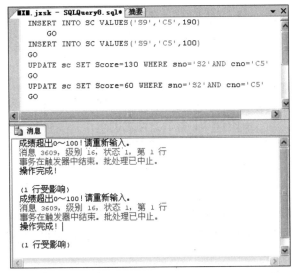

图 9-10 验证触发器的 T-SQL 操作   图 9-11 操作后的数据表 SC

⑤ 关闭数据库表 SC。

4. 用 T-SQL 为数据库表 C 创建一个级联删除触发器 TRIGGER_DC

要求：通过课程名从表 C 中删除某课程信息，同时删除表 SC 中与此课程相关的选课记录。

（1）创建触发器。

① 打开查询编辑器窗口。

② 创建 T-SQL 语句。在窗口中输入下列 T-SQL 语句,如图 9-12 所示。

```
USE jxsk
GO
CREATE TRIGGER TRIGGER_DC
    ON C FOR DELETE
    AS DECLARE @CNO_DEL char(2)
SELECT @CNO_DEL=CNO FROM Deleted
DELETE FROM SC WHERE CNO=@CNO_DEL
GO
```

③ 执行 T-SQL 语句。单击工具栏中的 ! 执行(X) 按钮,执行 T-SQL 语句,如图 9-12 所示。

④ 查看数据库 jxsk 中触发器对象。在"对象资源管理器"窗格中,选择"数据库"→ jxsk→"表"→dbo.C→"触发器",可以看到 TRIGGER_DC 已经存在,如图 9-13 所示。

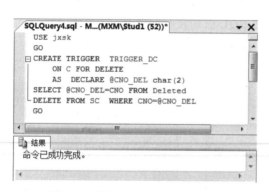

图 9-12　执行 T-SQL 创建触发器

图 9-13　数据库 jxsk 中的触发器

(2) 验证触发器的作用。

① 查看数据库表 C 和 SC 中的数据。在"对象资源管理器"窗格中打开表 C 和 SC 的数据窗口,如图 9-14 所示。表 C 中的课程号 C1 在 SC 表中有 3 个学生选了此课程,所以有 3 个记录与之对应。

② 查看数据库表 C 与 SC 之间是否创建关系键。若创建则删除。用触发器 TRIGGER_DC 代替关系键在表 C 与表 SC 之间的级联删除作用。

③ 创建 T-SQL 语句。在查询编辑器窗口中输入下列 T-SQL 语句,删除表 C 中课号是 C1 的课程记录。

```
USE jxsk
GO
DELETE FROM C WHERE CNO='C1'
GO
```

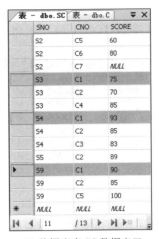

(a) 数据库表 C 数据窗口　　　　(b) 数据库表 SC 数据窗口

图 9-14　数据库表 C 和表 SC 数据对照

④ 执行 T-SQL 语句。单击工具栏中的 ┃执行(X) 按钮,执行 T-SQL 语句,从数据库表 C 中删除课程 C1,如图 9-15 所示。

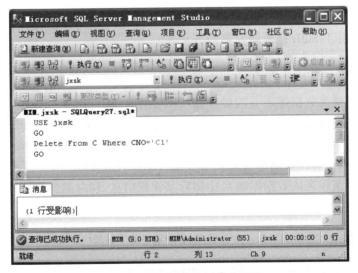

图 9-15　对数据库表 C 执行删除

⑤ 查看数据库表 C 中数据的变化。在 SQL Server Management Studio 中,选中数据库表 C,单击工具栏中的 ┃ 按钮,更新数据库表 C,可以看到课程 C1 已删除,如图 9-16(a)所示。

⑥ 查看数据库表 SC 中数据的变化。在 SQL Server Management Studio 中,选中数据表 SC 选项卡,单击工具栏中的 ┃ 按钮,更新数据表 SC,可以看到与课程 C1 有关的记录已删除,如图 9-16(b)所示。这就是触发器 TRIGGER_DC 的作用。

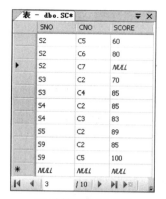

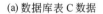

CNO	CN	CT
C2	微机原理	80
C3	数字逻辑	60
C4	数据结构	80
C5	数据库	60
C6	编译原理	60
C7	操作系统	60
*	NULL	NULL

SNO	CNO	SCORE
S2	C5	60
S2	C6	80
S2	C7	NULL
S3	C2	70
S3	C4	85
S4	C2	85
S4	C3	83
S5	C2	89
S9	C2	85
S9	C5	100
*	NULL	NULL

(a) 数据库表 C 数据   (b) 数据库表 SC 数据

图 9-16　删除记录后的数据库表 C 和表 SC 数据对照

实验 9.2　修改触发器

【实验目的】

- 掌握交互式修改触发器的方法。
- 掌握使用 T-SQL 修改触发器的方法。

【实验内容】

（1）交互式修改数据库表 S 的触发器 TRIGGER_S。

要求：若删除数据库表 S 中某一个学生的记录信息，则自动删除 SC 表中与学生相关的记录信息。

（2）用 T-SQL 修改数据库表 C 的触发器 TRIGGER_DC。

要求：通过课程名从数据库表 C 中删除某课程信息，同时删除数据库表 SC 和 TC 中与此课程相关的记录。

【实验步骤】

1. 交互式修改数据库表 S 的触发器 TRIGGER_S

要求：若删除数据库表 S 中某一个学生的记录信息，则自动删除数据库表 SC 中与学生相关的记录信息。

① 启动 Microsoft SQL Server Management Studio。

② 打开触发器修改窗口。在"对象资源管理器"窗格中，选择"数据库"→jxsk→"表"→dbo. S→"触发器"，右击 TRIGGER_S，在打开的快捷菜单中选择"修改"选项，如图 9-17 所示，打开触发器修改窗口，窗口中显示了此触发器的定义，如图 9-18 所示。

③ 修改触发器 TRIGGER_S。把窗口中的 T-SQL 语句修改成下面的内容，实现功能：若删除数据库表 S 中某一个学生的记录信息，则自动删除 SC 表中与学生相关的记录信息。

图 9-17 选择"修改"选项

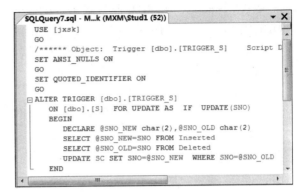

图 9-18 触发器修改窗口

```
ALTER TRIGGER TRIGGER_S
ON S FOR DELETE
AS DECLARE @SNO_DEL char(2)
    SELECT @SNO_DEL=SNO FROM Deleted
    WHERE SNO=@SNO_DEL
```

④ 语法检查。单击工具栏中的"分析"按钮 ✓，检查语法是否正确。

⑤ 创建触发器。单击"执行"按钮，保存创建的触发器。

⑥ 查看数据库 jxsk 中触发器对象。选择"数据库"→jxsk→"表"→dbo.S→"触发器"，双击 TRIGGER_S，打开触发器修改窗口，可以看到 TRIGGER_S 已经修改。

⑦ 验证触发器 TRIGGER_S 的功能。在数据库表 S 中选择任意一个学生记录，将其删除，查看数据库表 SC 中与其对应的选课记录的变化（也应被删除）。

2. 用 T-SQL 修改数据库表 C 的触发器 TRIGGER_DC

要求：通过课程名从数据库表 C 中删除某课程信息，同时删除数据库表 SC 和 TC 中与此课程相关的记录。

① 启动 Microsoft SQL Server Management Studio。

② 创建 T-SQL 语句。在窗口中输入下列 T-SQL 语句。

```
USE jxsk
GO
ALTER TRIGGER TRIGGER_DC
ON C FOR DELETE
AS DECLARE @CNO_DEL char(2)
SELECT @CNO_DEL=CNO FROM Deleted
DELETE FROM SC WHERE CNO=@CNO_DEL
DELETE FROM TC WHERE CNO=@CNO_DEL
GO
```

③ 执行 T-SQL 语句。单击工具栏中的 ![执行(X)] 按钮,执行 T-SQL 语句。

④ 查看数据库 jxsk 中触发器对象。在"对象资源管理器"窗格中,选择"数据库"→jxsk→"表"→dbo.C→"触发器",双击 TRIGGER_DC,在打开的编辑窗口中可以看到 TRIGGER_DC 已经被修改。

⑤ 验证触发器 TRIGGER_DC 的功能。从数据库表 C 中任选一条记录并删除,查看表 SC 和表 TC 中与之对应记录的变化。

实验 9.3　删除触发器

【实验目的】

- 掌握交互式删除触发器的方法。
- 掌握使用 T-SQL 删除触发器的方法。

【实验内容】

(1) 交互式删除数据库表 S 的触发器 TRIGGER_S。
(2) 用 T-SQL 删除数据库表 C 的触发器 TRIGGER_DC。

【实验步骤】

1. 交互式删除数据库表 S 的触发器 TRIGGER_S

① 启动 Microsoft SQL Server Management Studio。

② 选择要删除的触发器。在"对象资源管理器"窗格中,选择"数据库"→jxsk→"表"→dbo.S→"触发器"→TRIGGER_S。

③ 删除触发器 TRIGGER_S。右击触发器 TRIGGER_S,在打开的快捷菜单中选择"删除"选项,弹出"删除对象"对话框,如图 9-19 所示。

④ 单击"确定"按钮,触发器 TRIGGER_S 即被删除。

⑤ 查看数据库 jxsk 中触发器对象的变化。在"对象资源管理器"窗格中,选择"数据库"→jxsk→"表"→dbo.S→"触发器",查看触发器 TRIGGER_S 已不存在。

2. 用 T-SQL 删除数据库表 C 的触发器 TRIGGER_DC

① 启动 Microsoft SQL Server Management Studio。

② 创建 T-SQL 语句。在查询编辑器窗口中输入下列 T-SQL 语句。

```
USE jxsk
GO
DROP TRIGGER TRIGGER_DC
GO
```

③ 执行 T-SQL 语句。单击工具栏中的 ![执行(X)] 按钮,执行 T-SQL 语句。

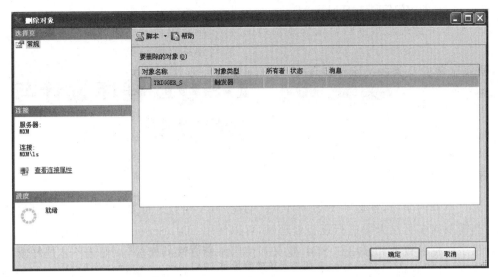

图 9-19 "删除对象"对话框

④ 查看数据库 jxsk 中触发器对象的变化。在"对象资源管理器"窗格中,选择"数据库"→jxsk→"表"→dbo.C→"触发器",查看触发器 TRIGGER_DC 已不存在。

习　题

【实验题】

基于教学数据库 jxsk,创建下面触发器,并给出正反实例。

1. 为数据库表 SC 创建一个触发器:当插入或修改一个记录时,确保此记录的成绩为 0~100。

2. 为教师表 T 创建一个触发器:男职工年龄不能超过 60 周岁,女职工职称是"教授"的年龄不超过 60 岁,其他女职工年龄不能超过 55 岁。

3. 为数据库表 C、TC 和 SC 创建参照完整性:级联删除和级联修改触发器。

4. 为数据库表 T 创建一个触发器:当职称从"讲师"晋升为"副教授"时,岗位津贴自动增加 500 元;从"副教授"晋升为"教授"时,岗位津贴自动增加 900 元。

5. 为数据库表 SC 创建一个触发器,将成绩按下列对应关系由分数转换成等级:小于 60 分,不及格;60~70 分,及格;70~80 分,中;80~90 分,良;90 分以上,优。

【思考题】

1. 你认为用触发器都能定义哪些约束?

2. 可以为哪些操作创建触发器? 可以为查询操作创建触发器吗?

3. 触发器对象直接属于数据库表还是数据库?

4. 一个数据库表中可以创建两个以上的 UPDATE 操作触发器吗?

5. 在触发器以外可以访问表 Deleted 和表 Inserted 吗? 为什么?

实验 10　T-SQL 程序设计与游标设计

通过本章的学习,掌握 T-SQL 的语法、功能,以及用其进行复杂程序设计的思想和方法。当需要对多行结果集进行逐行处理时,可以使用 SQL Server 提供的游标实现。本章也提供了游标的概念和采用 T-SQL 定义和使用游标方法的实验,以便进一步提高读者使用 T-SQL 处理数据的能力。应用程序定义和使用游标的方法请参见本书第 19 章、第 20 章的内容。

【知识要点】

1. T-SQL 程序设计基本知识

T-SQL 是 SQL Server 对标准 SQL 语言的扩充。它引入了程序设计的思想,增加了程序的流程控制语句。T-SQL 语言最主要的用途是设计服务器端的能够在后台执行的程序块,如存储过程、触发器等。

1) 变量

T-SQL 中可以使用两种变量:局部变量和全局变量。

(1) 局部变量。局部变量是用户可自行定义的变量,它的作用范围是在程序内部,一般用来存储从表中查询到的数据,或作为程序执行过程中暂存的变量。局部变量必须以 @ 开头,且必须先用 DECLARE 命令说明后才可使用。

(2) 全局变量。全局变量是 SQL Server 系统内容使用的变量,其作用范围并不局限于某一程序,而是所有程序都可随时调用。全局变量通常存储一些 SQL Server 的配置设定值和效能统计数据。引用全局变量必须以"@@"开头。

2) 流程控制命令

- BEGIN … END。
- IF … ELSE …。
- CASE。
- WHILE … CONTINUE … BREAK。
- WAITFOR。
- GOTO。
- RETURN。

3）其他命令

- BACKUP。
- CHECKPOINT。
- DBCC。
- DECLARE。
- EXECUTE。
- KILL。
- PRINT。
- RAISERROR。
- READTEXT。
- RESTORE。
- SELECT。
- SET。
- SHUTDOWN。
- WRITETEXT。
- USE。

4）常用函数

- 统计函数。
- 算术函数。
- 字符串函数。
- 数据类型转换函数。
- 日期函数。
- TEXT 函数和 IMAGE 函数。
- 用户自定义函数。

2. 游标简介

关系数据库中的操作会对整个行集起作用。由 SELECT 语句返回的行集包括满足该语句的 WHERE 子句中条件的所有行。这种由语句返回的完整行集称为结果集。应用程序，特别是交互式联机应用程序，不总能将整个结果集作为一个单元来处理。这些应用程序需要一种机制以便每次处理一行或一部分行。游标就是提供这种机制的对结果集的一种扩展。

1）游标的作用

- 允许定位在结果集的特定行。
- 从结果集的当前位置检索一行或一部分行。
- 支持对结果集中当前位置的行进行数据修改。
- 为由其他用户对显示在结果集中的数据库数据所做的更改提供不同级别的可见性支持。
- 提供脚本、存储过程和触发器中用于访问结果集中的数据的 T-SQL 语句。

2）请求游标的方法

Microsoft SQL Server 2008 支持两种请求游标的方法。

① T-SQL 语言。T-SQL 语言支持使用根据 SQL-92 游标语法制定的游标的语法。

② 数据库应用程序编程接口（API）游标函数。SQL Server 支持以下数据库 API 的游标功能。

- ADO（Microsoft ActiveX 数据对象）。
- OLE DB。
- ODBC（开放数据库连接）。

3）游标的类型

① 客户端游标。

② 服务器游标。

- T-SQL 游标。
- 应用程序编程接口（API）服务器游标。

4）使用 T-SQL 游标过程

T-SQL 游标主要用于存储过程、触发器和 T-SQL 脚本中，它们使结果集的内容可用于其他 T-SQL 语句。

在存储过程或触发器中使用 T-SQL 游标的典型过程如下。

① 声明 T-SQL 变量包含游标返回的数据。

② 使用 DECLARE CURSOR 语句将 T-SQL 游标与 SELECT 语句相关联。

另外，DECLARE CURSOR 语句还定义游标的特性，例如游标名称以及游标是只读还是只进。

③ 使用 OPEN 语句执行 SELECT 语句并填充游标。

④ 使用 FETCH INTO 语句提取单个行，并将每列中的数据移至指定的变量中。

⑤ 使用 CLOSE 语句结束游标的使用。关闭游标可以释放某些资源。

5）使用 T-SQL 游标。

① 定义游标。

```
DECLARE cursor_name CURSOR[LOCAL | GLOBAL][FORWARD_ONLY | SCROLL][STATIC
    | KEYSET | DYNAMIC | FAST_FORWARD][READ_ONLY | SCROLL_LOCKS
    | OPTIMISTIC][TYPE_WARNING]
    FOR select_statement
    [FOR UPDATE [OF column_name [,...n]]]
```

② 打开游标。

```
OPEN { { [GLOBAL] cursor_name } | cursor_variable_name }
```

③ 获取游标行。

```
FETCH
    [[NEXT | PRIOR | FIRST | LAST
                | ABSOLUTE { n | @nvar }
```

```
              | RELATIVE { n | @nvar }]
    FROM] { { [GLOBAL] cursor_name } | @cursor_variable_name }
[INTO @variable_name [,...n]]
```

SQL Server 中提供了一个全局变量 @@FETCH_STATUS,用于存储最近执行的
FETCH 语句的返回值及其状态,如表 10-1 所示。

表 10-1 FETCH 语句返回值及其状态

返回值	说　　明
0	FETCH 语句成功
−1	FETCH 语句失败或行不在结果集中
−2	提取的行不存在

④ 关闭游标。

```
CLOSE { { [ GLOBAL ] cursor_name } | cursor_variable_name }
```

⑤ 释放游标。

```
DEALLOCATE { { [ GLOBAL ] cursor_name } | @cursor_variable_name }
```

【实验目的】

- 掌握 T-SQL 语言及其程序设计的方法。
- 掌握 T-SQL 游标的使用方法。

实验 10.1　T-SQL 程序设计逻辑

【实验目的】

掌握 T-SQL 程序设计的控制结构及程序设计逻辑。

【实验内容】

(1) 计算 1~100 所有能被 3 整除的数的个数和总和。
(2) 从学生表 S 中选取 SNO、SN、SEX,如果为"男"则输出 M,如果为"女"则输出 F。

【实验步骤】

1. 计算 1~100 所有能被 3 整除的数的个数和总和

(1) 启动 Microsoft SQL Server Management Studio。
(2) 创建 T-SQL 程序。在查询编辑器窗口中输入下列 T-SQL 程序。

```
DECLARE @SUM SMALLINT,
@I SMALLINT, @NUMS SMALLINT
```

```
SET @SUM=0
SET @I=1
SET @NUMS=0
WHILE (@I<=100)
    BEGIN
        IF (@I%3=0)
            BEGIN
                SET @SUM=@SUM+@I
                SET @NUMS=@NUMS+1
            END
        SET @I=@I+1
    END
PRINT '总和是: '+STR(@SUM)
PRINT '个数是: '+STR(@NUMS)
```

（3）执行 T-SQL 语句。单击工具栏中的 ❗执行(X) 按钮，执行 T-SQL 语句，如图 10-1 所示。

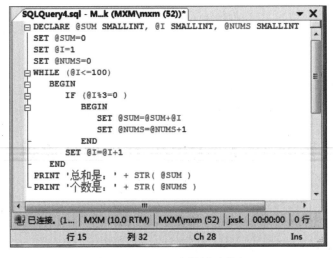

图 10-1　T-SQL 程序设计及执行 1

2. 从学生表中选取 SNO、SN、SEX，如果为"男"则输出 M，如果为"女"则输出 F

（1）打开查询编辑器窗口。

（2）创建 T-SQL 程序。在查询编辑器窗口中输入下列 T-SQL 程序。

```
USE jxsk
SELECT SNO AS 学号, SN AS 姓名, 性别=
        CASE SEX
            WHEN '男' THEN 'M'
            WHEN '女' THEN 'F'
```

```
        END
FROM S
GO
```

（3）执行 T-SQL 语句。单击工具栏中的  执行(x) 按钮，执行 T-SQL 语句，如图 10-2 所示。

图 10-2　T-SQL 程序设计及执行 2

实验 10.2　面向复杂 T-SQL 程序设计

【实验目的】

掌握面向复杂应用的 T-SQL 程序设计方法。

【实验内容】

（1）从教学数据库 jxsk 中查询所有同学选课成绩情况：姓名、课程名、成绩。

要求：凡成绩为空者输出"未考"，小于 60 分的输出"不及格"；60～70 分的输出"及格"；70～80 分的输出"中"；80～90 分的输出"良好"；90～100 分的输出"优秀"。并且输出记录按下列要求排序：先按 SNO 升序，再按 CNO 升序，最后按成绩降序。

（2）给教师增加工资。

要求：必须任 2 门以上课程且涨幅按总收入分成 3 个级别，4000 元以上涨 300 元；3000 元以上涨 200 元；3000 元以下涨 100 元。只任一门课程的涨 50 元。其他情况不涨。

【实验步骤】

（1）从教学数据库 jxsk 中查询所有同学选课成绩情况：姓名、课程名、成绩。

要求：凡成绩为空者输出"未考"，小于 60 分的输出"不及格"；60～70 分的输出"及格";70～80 分的输出"中";80～90 分的输出"良好";90～100 分的输出"优秀"。并且输出记录按下列要求排序:先按 SNO 升序,再按 CNO 升序,最后按成绩降序。

① 打开查询编辑器窗口。

② 创建 T-SQL 程序。在查询编辑器窗口中输入下列 T-SQL 程序。

```
USE jxsk
GO
SELECT SN AS 姓名, CN AS 课程名,
     成绩=
        CASE
            WHEN SCORE IS NULL THEN   '未考'
            WHEN SCORE<60 THEN   '不及格'
            WHEN SCORE>=60 AND SCORE<70   THEN   '及格'
            WHEN SCORE>=70 AND SCORE<80   THEN   '中'
            WHEN SCORE>=80 AND SCORE<90   THEN   '良好'
            WHEN SCORE>=90 THEN   '优'
        END
FROM SC,S,C
WHERE S.SNO=SC.SNO AND C.CNO=SC.CNO
ORDER BY S.SNO,C.CNO,SCORE   DESC
GO
```

③ 执行 T-SQL 语句。单击工具栏中的 ⚡执行(X) 按钮,执行 T-SQL 语句,如图 10-3 所示。

(2) 给教师增加工资。

要求:必须任 2 门以上课程且涨幅按总收入分成 3 个级别,4000 元以上涨 300 元;3000 元以上涨 200 元;3000 元以下涨 100 元。只任一门课程的涨 50 元。其他情况的不涨。

① 在 SQL Server Management Studio 中,打开表 T 查看各教师的工资情况,如图 10-4 所示。

② 打开查询编辑器窗口。

③ 创建 T-SQL 程序。在查询编辑器窗口中输入下列 T-SQL 程序。

```
USE jxsk
UPDATE T SET SAL =SAL +
    CASE
        WHEN T.TNO IN (
            SELECT TC.TNO FROM T,TC
                WHERE T.TNO =TC.TNO AND (SAL+COMM) >=4000
                GROUP BY TC.TNO HAVING COUNT(*)>=2) THEN 300
        WHEN T.TNO IN (
            SELECT TC.TNO FROM T,TC
                WHERE T.TNO =TC.TNO AND (SAL+COMM)>=3000 AND (SAL+COMM)<4000
```

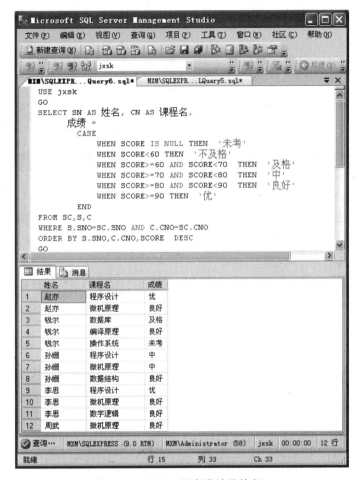

图 10-3　T-SQL 程序设计及执行 3

图 10-4　T-SQL 程序设计及执行 4

```
        GROUP BY TC.TNO HAVING COUNT(*)>=2) THEN 200
WHEN T.TNO IN (
    SELECT TC.TNO FROM T, TC
        WHERE T.TNO=TC.TNO AND (T.SAL+T.COMM<3000)
        GROUP BY TC.TNO HAVING COUNT(*)>=2) THEN 100
WHEN T.TNO IN (
    SELECT TC.TNO FROM T,TC
```

```
                    WHERE T.TNO=TC.TNO
                    GROUP BY TC.TNO HAVING COUNT(*)=1) THEN 50
            ELSE 0
        END
    GO
```

④ 执行 T-SQL 语句。单击工具栏中的 ▮ 执行(X) 按钮,执行 T-SQL 语句,如图 10-5 所示。

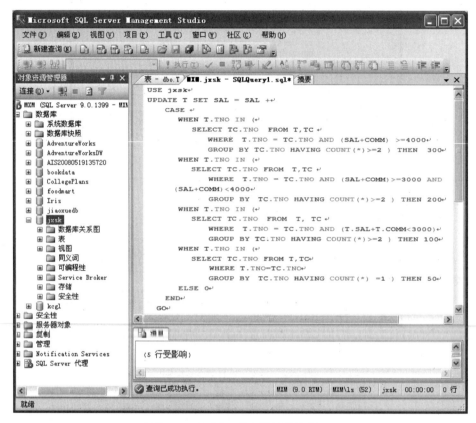

图 10-5　T-SQL 程序设计及执行 5

⑤ 查看执行结果。在 SQL Server Management Studio 中,打开数据库表 T 的数据窗口,单击工具栏中的▮按钮更新数据,如图 10-6 所示。查看各教师的工资的涨幅情况。

	TNO	TN	SEX	AGE	PROF	SAL	COMM	DEPT
	T1	李力	男	47	教授	1800	3000	计算机
	T2	王平	女	28	讲师	850	1200	信息
	T3	刘伟	男	30	讲师	1000	1200	计算机
	T4	张雪	女	51	教授	1900	3000	自动化
▶	T5	张兰	女	39	教授	1500	2000	信息
*	NULL	NULL	NULL	NULL	NULL	NULL	NULL	NULL

图 10-6　T-SQL 程序设计及执行 6

⑥ 关闭数据库表 T 的数据窗口。

实验 10.3 使 用 游 标

【实验目的】

- 学习和理解关系数据中游标的概念和设计思想。
- 掌握使用 T-SQL 游标处理结果集的方法。

【实验内容】

针对数据库 jiaoxuedb，进行下面实验。

（1）定义一个游标 Cursor_Famale。

要求：该游标返回所有女同学的基本信息，在游标中查找并显示牛莉的记录。

（2）创建一个存储过程 Pro_C，返回一个包含所有选修数据库课程的学生基本信息的游标。利用该存储过程，通过学生姓名查找学生王一山是否选修了数据库课程，如果选修了，则给出其成绩。

【实验步骤】

（1）定义一个游标 Cursor_Famale。

要求：该游标返回所有女同学的基本信息，在游标中查找并显示牛莉的记录。

① 打开查询编辑器窗口。

② 创建 T-SQL 程序。在查询编辑器窗口中输入下列 T-SQL 程序。

```
DECLARE @SNO char(6),@SNAME char(8),@SEX char(2),
@AGE tinyint,@DEPT char(10)
DECLARE Cursor_Famale CURSOR
FOR SELECT SNO,SNAME,SEX,AGE,DEPT FROM Student
OPEN Cursor_Famale
FETCH NEXT FROM Cursor_Famale
    INTO @SNO,@SNAME,@SEX,@AGE,@DEPT
WHILE @@fetch_status=0
    BEGIN
        IF @SName='牛莉'
            BEGIN
                PRINT '找到牛莉的信息如下：'
                PRINT @SNO+' '+@SNAME+' '+@SEX+' '+
                    CONVERT(char(2), @AGE)+' '+@DEPT
                BREAK
            END
        FETCH NEXT FROM Cursor_Famale
            INTO @SNO,@SNAME,@SEX,@AGE,@DEPT
```

```
        END
IF @@fetch_status !=0 PRINT '很抱歉,没有找到牛莉的信息!'
CLOSE Cursor_Famale
DEALLOCATE Cursor_Famale
```

③ 执行 T-SQL 语句。单击工具栏中的 ▌执行(X) 按钮,执行 T-SQL 语句,如图 10-7
所示。

图 10-7　创建游标 Cursor_Female

(2) 创建一个存储过程 Pro_C,返回一个包含所有选修数据库课程的学生基本信息
的游标。利用该存储过程,通过学生姓名查找学生王一山是否选修了数据库课程,如果选
修了,给出其成绩。

① 创建存储过程 Pro_C。

SQL Server 实验指导(第 4 版)

- 打开查询编辑器窗口。
- 创建 T-SQL 程序。在查询编辑器窗口中输入下列 T-SQL 程序。

```
CREATE PROCEDURE Pro_C @C_cursor CURSOR VARYING OUTPUT
AS
    SET @C_cursor =CURSOR
    FOR
        SELECT SNAME,SCORE  FROM Student,SC,Course
        WHERE Student.SNO=SC.SNO AND SC.CNO=Course.CNO
              AND Course.CNAME='数据库'
    OPEN @C_cursor
```

- 执行 T-SQL 语句,创建存储过程 Pro_C。单击工具栏中的 ！执行(X) 按钮,执行 T-SQL 语句。

② 利用存储过程 Pro_C,通过学生姓名查找王一山学生是否选修了数据库课程,如果选修了,给出其成绩。

- 打开查询编辑器窗口
- 创建 T-SQL 程序。在查询编辑器窗口中输入下列 T-SQL 程序。

```
DECLARE @MyCursor CURSOR
DECLARE @NAME varchar(30)
DECLARE @In_NAME char(8)
DECLARE @SCORE int
SELECT @In_NAME='王一山'
EXECUTE Pro_C @C_cursor =@MyCursor OUTPUT
FETCH NEXT FROM @MyCursor INTO @NAME,@SCORE
WHILE (@@FETCH_STATUS =0)
BEGIN
    IF @NAME=@In_NAME
        BEGIN
            PRINT @NAME+'选修了数据库课程,成绩是：'+CONVERT(char(2),@SCORE)
            BREAK
        END
    FETCH NEXT FROM @MyCursor INTO @NAME,@SCORE
END
IF (@@FETCH_STATUS !=0)
    PRINT @In_NAME+'没有选修数据库课程。'
CLOSE @MyCursor
DEALLOCATE @MyCursor
```

- 执行 T-SQL 语句,查询王一山同学的选课情况。单击工具栏中的 ！执行(X) 按钮, 执行 T-SQL 语句,如图 10-8 所示。

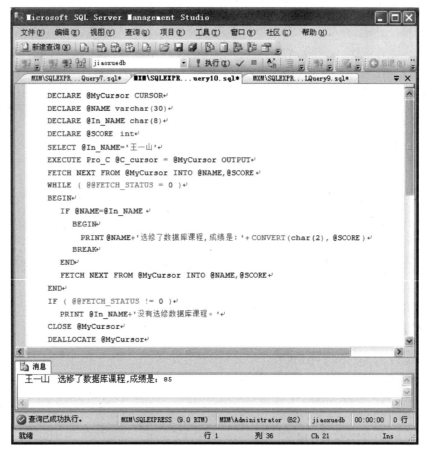

图 10-8 王一山选修数据库课程的信息

习　题

【实验题】

针对教学数据库 jiaoxuedb 进行如下 T-SQL 程序设计。

1. 求 1＋2＋3＋…＋100 的总和。

2. 求 10!。

3. 查询各系的教师人数、学生人数,并按学生人数和教师人数升序排列。

4. 查询王姓学生的总数、在各系的人数分布以及每个人的姓名、性别、年龄。

5. 查询学生中重名的名字、人数和所分布的系,并按重名人数降序排列。

6. 求出每个职称中工资最高、最低教师的姓名、性别、年龄、工资,并给出各职称的平均工资。职称有助教、讲师(包括工程师)、副教授(包括高级工程师)、教授(包括研究员)。

7. 按分数段查询课程名、各分数段人数。分数段划分为:60 分以下、60～69 分、70～79 分、80～89 分、90～100 分。

8. 教师刘伟已调离该校,要求删除教学数据库 jiaoxuedb 中与刘伟有关的信息,并列出这些被删除的信息。

9. 查询比教师张雪工资低的教师的姓名、性别、出生日期、职称、工资。要求先列出张雪的姓名、性别、出生日期、职称和工资,然后依次列出查询出的信息。

10. 查询每位教师的姓名、职称、课程数、总课时数,并按课时数降序排列。

实验 11 用户定义的数据类型与函数

本实验包含两方面的内容：一方面是学习并掌握用户定义数据类型的特点及定义方法，以及如何使用用户定义数据类型；另一方面是学习并掌握用户定义函数的概念、创建及使用方法。

【知识要点】

1. 用户定义数据类型

1）为何使用用户定义数据类型

当一个或多个表的字段中要存储同样类型的数据，且想确保这些字段具有完全相同的数据类型、长度和是否为 NULL 时，可使用用户定义数据类型。例如，学生号和教师号的数据类型都是基于 char 的有固定长度（6 个）的字符，且不为空。

2）用户定义数据类型的特点

用户定义的数据类型名称在数据库中必须是唯一的，但是名称不同的用户定义的数据类型可以有相同的定义。

3）创建用户定义数据类型语句

```
sp_addtype [@typename=] 类型,
           [@phystype=] 系统定义的数据类型
           [,[@nulltype ='NULL|NOT NULL']
           [,[@owner ='属主名']
```

2. 用户定义函数

1）为何使用用户定义函数

用户定义函数可以针对特定应用程序问题提供解决方案。这些函数可以简单到计算一个值，也可以复杂到定义和实现业务处理规则。定义了这些函数以后，在需要的时候调用即可，如果业务处理的规则发生变化，只需要修改相应的函数，只要这些接口未发生变化，就可以保持原来的函数调用。

2）用户定义函数的类型

SQL Server 有两种自定义函数：标量值函数、表值函数。

用户定义函数采用零个或更多输入参数并返回标量值或表。函数最多可以有1124个输入参数。当函数的参数有默认值时,调用该函数时必须指定默认关键字才能获取默认值。用户定义函数不支持输出参数。

- 标量值函数。标量值函数返回在 RETURNS 子句中定义的类型的单个数据值。返回类型可以是除 text、ntext、image、cursor 和 timestamp 之外的任何数据类型。不支持用户定义数据类型和非标量类型(如 table 或 cursor)。
- 表值函数。表值函数返回 table。对于内联表值函数,没有函数主体;表是单个 SELECT 语句的结果集。对于多语句表值函数,在 BEGIN…END 语句块中定义的函数体包含一系列 T-SQL 语句,这些语句可生成行并将其插入将返回的表中。

3) 创建用户定义函数语句

- 标量值函数。

```
CREATE FUNCTION [属主名.] 函数名
        ([{@parameter_name [AS] 标量参数数据类型 [=default]} [,...n]])
RETURNS 标量返回数据类型
[WITH <function_option>[[,] ...n]]
[AS]
BEGIN
    函数体
    RETURN 标量表达式
END
```

- 内嵌表值函数。

```
CREATE FUNCTION [属主名.] 函数名
        ([{ @parameter_name [AS] 标量参数数据类型 [=default] } [,...n]])
RETURNS TABLE
[WITH <function_option >[[,] ...n]]
[AS]
RETURN [() select 语句 ]
```

- 多语句表值函数。

```
CREATE FUNCTION [属主名.] 函数名
        ([{ @parameter_name [AS] 标量参数数据类型 [=default] } [,...n]])
RETURNS @return_variable TABLE <table_type_definition >
[WITH <function_option >[[,] ...n]]
[AS]
BEGIN
    函数体
    RETURN
END
<function_option >::=
    { ENCRYPTION | SCHEMABINDING }
<table_type_definition >::=
```

```
({ column_definition | table_constraint } [,...n])
```

【实验目的】

- 学习和掌握用户定义数据类型的概念、创建及使用方法。
- 学习和掌握用户定义函数的概念、创建及使用方法。

实验 11.1　创建和使用用户定义的数据类型

【实验目的】

- 掌握创建用户定义数据类型的方法。
- 掌握用户定义数据类型的使用。

【实验内容】

(1) 用 T-SQL 语句创建一个用户定义的数据类型 Idnum。

要求：系统数据类型为 char，长度为 6，不为空，用于学号、教师号字段。

(2) 交互式创建一个用户定义的数据类型 Nameperson。

要求：系统数据类型为 char，长度为 10，不为空，用于学生姓名、教师姓名字段。

【实验步骤】

1. 创建和使用一用户定义的数据类型 Idnum

要求：系统数据类型为 char，长度为 6，不为空，用于学号、教师号字段。

(1) 用 T-SQL 语句创建一个用户定义的数据类型 Idnum。

① 打开查询编辑器窗口。

② 创建 T-SQL 程序。在查询编辑器窗口中输入下列 T-SQL 程序。

```
USE jxsk
GO
EXEC sp_addtype Idnum, 'char(6)','NOT NULL'
GO
```

③ 执行 T-SQL 语句。单击工具栏中的 ┇执行(X) 按钮，执行 T-SQL 语句，如图 11-1 所示。

④ 查看数据库 jxsk 中的用户定义的数据类型对象。在"对象资源管理器"窗格中，选择"数据库"→jxsk→"可编程性"→"类型"→"用户定义数据类型"，可以看到数据类型 Idnum 已经存在，如图 11-2 所示。

(2) 使用用户定义的数据类型 Idnum，创建一个学生表 STUDENT 和一个教师表 TEACHER。

① 打开查询编辑器窗口。

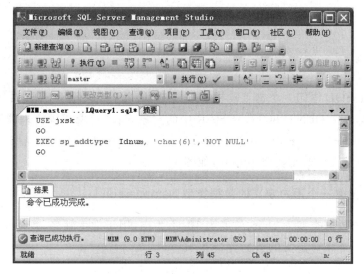

图 11-1 T-SQL 程序设计及执行

图 11-2 用户定义的数据类型对象

② 创建 T-SQL 程序。在查询编辑器窗口中输入下列 T-SQL 程序,创建一个学生数据表 STUDENT 和一个教师表 TEACHER,其中的学号和教师号使用数据类型 Idnum 的定义。

```
USE jxsk
GO
CREATE TABLE STUDENT(
        SNO Idnum,
        SN char(11),
        SSEX char(2),
        SAGE tinyint)
GO
CREATE TABLE TEACHER(
        TNO Idnum,
        TN char(11),
```

实验 11 用户定义的数据类型与函数

```
        TSEX char(2),
        TAGE tinyint,
        TPROF char(11))
GO
```

③ 执行 T-SQL 语句。单击工具栏中的 ! 执行(X) 按钮,执行 T-SQL 语句。

④ 查看表 STUDENT 和 TEACHER 中的对象。在"对象资源管理器"窗格中,选择"数据库"→jxsk→"表"→dbo. STUDENT 和 dbo. TEACHER,可以看到字段 SNO 和 TNO 都是用户定义的数据类型 Idnum,如图 11-3 所示。

2. 交互式创建一个用户定义的数据类型 Nameperson

要求:系统数据类型为 char,长度为 10,不为空,用于学生姓名、教师姓名字段。

(1) 创建一个用户定义的数据类型 Nameperson。

① 启动 Microsoft SQL Server Management Studio。

② 打开创建用户定义的数据类型的窗口。选择"数据库"→jxsk →"可编程性",右击"类型",在打开的快捷菜单中选择"新建"→"用户定义数据类型"选项,如图 11-4 所示。打开"新建用户定义数据类型"对话框。

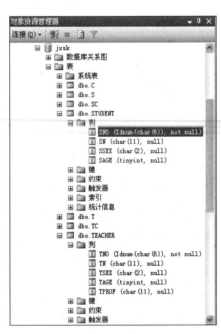

图 11-3　用户定义数据类型的使用 1　　　　图 11-4　用户定义数据类型的使用 2

③ 创建用户定义数据类型 Nameperson。在"名称"文本框中输入 Nameperson,在"数据类型"下拉列表中选择 char,在"长度"文本框中输入 10,如图 11-5 所示。

④ 保存定义。单击"确定"按钮,保存用户定义的数据类型 Nameperson。

⑤ 查看数据库 jxsk 中用户定义数据类型对象。选择"数据库"→jxsk→"可编程性"

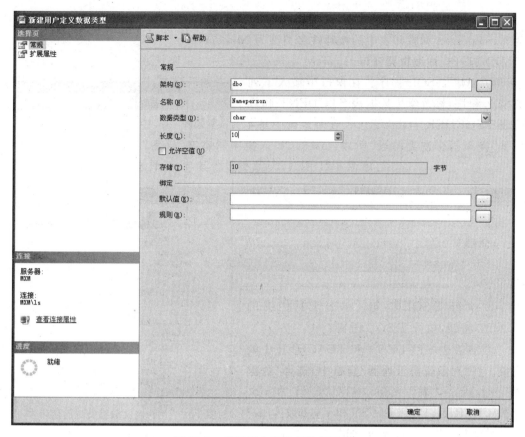

图 11-5　创建用户定义的数据类型

→"类型"→"用户定义数据类型对象",可以看到 Nameperson 的定义,如图 11-6 所示。

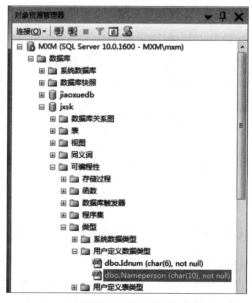

图 11-6　数据库 jxsk 中用户定义数据类型

(2) 使用用户定义的数据类型 Nameperson。修改学生表 STUDENT 中的姓名类型为 Nameperson 和教师表中的教师姓名类型为 Nameperson。

① 打开查询编辑器窗口。

② 创建 T-SQL 程序。在窗口中输入下列 T-SQL 程序，修改学生数据表 STUDENT 和教师表 TEACHER。

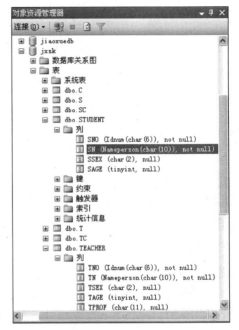

```
USE jxsk
GO
ALTER   TABLE   STUDENT   ALTER   COLUMN
SN Nameperson
GO
ALTER   TABLE   TEACHER   ALTER   COLUMN
TN Nameperson
GO
```

③ 执行 T-SQL 语句。单击工具栏中的 ❗ 执行(X) 按钮，执行 T-SQL 语句。

④ 查看表 STUDENT 和 TEACHER 中的对象。在"对象资源管理器"窗格中，选择"数据库"→jxsk →"表"→dbo. STUDENT 和 dbo.TEACHER，可以看到字段 SN 和 TN 都改为用户定义的数据类型 Nameperson，如图 11-7 所示。

图 11-7　用户定义数据类型的使用 3

实验 11.2　删除用户定义数据类型

【实验目的】

- 掌握使用系统存储过程删除用户定义的数据类型。
- 掌握交互式删除用户定义的数据类型。

【实验内容】

(1) 使用系统存储过程删除用户定义的数据类型 Nameperson。
(2) 交互式删除用户定义的数据类型 Idnum。

【实验步骤】

1. 使用系统存储过程删除用户定义的数据类型 Nameperson

(1) 打开查询编辑器窗口。

(2) 创建 T-SQL 程序。在查询窗口中输入下面 T-SQL 程序，先解除对用户定义的数据类型 Nameperson 的使用，然后再删除用户定义的数据类型 Nameperson。

```
USE jxsk
GO
ALTER TABLE STUDENT ALTER COLUMN SN char(10) NOT NULL
GO
ALTER TABLE TEACHER ALTER COLUMN TN char(10) NOT NULL
GO
EXEC sp_droptype Nameperson
GO
```

（3）执行 T-SQL 语句。单击工具栏中的 **！执行(X)** 按钮，执行 T-SQL 语句。

（4）查看数据库 jxsk 中用户定义数据类型对象。在“对象资源管理器”窗格中，选择“数据库”→jxsk→“可编程性”→“类型”→“用户定义数据类型”，可以看到 Nameperson 已不存在。

2. 交互式删除用户定义的数据类型 Idnum

（1）启动 Microsoft SQL Server Management Studio。

（2）选择“数据库”→jxsk→“可编程性”→“类型”→“用户定义数据类型”。

（3）右击 Idnum，在打开的快捷菜单中选择“删除”选项，弹出“删除对象”对话框，单击“确定”按钮，Idnum 即被删除。

实验 11.3　创建和使用用户定义的函数

【实验目的】

- 掌握创建标量值函数的方法。
- 掌握创建内嵌表值函数的方法。
- 掌握创建多语句表值函数的方法。

【实验内容】

（1）交互式创建一个标量值函数 Score_FUN。

要求：根据学生姓名和课程名，查询成绩。

（2）创建一个内嵌表值函数 S_Score_FUN。

要求：根据学生姓名，查询该生所有选课的成绩。

（3）创建一个多语句表值函数 ALL_Score_FUN。

要求：根据课程名，查询所有选择该课程学生的成绩信息，包括学号（SNO）、姓名（SN）、性别（SEX）、成绩（SCROE）。结果按成绩降序排列。

【实验步骤】

1. 交互式创建一个标量值函数 Score_FUN

要求：根据学生姓名和课程名，查询成绩。

(1) 创建一个标量值函数 Score_FUN。

① 启动 Microsoft SQL Server Management Studio。

② 打开创建用户定义的函数编辑窗口。选择"数据库"→jxsk→"可编程性",右击"函数",在打开的快捷菜单中选择"新建"→"标量值函数"选项,在打开的快捷菜单中,选择"新建标量值函数"选项,如图 11-8 所示,打开用户定义的函数的编辑窗口,其中包含模板语句。

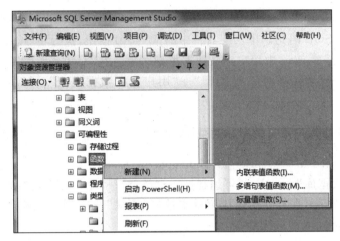

图 11-8 用户定义函数

③ 创建用户定义函数 Score_FUN。将窗口中的模板语句修改为下面 T-SQL 语句:

```
CREATE FUNCTION Score_FUN(@SNAME_IN char(8),@CNAME_IN char(10))
RETURNS tinyint
AS
BEGIN
    DECLARE @SCORE_OUT tinyint
    SELECT @SCORE_OUT=SCORE FROM SC,S,C
        WHERE S.SNO=SC.SNO AND C.CNO=SC.CNO AND
            SN=@SNAME_IN AND CN=@CNAME_IN
    RETURN(@SCORE_OUT)
END
```

单击"分析"按钮,进行语法检查以确保正确。

④ 保存定义。单击工具栏中的 ! 执行(X) 按钮,保存此标量值函数的定义。

⑤ 查看数据库 jxsk 中用户定义的函数对象。选择"数据库"→jxsk→"可编程性"→"函数"→"标量值函数",可以看到 Score_FUN 已存在,如图 11-9 所示。

(2) 使用用户定义的函数 Score_FUN,查询学生钱尔的编译原理课程的成绩。

① 打开查询编辑器窗口。

② 创建 T-SQL 程序。在查询编辑器窗口中输入下列 T-SQL 程序。

```
USE jxsk
```

图 11-9　用户定义的函数对象

```
GO
DECLARE @S_Score tinyint
EXEC @S_Score=dbo.Score_FUN '钱尔','编译原理'
PRINT ' 钱尔的编译原理成绩是'+STR(@S_Score)
GO
```

③ 执行 T-SQL 语句。单击工具栏中的 ❗执行(X) 按钮,执行 T-SQL 语句,如图 11-10 所示。

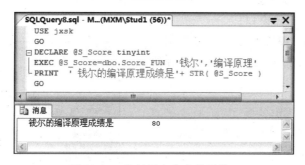

图 11-10　执行用户定义的函数 1

2. 创建一个内嵌表值函数 S_Score_FUN

要求:根据学生姓名,查询该生所有选课的成绩。

(1) 使用 T-SQL 语句创建内嵌表值函数 S_Score_FUN。

① 打开查询编辑器窗口。

② 创建 T-SQL 程序。在查询编辑器窗口中输入下列 T-SQL 程序。

```
USE jxsk
GO
```

```
CREATE FUNCTION S_Score_FUN(@SNAME_IN char(8))
RETURNS TABLE
AS
    RETURN (SELECT CN, SCORE FROM S,SC,C
            WHERE S.SNO=SC.SNO AND C.CNO=SC.CNO AND SN=@SNAME_IN)
GO
```

③ 执行 T-SQL 语句。单击工具栏中的 ❗执行(X) 按钮,执行 T-SQL 语句,如图 11-11 所示。

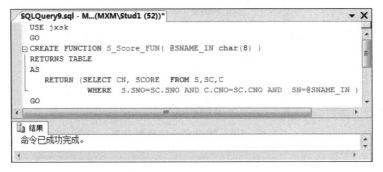

图 11-11 用 T-SQL 创建函数

④ 查看数据库 jxsk 中的用户定义的函数对象。在"对象资源管理器"窗格中,选择 "数据库"→jxsk →"可编程性"→"函数"→"内联表值函数",可以看到数据类型 S_Score_ FUN 已经存在。

(2) 使用用户定义的函数 S_Score_FUN,查询学生钱尔所有课程的成绩。

① 打开查询编辑器窗口。

② 创建 T-SQL 程序。在查询编辑器窗口中输入下列 T-SQL 程序,查询学生钱尔所有课程的成绩。

```
USE jxsk
SELECT * FROM S_Score_FUN ('钱尔')
GO
```

③ 执行 T-SQL 语句。单击工具栏中的 ❗执行(X) 按钮,执行 T-SQL 语句,如图 11-12 所示。

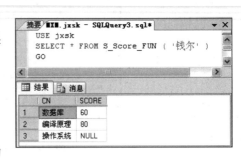

图 11-12 执行函数查询成绩 1

3. 创建一个多语句表值函数 ALL_Score_FUN

要求:根据课程名,查询所有选择该课程学生的成绩信息,包括学号(SNO)、姓名 (SN)、性别(SEX)、成绩(SCROE)。结果按成绩降序排列。

(1) 用 T-SQL 创建一个多语句表值函数 ALL_Score_FUN。

① 打开查询编辑器窗口。

② 创建 T-SQL 程序。在查询编辑器窗口中输入下列 T-SQL 程序。

```
USE jxsk
GO
CREATE FUNCTION ALL_Score_FUN(@CNAME_IN char(10))
RETURNS @ALL_SCORE_TAB TABLE(SNO char(2) PRIMARY KEY,
        SN char(8) NOT NULL, SEX char(2), SCORE tinyint)
AS
BEGIN
    INSERT @ALL_SCORE_TAB
    SELECT S.SNO, SN, SEX, SCORE
      FROM S, SC, C
      WHERE S.SNO =SC.SNO AND C.CNO=SC.CNO AND CN=@CNAME_IN
    RETURN
END
GO
```

③ 执行 T-SQL 语句。单击工具栏中的 ❗执行(X) 按钮,执行 T-SQL 语句,如图 11-13 所示。

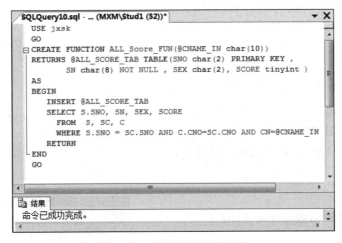

图 11-13 用 T-SQL 创建函数

④ 查看数据库 jxsk 中的用户定义的函数对象。在"对象资源管理器"窗格中,选择"数据库"→jxsk→"可编程性"→"函数"→"内联表值函数",可以看到数据类型 ALL_Score_FUN 已经存在。

(2) 使用用户定义的函数 ALL_Score_FUN,查询选择微机原理课程的学生的成绩。

① 打开查询编辑器窗口。

② 创建 T-SQL 程序。在查询编辑器窗口中输入下面 T-SQL 程序,查询选择微机原理课程的所有学生的成绩。

```
USE jxsk
SELECT * FROM ALL_Score_FUN ('微机原理')
```

GO

③ 执行 T-SQL 语句。单击工具栏中的 执行(X) 按钮,执行 T-SQL 语句,如图 11-14 所示。

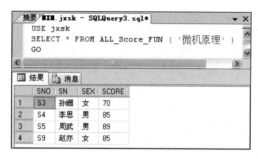

图 11-14　执行函数查询成绩 2

实验 11.4　修改用户定义的函数

【实验目的】

- 掌握交互式修改用户定义函数的方法。
- 掌握使用 T-SQL 修改用户定义函数的方法。

【实验内容】

(1) 交互式修改函数 Score_FUN。

要求:将成绩转换为等级输出。

(2) 用 T-SQL 修改函数 S_Score_FUN。

要求:增加一输出列,对应成绩的等级。

【实验步骤】

1. 交互式修改函数 Score_FUN

要求:将成绩转换为等级输出。

(1) 修改函数 Score_FUN。

① 启动 Microsoft SQL Server Management Studio。

② 打开创建用户定义的函数编辑窗口。选择"数据库"→jxsk→"可编程性"→"函数"→"标量值函数",右击 dbo.Score_FUN,在打开的快捷菜单中选择"修改"选项,如图 11-15 所示,打开修改用户定义的函数的编辑窗口。

③ 修改窗口中 T-SQL 内容为下列 T-SQL 语句。

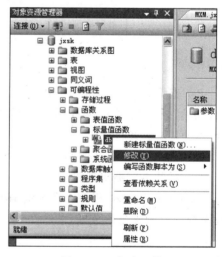

图 11-15　修改函数

```
ALTER FUNCTION Score_FUN(@SNAME_IN char(10),@CNAME_IN char(10))
RETURNS char(8)
AS
    BEGIN
        DECLARE @SCORE_OUT char(8)
        SELECT @SCORE_OUT=
            CASE
                WHEN SCORE IS NULL THEN '未考'
                WHEN SCORE <60 THEN '不及格'
                WHEN SCORE >=60 AND SCORE <70 THEN '及格'
                WHEN SCORE >=70 AND SCORE <80 THEN '中'
                WHEN SCORE >=80 AND SCORE <90 THEN '良好'
                WHEN SCORE >=90 THEN '优秀'
            END
        FROM SC,S,C
        WHERE S.SNO=SC.SNO AND C.CNO=SC.CNO AND
                SN=@SNAME_IN AND CN=@CNAME_IN
    RETURN(@SCORE_OUT)
END
```

单击"分析"按钮,进行语法检查以确保正确。

④ 保存定义。单击工具栏中的 ┇ 执行(X) 按钮,保存用户定义函数的定义。

⑤ 查看数据库 jxsk 中用户定义函数对象。在"对象资源管理器"窗格中,选择"数据库"→jxsk→"可编程性"→"函数"→"标量值函数"→dbo. Score_FUN →"参数",查看其参数定义的变化。

(2) 使用用户定义的函数 Score_FUN,查询学生钱尔的编译原理课程的成绩。

① 打开查询编辑器窗口。

② 创建 T-SQL 程序。在查询编辑器窗口中输入下列 T-SQL 程序。

```
DECLARE @S_Score char(8)
EXEC @S_Score=dbo.Score_FUN '钱尔','编译原理'
PRINT ' 钱尔的编译原理成绩是' +@S_Score
GO
```

③ 执行 T-SQL 语句。单击工具栏中的 ┇ 执行(X) 按钮,执行 T-SQL 语句,如图 11-16 所示。

2. 用 T-SQL 修改函数 S_Score_FUN

要求:增加一输出列,对应成绩的等级。

(1) 用 T-SQL 修改函数 S_Score_FUN,要求增加一输出列对应成绩的等级。

① 打开查询编辑器窗口。

② 创建 T-SQL 程序。在查询编辑器窗口中输入下列 T-SQL 程序。

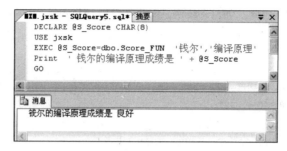

图 11-16　执行用户定义的函数 2

```
USE jxsk
GO
ALTER FUNCTION S_Score_FUN(@SNAME_IN char(8))
RETURNS TABLE
AS
    RETURN (
        SELECT CN,SCORE,LEVER=
            CASE
                WHEN SCORE IS NULL THEN '未考'
                WHEN SCORE <60 THEN '不及格'
                WHEN SCORE >=60 AND SCORE <70 THEN '及格'
                WHEN SCORE >=70 AND SCORE <80 THEN '中'
                WHEN SCORE >=80 AND SCORE <90 THEN '良好'
                WHEN SCORE >=90 THEN '优秀'
            END
            FROM S, SC, C
        WHERE S.SNO=SC.SNO AND C.CNO=SC.CNO AND SN=@SNAME_IN)
GO
```

③ 执行 T-SQL 语句。单击工具栏中的 ▮执行(X) 按钮,执行 T-SQL 语句。

(2) 使用用户定义的函数 S_Score_FUN,查询学生钱尔所有课程的成绩。

① 打开查询编辑器窗口。

② 创建 T-SQL 程序。在查询编辑器窗口中输入下列 T-SQL 程序,查询学生钱尔所有课程的成绩。

```
USE jxsk
SELECT * FROM S_Score_FUN ('钱尔')
GO
```

③ 执行 T-SQL 语句。单击工具栏中的 ▮执行(X) 按钮,执行 T-SQL 语句,如图 11-17 所示。

图 11-17　执行函数查询成绩 3

实验 11.5　删除用户定义的函数

【实验目的】

- 掌握交互式删除用户定义函数的方法。
- 掌握使用 T-SQL 删除用户定义函数的方法。

【实验内容】

(1) 交互式删除函数 Score_FUN。

(2) 用 T-SQL 删除函数 S_Score_FUN。

【实验步骤】

1. 交互式删除函数 Score_FUN

(1) 启动 Microsoft SQL Server Management Studio。

(2) 选择"数据库"→jxsk →"可编程性"→"函数"→"标量值函数"。

(3) 右击 dbo.Score_FUN,在打开的快捷菜单中选择"删除"选项,弹出"删除对象"对话框,单击"确定"按钮,函数 Score_FUN 即被删除。

2. 用 T-SQL 删除函数 S_Score_FUN

(1) 打开查询编辑器窗口。

(2) 创建 T-SQL 程序。在查询编辑器窗口中输入下面 T-SQL 程序,删除用户定义的函数 S_Score_FUN。

```
USE jxsk
DROP FUNCTION S_Score_FUN
GO
```

(3) 执行 T-SQL 语句。单击工具栏中的 ! 执行(X) 按钮,执行 T-SQL 语句。

(4) 查看数据库 jxsk 中用户定义函数对象。在"对象资源管理器"窗格中,选择"数据库"→jxsk→"可编程性"→"函数"→"表值函数",可以看到 S_Score_FUN 已不存在。

习　题

【实验题】

针对教学数据库 jiaoxuedb 进行如下实验。

1. 用 T-SQL 语句创建一用户定义的数据类型 AgeType。要求：系统数据类型为 tinyint,可为空,取值范围为 0～100,用于学生表和教师表中的年龄字段和选课表中成绩字段的数据类型。

2. 交互式创建数据类型 NameType。要求：系统数据类型为 varchar,长度为 10 字节,不为空,用于教师名、学生名、职称字段的数据类型。

3. 创建一个函数。要求：根据学生姓名和课程名查询该生该课程的成绩。

4. 创建一个函数。要求：根据教师姓名查询该教师所教课程名、学生人数、平均成绩、最高成绩、最低成绩。

5. 创建一个函数。要求：统计各系各职称的总人数、平均年龄。

【思考题】

1. 是否可以使用任一个 SQL Server 系统数据类型来定义用户定义的数据类型？哪些类型不允许使用?

2. 用户定义的函数有几种类型？返回值各是什么?

3. 你知道的用户定义的函数的执行形式有哪些?

实验 12　**SQL Server 安全管理**

SQL Server 的安全模型分为三层结构,分别为服务器安全管理、数据库安全管理、数据库对象的访问权限管理。通过本实验来学习、掌握登录机制、数据库用户和对象操作权限的管理方法。

【知识要点】

1. 访问数据库需要经历的阶段

用户访问数据库时需要经历三个阶段及相应的安全认证过程。

第一阶段:用户首先要登录到 SQL Server 实例。在登录时,系统要对其进行身份验证,被认为合法才能登录到 SQL Server 实例。

第二阶段:用户在每个要访问的数据库里必须获得一个用户账号。SQL Server 实例将 SQL Server 登录映射到数据库用户账号上,在这个数据库的用户账号上定义数据库的管理和数据对象的访问的安全策略。

第三阶段:用户访问数据库。用户访问数据库对象时,系统要检查用户是否具有访问数据库对象、执行动作的权限,经过语句许可权限的验证才能实现对数据的操作。

2. SQL Server 身份验证模式

身份验证用来识别用户的登录账号和验证用户与 SQL Server 相连接的合法性,如果验证成功,用户就能连接到 SQL Server 上。

SQL Server 使用下面两种身份验证模式。

* Windows Only 身份验证模式。
* SQL Server 和 Windows 混合验证模式。

3. 数据库用户

一般情况下,用户获得登录 SQL Server 实例的登录账号后,系统管理员还必须为该登录用户访问的数据库创建一个数据库用户账号,该用户登录后才可访问此数据库。

SQL Server 2008 系统中有如下默认的数据库用户。

* guest 用户。任何登录账号都可以用此账号使用数据库。
* dbo 用户。dbo 数据库用户账号存在于每个数据库下,对应 SQL Server 的固定服

务器角色 SysAdmin 的成员账号,是数据库的管理员。

4. 许可权限管理

许可权限指明用户获得哪些数据库对象的使用权,以及用户能够对这些对象执行何种操作。在 SQL Server 中有下面两种常用的许可权限类型。

(1) 语句许可。SQL Server 可以授予用户下列语句的使用许可权限:Backup Database、Backup Log、Create Database、Create Default、Create Function、Create Procedure、Create Rule、Create Table、Create View。

(2) 对象许可。SQL Server 可以授予用户下列数据对象的一些操作许可权限。

- 表和视图的操作许可权限:SELECT、INSERT、UPDATE、DELETE。
- 列的操作许可权限:SELECT、UPDATE、REFERENCES。
- 存储过程的操作许可权限:EXECUTE。

【实验目的】

- 掌握创建登录账号的方法。
- 掌握创建数据库用户的方法。
- 掌握语句级许可权限管理。
- 掌握对象级许可权限管理。

实验 12.1　创建登录账号

【实验目的】

学习和掌握创建登录账号的方法。

【实验内容】

以系统管理员的身份进行下面内容的实验。

(1) 创建使用 Windows 身份验证的登录账号 WinUser。

(2) 创建使用 SQL Server 身份验证的登录账号 SQLUser,设置可访问数据库 jxsk。

【实验步骤】

1. 创建使用 Windows 身份验证的登录账号 WinUser

(1) 确认登录账号 WinUser 是已存在的 Windows 7 中的用户账号。若不是,则立即在操作系统中创建此用户账号(建议密码也为 WinUser)。

(2) 打开创建登录账号窗口。在 SQL Server Management Studio 中,选择 MXM→"安全性",右击"登录名",在打开的快捷菜单中选择"新建登录名"选项,如图 12-1 所示,打开"登录名-新建"对话框。

(3) 在"常规"选择页中,单击"登录名"文本框右侧的"搜索"按钮,弹出"选择用户或组"

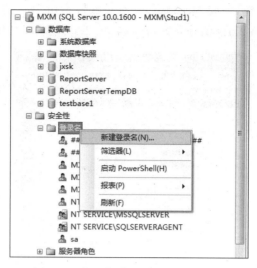

图 12-1　打开创建登录账号窗口操作

对话框,在"输入要选择的对象名称"文本框中输入 WinUser 后单击"确定"按钮,返回"登录名-新建"对话框,选中"Windows 身份验证"单选按钮;其他选择默认,如图 12-2 所示。

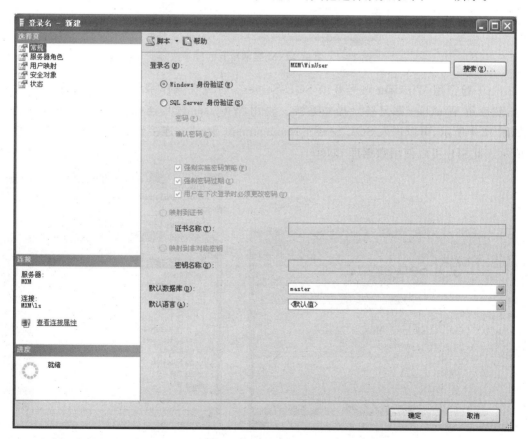

图 12-2　创建账号 WinUser

（4）单击"确定"按钮，完成 SQL Server 登录账号 WinUser 的创建。

（5）查看实例 MXM 当前的登录账号。如图 12-3 所示，可以看到 WinUser 已存在。

图 12-3　实例 MXM 当前所有的登录账号

（6）验证用 WinUser 账号登录 SQL Server。首先在操作系统中注销当前用户的登录，然后用 WinUser 账号登录操作系统。再用 WinUser 账号连接 SQL Server 服务器，如图 12-4 所示，可以进入 SQL Server Management Studio，连接到实例 MXM，如图 12-5 所示。此用户可以使用数据库 master。

图 12-4　WinUser 连接 SQL Server 服务器

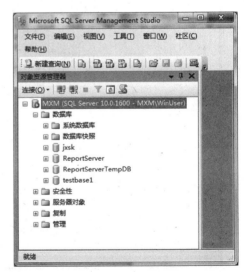

图 12-5　账号 WinUser 连接到 MXM 实例

2. 创建使用 SQL Server 身份验证的登录账号 SQLUser,设置可访问数据库 jxsk

（1）打开创建登录账号窗口。在 SQL Server Management Studio 中,选择 MXM→"安全性",右击"登录名",在打开的快捷菜单中选择"新建登录名"选项,如图 12-1 所示,打开"登录名-新建"对话框。

（2）"常规"选择页中,在"登录名"文本框中输入账号 SQLUser,再选择"SQL Server 身份验证"单选按钮,在"密码"文本框中输入 SQLUser,取消"强制实施密码策略"复选框,在"默认数据库"中选择 jxsk,其他选择默认,如图 12-6 所示。

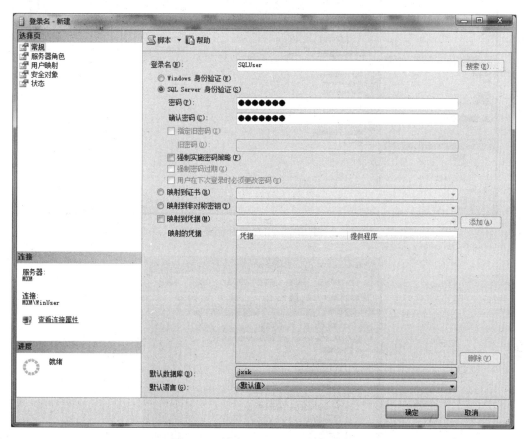

图 12-6　创建 SQL Server 验证账号

（3）在"用户映射"选择页中,在"映射到此登录的用户"中选择数据库 jxsk,如图 12-7 所示,查看"用户"单元格的变化。

（4）单击"确定"按钮,完成 SQL Server 登录账号 SQLUser 的创建。

（5）查看实例 MXM 当前的登录账号。如图 12-8 所示,可以看到 SQLUser 已存在。

（6）验证用 SQLUser 账号登录 SQL Server。用 SQLUser 账号连接 SQL Server 服务器,如图 12-9 所示,可以进入 SQL Server Management Studio,连接到实例 MXM,并且此用户可以使用数据库 jxsk,如图 12-10 所示。

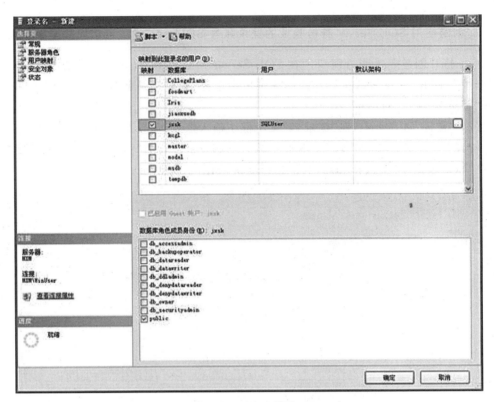

图 12-7　用户映射设置

图 12-8　MXM 实例当前已有的登录账号

图 12-9 用 SQLUser 连接服务器

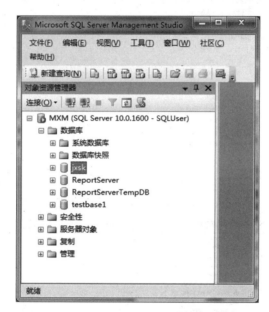

图 12-10 账号 SQLUser 连接到 MXM 实例

实验 12.2 创建数据库用户

【实验目的】

学习和掌握创建数据库用户的方法。

【实验内容】

以系统管理员的身份进行下面内容的实验。

（1）将登录账号 WinUser 设置为访问 MXM 实例中数据库 jxsk 的用户账号。

（2）将登录账号 SQLUser 设置为访问 MXM 实例中所有数据库的用户账号。

【实验步骤】

1. 将登录账号 WinUser 设置为访问 MXM 实例中数据库 jxsk 的用户账号

（1）启动 Microsoft SQL Server Management Studio。

（2）选择 MXM→"安全性"→"登录名"。

（3）右击 MXM\WinUser，在打开的快捷菜单中选择"属性"选项，打开"登录属性-MXM\WinUser"对话框，选择"用户映射"选项页。

（4）在"映射到此登录名的用户"中选择数据库 jxsk，可以看到在"用户"单元格中显示出 MXM\WinUser，即为数据库 jxsk 的用户名，如图 12-11 所示。

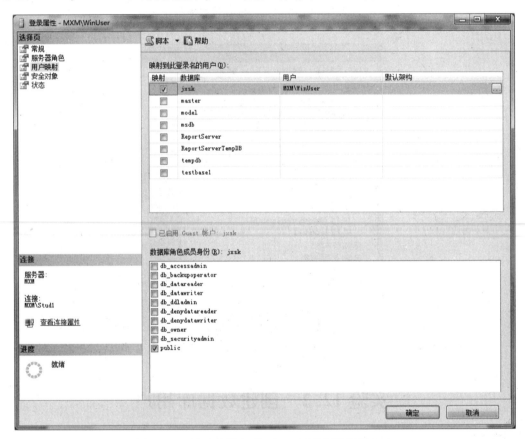

图 12-11　设置登录名 WinUser 可访问数据库 jxsk

（5）单击"确定"按钮，完成数据库 jxsk 用户的创建，登录账号 WinUser 即是可访问数据库 jxsk 的用户。

2. 将登录账号 SQLUser 设置为访问 MXM 实例中所有数据库的用户账号

（1）启动 Microsoft SQL Server Management Studio。

（2）选择 MXM→"安全性"→"登录名"选项。

（3）右击 SQLUser，在打开的快捷菜单中选择"属性"选项，打开"登录属性-SQLUser"对话框，选择"用户映射"选择页。

（4）在"映射到此登录名的用户"中选择所有数据库，可以看到在所有数据库的"用户"单元格中显示出 SQLUser，即为所有数据库的用户名，如图 12-12 所示。

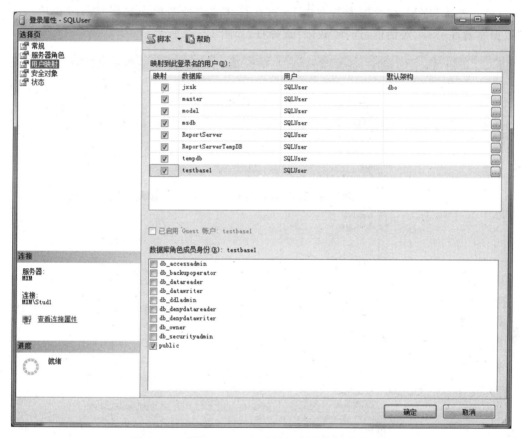

图 12-12 设置 SQLUser 为访问所有数据库的用户

（5）单击"确定"按钮，完成数据库用户 SQLUser 的创建，该用户可以访问实例 MXM 中所有数据库。

实验 12.3 语句级许可权限管理

【实验目的】

学习和掌握语句级许可权限的授予、拒绝和废除方法。

【实验内容】

以系统管理员的身份进行下面内容的实验。

（1）授予用户 WinUser 只可以在数据库 jxsk 中创建视图和表。

（2）不允许用户 SQLUser 在数据库 jxsk 中创建视图和表，但允许其他操作。

【实验步骤】

（1）启动 Microsoft SQL Server Management Studio。

（2）选择 MXM→"数据库"，右击 jxsk，在打开的快捷菜单中选择"属性"选项，打开 "数据库属性-jxsk"对话框，选择"权限"选择页，如图 12-13 所示。

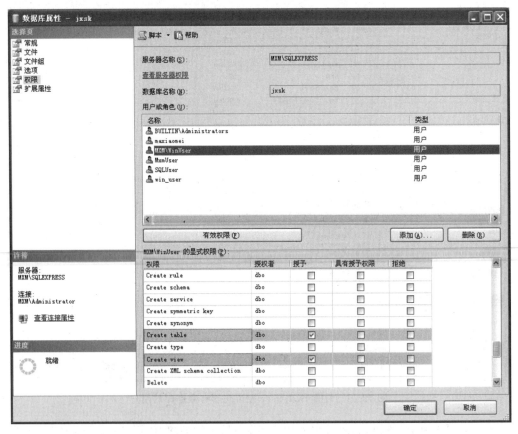

图 12-13   为用户 WinUser 授予语句权限

（3）授予用户 WinUser 只可以在数据库 jxsk 中创建视图和表。在"用户或角色"列 表中，选择用户 MXM\WinUser。在"MXM\WinUser 的显示权限"列表中，在 Create table（创建表）行，勾选"授予"列中的复选框，表示选中创建表权限；在 Create view（创建 视图）行，勾选"授予"列中的复选框，表示选中创建视图权限，如图 12-13 所示。

（4）授予用户 SQLUser 权限，不允许用户 SQLUser 在数据库 jxsk 中创建视图和表， 但允许其他操作。在"用户或角色"列表中，选择用户 SQLUser；在"SQLUser 的显示权限"列表中,参照步骤(3)的操作,除 Create table(创建表)和 Create view(创建视图)权限以外,选择其他所有权限授予用户 SQLUser,如图 12-14 所示。

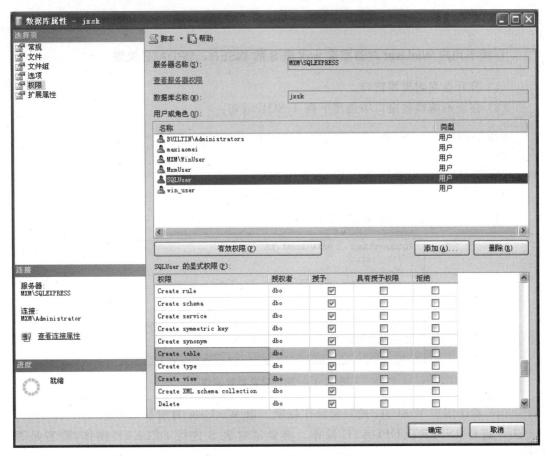

图 12-14 为用户 SQLUser 授予语句权限

(5) 单击"确定"按钮,操作完成。

实验 12.4 对象级许可权限管理

【实验目的】

学习和掌握对象级许可权限的授予、拒绝和废除方法。

【实验内容】

以系统管理员的身份进行下面内容的实验。

(1) 授予用户 WinUser 对数据库 jxsk 表 S 的 INSERT、UPDATE 权限。

(2) 授予用户 SQLUser 对数据库 jxsk 表 S 的 INSERT 权限,废除对表 S 的 UPDATE 权限。

（3）授予用户 WinUser 对数据库 jxsk 表 S 的列 SNO、SN 的 SELECT 权限，列 SNO 的 UPDATE 权限。

【实验步骤】

1. 授予用户 WinUser 对数据库 jxsk 表 S 的 INSERT、UPDATE 权限

（1）打开查询编辑器窗口。

（2）在查询编辑器窗口中创建下列 T-SQL 语句：

```
USE jxsk
GO
GRANT INSERT, UPDATE ON S TO [MXM\WinUser]
GO
```

（3）执行 T-SQL 语句，如图 12-15 所示。

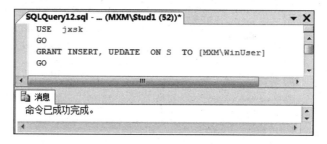

图 12-15　执行对象授权操作

（4）验证用户 WinUser 的对象操作权限。以 WinUser 身份登录 SQL Server 2008，对表 S 进行 INSERT、UPDATE 操作。冉尝试对表 S 进行 DELETE 操作，看看是否允许。

2. 授予用户 SQLUser 对数据库 jxsk 表 S 的 INSERT 权限，废除对表 S 的 UPDATE 权限

（1）打开查询编辑器窗口。

（2）在查询编辑器窗口中创建下列 T-SQL 语句：

```
USE jxsk
GO
GRANT INSERT ON S TO SQLUser
REVOKE UPDATE ON S FROM SQLUser
GO
```

（3）执行 T-SQL 语句，如图 12-16 所示。

（4）验证用户 SQLUser 的对象操作权限。以 SQLUser 身份登录 SQL Server 2008，对表 S 进行 INSERT 操作。再尝试对表 S 进行 UPDATE 操作，看看是否允许。

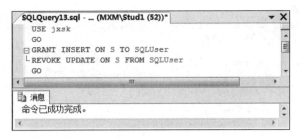

图 12-16　执行对象授权和废除权限操作

3. 授予用户 WinUser 对数据库 jxsk 表 S 的列 SNO 的 SELECT、UPDATE 权限,列 SN 的 SELECT 权限

(1) 启动 Microsoft SQL Server Management Studio。

(2) 选择 MXM→"数据库"→jxsk →"安全性"→"用户"。

(3) 右击 MXM\WinUser,在打开的快捷菜单中选择"属性"选项,如图 12-17 所示,打开"数据库用户-MXM\WinUser"对话框,如图 12-18 所示。

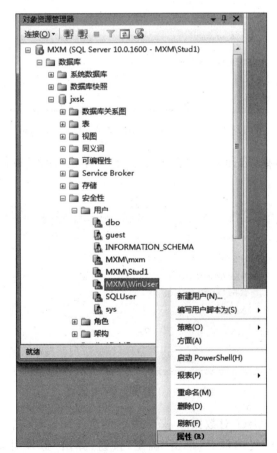

图 12-17　选择"属性"选项

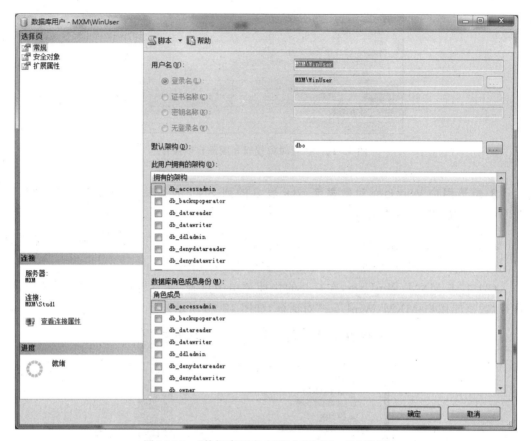

图 12-18 "数据库用户-MXM\WinUser"对话框

（4）选择"安全对象"选择页，在"安全对象"栏中单击"搜索"按钮，弹出"添加对象"对话框，如图 12-19 所示。

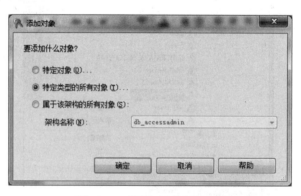

图 12-19 "添加对象"对话框

（5）授予用户 WinUser 对数据库 jxsk 表 S 的列 SNO、SN 的 SELECT 权限。勾选"特定类型的所有对象"复选框后，单击"确定"按钮，弹出"选择对象类型"对话框，勾选"表"复选框，如图 12-20 所示，单击"确定"按钮，返回"数据库用户-MXM\WinUser"对话框,选中"安全对象"栏中的 S 所在行,在"dbo.S 的显示权限"中选中 Select 行,再单击"列权限"按钮,如图 12-21 所示,弹出"列权限"对话框,选中 SN 和 SNO 的"授予"列,如图 12-22 所示,单击"确定"按钮。

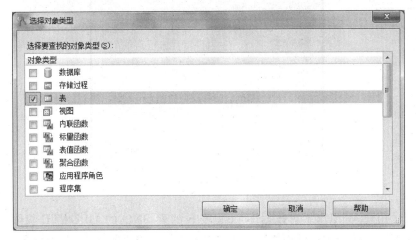

图 12-20　"选择对象类型"对话框

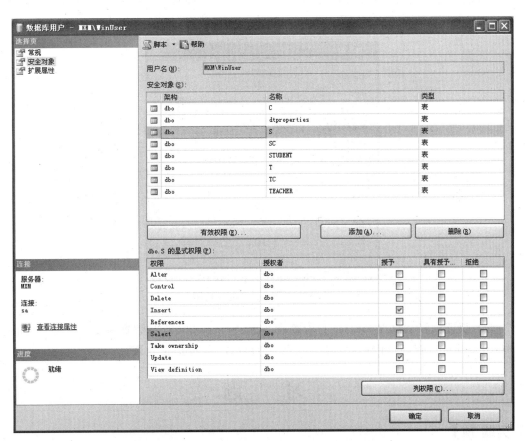

图 12-21　"数据库用户-MXM\WinUser"对话框

图 12-22　授予 Select 权限

（6）授予用户 WinUser 对数据库 jxsk 表 S 的列 SNO 的 UPDATE 权限。在"数据库用户-MXM\WinUser"对话框中，在"dbo. S 的显示权限"中选中 Update 行，再单击"列权限"按钮，弹出"列权限"对话框，选中 SNO 的"授予"列，如图 12-23 所示，单击"确定"按钮，返回"数据库用户-MXM\WinUser"对话框，单击"确定"按钮。

图 12-23　授予 Update 权限

（7）验证权限。以 WinUser 身份登录 SQL Server 2008，对数据库 jxsk 中表 S 的列 SNO 和 SN 进行查询；再对列 SNO 和 SN 进行修改，看看是否允许。

习　　题

【实验题】

1. 创建一个 Windows 认证的登录账号 NewUser，只允许该用户对数据库 jiaoxuedb

查询。

2. 创建一个 Windows 认证的登录账号 Student，并将其设置为系统管理员账号。

3. 创建一个 SQL Server 认证的登录账号 SQLTeacher，并将其设置允许使用数据库 jiaoxuedb 进行查询，对表 SC 中的列 Score 进行插入、修改、删除操作。

4. 创建一个 SQL Server 认证的登录账号 SQLAdmin，并将其设置允许使用数据库 jiaoxuedb 进行查询，对表 Student、Teacher、Course、TC、SC 中的非 Score 列进行插入、修改、删除操作。

5. 创建一个角色 NewStudent，使其具有对数据库 jiaoxuedb 进行任何操作的权限，并将上面创建的用户 NewUser、SQLAdmin、SQLTeacher 添加到此角色中。

【思考题】

1. 一个用户要访问数据库要经过哪几个安全认证阶段？

2. 创建登录账号时，是否可以直接指定它要访问的某个数据库用户账号？怎样设置？

3. 是否可以给数据表授予删除列对象的权限？为什么？

4. SQL Server 中在管理对象级许可权限方面，可以对哪些对象进行什么操作权限设定？

实验 13 SQL Server 事务设计

事务是一系列的数据库操作,是数据库应用程序的基本逻辑单元,是并发控制的基本单位。通过本实验,学习事务的概念、设计事务的基本思想,掌握事务的创建和运行的基本方法。

【知识要点】

1. 事务的基本概念

所谓事务是用户定义的一个数据库操作系列,这些操作要么都做要么都不做,是一个不可分割的工作单元。在关系数据库中,一个事务可以是一条 T-SQL 语句、一组 T-SQL 语句或整个程序。

2. 事务的特性

1) 原子性

事务必须是原子工作单元,对于其数据修改,要么全都执行,要么全都不执行。

2) 一致性

事务在完成时,必须使所有的数据都保持一致状态。在相关数据库中,所有规则都必须应用于事务的修改,以保持所有数据的完整性。事务结束时,所有的内部数据结构都必须是正确的。

3) 隔离性

由并发事务所做的修改必须与任何其他并发事务所做的修改隔离,即一个事务的执行不能被其他事务干扰,一个事务内部的操作及使用的数据对并发的其他事务是隔离的。SQL Server 中的并发控制就是为了保证事务间的隔离性。

4) 持久性

一个事务被提交执行之后,对于数据库中数据的更新是永久性的。该更新即使由于出现系统故障而受到破坏,DBMS 也可以恢复以保证事务更新的持久性。

3. 定义事务的语句

事务的开始与结束可以由用户用下列语句显示控制。

- BEGIN TRANSACTION。

- COMMIT。
- ROLLBACK。

4. 事务模式

1) 自动提交事务

每条单独的 T-SQL 语句都是一个事务。

2) 显式事务

每个事务均以 BEGIN TRANSACTION 语句显式开始,以 COMMIT 或 ROLLBACK 语句显式结束。

3) 隐性事务

在前一个事务完成时新事务隐式启动,但每个事务仍以 COMMIT 或 ROLLBACK 语句显式完成。

5. 事务控制

应用程序主要通过指定事务启动和结束的时间来控制事务。事务是在连接层进行管理。当事务在一个连接上启动时,在该连接上执行的所有的 T-SQL 语句在该事务结束之前都是该事务的一部分。

【实验目的】

- 理解和掌握事务的概念、特性以及事务的设计思想。
- 学习和掌握事务设计、执行的方法。

实验 13.1 设计并执行事务

【实验目的】

掌握事务的设计思想和方法。

【实验内容】

基于数据库 jiaoxuedb 进行下面设计。

(1) 设计并执行事务 1:将学生"陈东辉"的"计算机基础"课程成绩改为 77 分。

(2) 设计并执行事务 2:将课程"数据结构"的课号与"微机原理"的课号互换。

(3) 设计并执行事务 3:教师"许永军"退休,由他讲授的 2 门课程中,课程"微机原理"转给教师"张朋"讲授,"数据库"转给"李英"讲授。

【实验步骤】

1. 设计并执行事务 1

要求:将学生"陈东辉"的"计算机基础"课程成绩改为 77 分。

（1）打开查询编辑器窗口。

（2）创建事务1程序。在查询编辑器窗口中输入下列 T-SQL 程序，将学生"陈东辉"的"计算机基础"课程成绩改为 77 分。

```
BEGIN TRANSACTION
GO
USE jiaoxuedb
GO
UPDATE SC SET Score=77
WHERE Sno IN (SELECT Sno FROM Student WHERE Sname='陈东辉')
        AND Cno IN (SELECT Cno FROM Course
                        WHERE Cname='计算机基础')
GO
COMMIT
GO
```

（3）执行事务。单击工具栏中的 ⚡执行(X) 按钮，执行事务1，如图 13-1 所示。

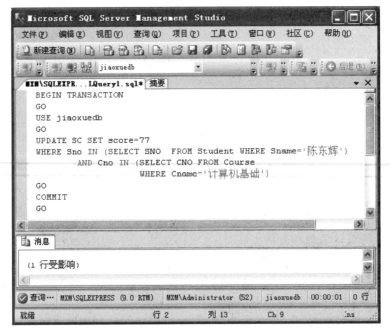

图 13-1   执行事务 1

（4）查看执行结果。打开数据库 jiaoxuedb 中的 SC 表，查看陈东辉的计算机基础课程的成绩已修改为 77 分。

2. 设计事务 2

要求：将课程"数据结构"的课号与"微机原理"的课号互换。

（1）打开查询编辑器窗口。

(2)查看课程表 Course 中的数据。打开数据库课程表 Course 的数据窗口,查看"数据结构"和"微机原理"的课号,如图 13-2 所示。

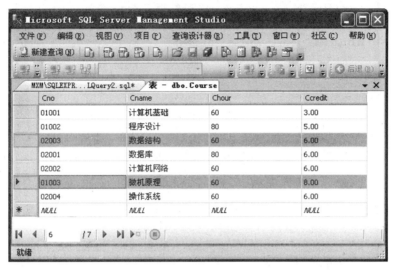

图 13-2   执行事务 2 前的数据库表 Course 数据

(3)创建事务 2 程序。在查询编辑器窗口中输入下列 T-SQL 事务程序:

```
BEGIN TRANSACTION
GO
USE jiaoxuedb
GO
DECLARE @cno1 char(5),@cno2 char(5)
SELECT @cno1=Cno FROM Course WHERE Cname='数据结构'
SELECT @cno2=Cno FROM Course WHERE Cname='微机原理'
UPDATE Course SET Cno=@cno1 WHERE Cname='微机原理'
UPDATE Course SET Cno=@cno2 WHERE Cname='数据结构'
GO
COMMIT
GO
```

注意:如果该事务程序中的数据库表 Course 已设置 Primary Key 和参照关系,则先去掉这些设置后,再执行该事务,之后再恢复这些设置。分析其原因。

(4)执行事务。单击工具栏中的 ! 执行(x) 按钮,执行事务 2,如图 13-3 所示。

(5)查看执行结果。打开数据库表 Course 的数据窗口,查看"数据结构"和"微机原理"的课号已经互换,如图 13-4 所示。

3. 设计事务 3

要求:教师"许永军"退休,由他讲授的 2 门课程中,课程"微机原理"转给教师"张朋"讲授,"数据库"转给"李英"讲授。

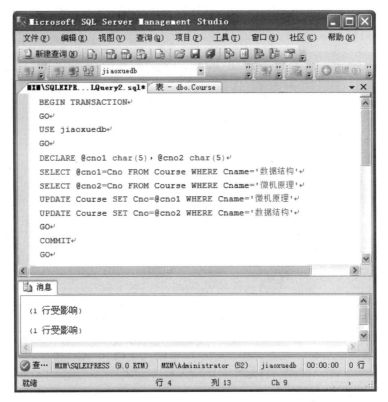

图 13-3　执行事务 2

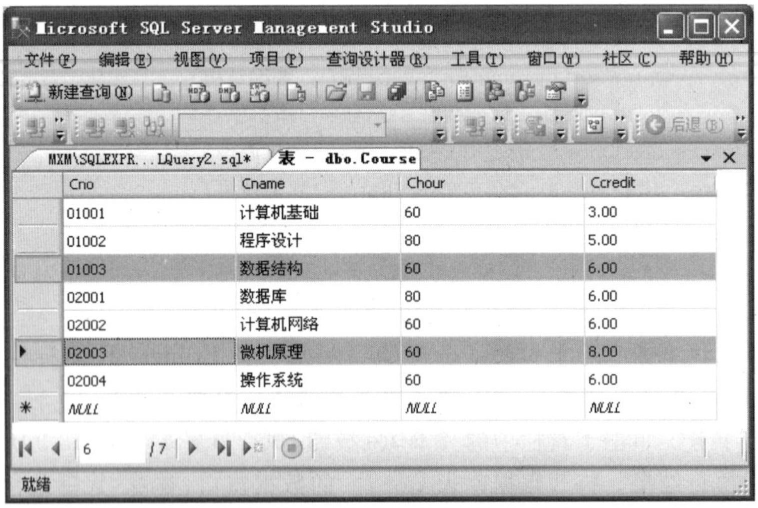

图 13-4　执行事务 2 后的 Course 数据

（1）打开查询编辑器窗口。

（2）查看课程表 Course 和授课表中的数据。打开数据库表 Course 和 TC 的数据窗口，查看许永军（Tno 为 000007）讲授的两门课"数据库"和"微机原理"的课号，分别是

02001 和 02003,如图 13-5 所示。

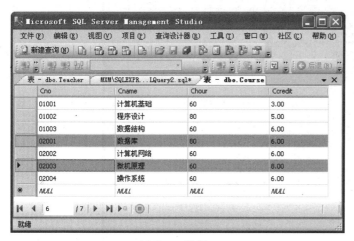

(a) Course 数据

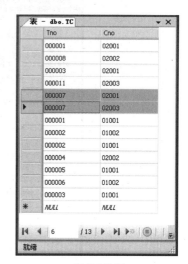

(b) TC 数据

图 13-5　执行事务 3 前的 Course 和 TC 数据

（3）创建事务 3 程序。在查询窗口中输入下列 T-SQL 事务程序,将教师"许永军"讲授的"微机原理"课程转给教师"张朋"讲授,"数据库"课程转给"李英"讲授。

```
BEGIN TRANSACTION
GO
USE jiaoxuedb
GO
DECLARE @cno char(5),@tno1 char(6),@tno2 char(6)
SELECT @tno1=Tno FROM Teacher WHERE Tname='许永军'
SELECT @tno2=Tno FROM Teacher WHERE Tname='张朋'
SELECT @cno=Cno FROM Course WHERE Cname='微机原理'
UPDATE TC SET Tno=@tno2 WHERE Tno=@tno1 AND Cno=@cno
SELECT @tno1=Tno FROM Teacher WHERE Tname='许永军'
SELECT @tno2=Tno FROM Teacher WHERE Tname='李英'
SELECT @cno=Cno FROM Course WHERE Cname='数据库'
UPDATE TC SET Tno=@tno2 WHERE Tno=@tno1 AND Cno=@cno
GO
COMMIT
GO
```

（4）执行事务 3。单击工具栏中的 ![执行] 按钮,执行上面的事务 3,如图 13-6 所示。

（5）查看课程表 TC 中的数据。打开表 TC 的数据窗口,查看教师号 000007 的两门课程记录的教师号分别改成了 000001(李英)和 000003(张朋),如图 13-7 所示。

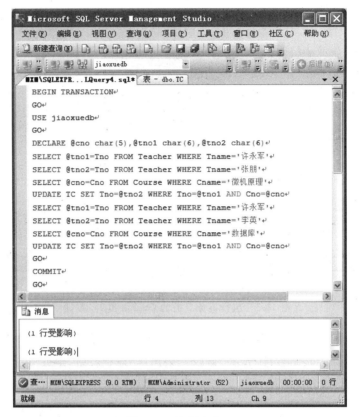

图 13-6　执行事务 3

图 13-7　执行事务 3 后的 TC 数据

实验 13.2　设计复杂事务

【实验目的】

掌握复杂事务的设计思想和方法。

【实验内容】

(1) 设计并执行事务 1。要求：学生"王一山"打算选修"计算机网络"课程，根据规定，此门课程选修的人数最多为 30 人，该生是否可以选修此门课程，给出结果提示。

(2) 设计并执行事务 2。要求：有一位名叫程前的男性副教授到计算机系应聘"数据结构"课程的任教工作。学校招聘原则是，若应聘人员是副教授以上职称且应聘课程目前的任课教师人数少于 2 人，则任聘成功，并把该教师的信息用当前最大的教师号加 1 录入数据库 jiaoxuedb 中；否则不予接纳。

【实验步骤】

1. 设计并执行事务 1

要求：学生"王一山"打算选修"计算机网络"课程，根据规定，此门课程选修的人数最多为 30 人，该生是否可以选修此门课程，给出结果提示。

(1) 打开查询编辑器窗口。

(2) 查看课程表 Course 和选课表 SC 中的数据。打开数据库表 Course 的数据窗口，查看课程"计算机网络"的课号是 02002，如图 13-8(a)所示。打开数据库表 SC 的数据窗口，查看选修课程"计算机网络"的学生人数，目前为 0 人，如图 13-8(b)所示。

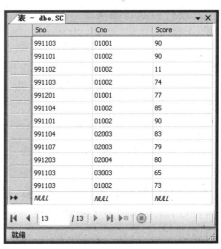

(a) 课程表 Course 中的数据　　　　　(b) 选课表 SC 中的数据

图 13-8　表 SC 中的数据

(3) 创建事务 1 程序。在查询编辑器窗口中输入下列 T-SQL 事务程序,为学生"王一山"选修"计算机网络"课程。

```
BEGIN TRANSACTION
GO
USE jiaoxuedb
GO
DECLARE @person_num tinyint,@cno char(5),@sno char(6)
SELECT @cno=Sno FROM Course WHERE Cname='计算机网络'
SELECT @sno=Sno FROM Student WHERE Sname='王一山'
SELECT @person_num =COUNT (*) FROM SC WHERE Cno=@cno
IF @person_num<30
BEGIN
    INSERT INTO SC(Sno, Cno) VALUES (@sno, @cno)
    COMMIT                          /*提交事务*/
    PRINT '王一山同学选修计算机网络课程注册成功!'
END
    ELSE
BEGIN
    ROLLBACK TRANSACTION            /*回滚事务*/
    PRINT '选修计算机网络课程的人数已满,王一山同学不能再选修此课程!'
END
GO
```

(4) 执行事务。单击工具栏中的 执行(X) 按钮,执行事务 1,如图 13-9 所示。

(5) 确认执行事务的结果。打开数据库中 jiaoxuedb 中选课表 SC 的数据窗口,如图 13-10 所示,可以看到王一山同学选修计算机网络课程成功。

2. 设计并执行事务 2

要求:有一位名叫程前的男性副教授到计算机系应聘"数据结构"课程的任教工作。学校招聘原则是,若应聘人员是副教授以上职称且应聘课程目前的任课教师人数少于 2 人,则任聘成功,并把该教师的信息用当前最大的教师号加 1 录入数据库 jiaoxuedb 中;否则不予接纳。

(1) 打开查询编辑器窗口。

(2) 查看课程表 Course、授课表 TC 和教师表 Teacher 中的数据。打开表 Course 的数据窗口,查看课程"数据结构"的课号是 01003,如图 13-11(a)所示;打开表 TC 的数据窗口,查看课程"数据结构"的任教人数,目前为 1 人,如图 13-11(b)所示;打开表 Teacher 的数据窗口,查看当前最大教师号是 000010,如图 13-11(c)所示。根据规定,程前应该可以应聘成功。

(3) 创建事务 2 程序。在查询编辑器窗口中输入下列 T-SQL 事务程序。

```
USE jiaoxuedb
GO
```

图 13-9　执行事务 1

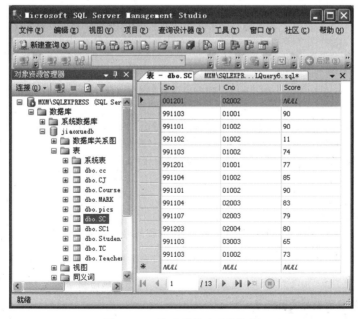

图 13-10　修改后的表 SC 数据

(a) 课程表 Course 数据

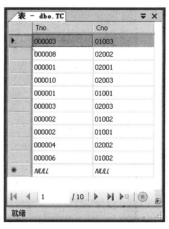

(b) 授课表 TC 数据

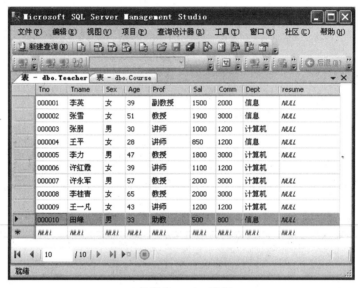

(c) 教师表 Teacher 数据

图 13-11　聘前表各数据库表的数据

```
DECLARE @person_num tinyint,@cno char(5),@tno1 char(6),@tno2 char(6),@tno3 int
SELECT @cno=Cno FROM Course WHERE Cname='数据结构'
SELECT @person_num=country(*) FROM TC WHERE Cno=@cno
IF @person_num=2
  BEGIN                                      /*不能招聘*/
    ROLLBACK TRANSACTION                     /*回滚事务*/
    PRINT '因数据结构课程的任课人数已满,故程前教师不能再应聘该课程岗位'
  END
ELSE
  BEGIN                                      /*接受应聘*/
    /*计算程前教师的教师号*/
    SELECT @tno1=Tno FROM Teacher ORDER BY tno
```

```
SELECT @tno3=@tno1+1
SELECT @tno2=REPLACE(@tno1,RIGHT(@tno1,LEN(@tno3)),@tno3)
/*把教师基本信息插入表 Teacher 中*/
INSERT INTO Teacher(Tno,Tname,Sex,Prof,Dept)
        VALUSE(@tno2,'程前','男','副教授','计算机')
/*把教师任课信息插入授课表 TC 中*/
INSERT INTO TC(Tno,Cno) VALUSE(@tno2,@cno)
COMMIT                              /*提交事务*/
PRINT '程前老师任聘数据结构课程成功!'
    END
GO
```

（4）执行事务。单击工具栏中的 ! 执行(x) 按钮，执行事务 2，如图 13-12 所示。执行结果是程前应聘成功。

图 13-12　执行事务 2

（5）查看执行结果。打开教师表 Teacher 和任课表 TC 的数据窗口，如图 13-13 所示。查看程前教师的信息已存在，教师号 Tno 是 000011，授课表 TC 中也有其授课记录。

(a) 程前的应聘记录　　　　　　(b) 程前的授课记录

图 13-13　程前的应聘和授课记录

习　　题

【实验题】

1. 编写一个事务，对于考试违纪的学生，对其采取考试成绩降一档次的处罚。考试成绩分为 5 档：优、良、中、及格、不及格。

2. 完成下面事务设计：对于发生教学事故的教师要进行罚款处理，假如用 X 表示罚款数额，编写一个罚款事务。要求：从被罚款的教师工资中扣除罚款额 X，若工资额大于或等于罚款额 X，则提交罚款，否则，扣除工资的一半作为罚款额，剩余罚款额以后再扣除，并修改显示剩余的罚款额 X。

3. 完成下面事务设计：某高校嘉奖优秀教师，增加津贴 500 元；若此教师为助教，则可破格将其晋升为讲师。获得优秀教师的条件是：至少任两门课程，并且每门课程的及格率为 100%，优秀率为 33%。

4. 设计一个事务，给所有在册的非新生学生增加 1 岁。要求：50 人作为一个事务提交一次。

【思考题】

1. 什么是事务？事务和程序是一个概念吗？

2. 解释语句 Rollback 和 Commit 的作用。

3. 为何使用事务？

实验 14　数据库备份和恢复

数据库恢复机制是数据库管理系统的重要组成部分,经常的备份可以有效防止数据丢失,使管理员能够把数据库从错误的状态恢复到已知的正确状态。本实验给出了几种备份和恢复的操作方法。

【知识要点】

1. 数据库备份和恢复概述

计算机系统的各种软硬件故障、用户误操作以及恶意破坏是不可避免的,这将影响数据的正确性甚至造成数据损失、服务器崩溃的致命后果。如果用户采取适当的备份策略适时备份,就能够把数据库从错误状态恢复到某一备份的已知的正确状态,这就是数据库管理系统提供的数据库备份恢复机制。

2. 故障类型

1) 事务内部的故障

事务内部的故障可以分为预期的和非预期的。对于预期的事务故障是可以通过事务程序本身发现的,可由程序判断是否提交或回滚事务来保证数据库的正确状态。对于非预期的事务故障,不能由事务程序处理,则要采用备份恢复机制来保证数据库的正确状态。

2) 系统故障

系统故障是指造成系统停止运转的任何事件,使得系统要重新启动。这类故障不破坏数据库,但所有运行事务都非正常终止,一些尚未完成的事务的结果可能已送入物理数据库,从而造成数据库可能处于不正确的状态。为保证数据的一致性,恢复子系统必须在系统重新启动时让所有非正常终止的事务回滚,强行撤销所有未完成的事务。另一方面,系统故障使得有些已完成的事务可能有一部分甚至全部留在缓冲区,尚未写回磁盘上的物理数据库中,使数据库处于不一致状态。所以系统重新启动后,恢复子系统还需要重做所有已提交的事务,使数据库恢复到一致状态。

3) 介质故障

介质故障称为硬故障(hard crash),如磁盘损坏、磁头碰撞、瞬时强磁场干扰等。这类故障将破坏数据库或部分数据库,并影响正在存取这部分数据的所有事务,是最严重的一种故障,恢复方法是重装数据库,然后重做已完成的事务。

4）计算机病毒

计算机病毒是一种人为的故障或破坏，是一些恶作剧者研制的一种计算机程序，它可以破坏数据库中的数据，甚至摧毁整个计算机系统。对计算机病毒的处理办法一般是通过杀毒软件检查、诊断、消灭计算机病毒。

3. 恢复技术的基本原理及实现技术

恢复的基本原理是数据冗余。也就是说，数据库中任何一部分被破坏的或不正确的数据可以根据存储在系统别处的冗余数据来重建。建立冗余数据最常用的技术是数据转储和登录日志文件。通常在一个数据库系统中，这两种方法是一起使用的。

4. 设置恢复模型

SQL Server 包括 3 种恢复模型，不同的恢复模型在 SQL Server 备份、恢复的方式和性能方面存在差异，而且采用不同的恢复模型对于避免数据损失的程度也是不同的。

1）简单恢复模型

使用简单恢复模型可以将数据库恢复到最新的备份，但无法将数据库还原到故障点或特定的检查点。

2）完全恢复模型

完全恢复模型是默认的恢复模型，在故障还原中具有最高的优先级。这种恢复模型使用数据库备份和日志备份，可以将数据库恢复到故障点状态。

3）大容量日志记录恢复模型

与完全恢复模型相似，大容量日志记录恢复模型使用数据库和日志备份来恢复数据库。该模型对某些大规模或大容量数据操作，如 Select Into、Create Index、bcp 及大批量装载数据、处理大值类型数据时，提供最佳性能和最少的日志使用空间。

各种恢复模型与备份类型的关系如表 14-1 所示。

表 14-1 恢复模型与备份类型的关系

恢复模型	备份类型			
	完全备份	差异备份	日志备份	文件或文件组备份
简单	必需	可选	不允许	不允许
完全	必需（或文件备份）	可选	必需	可选
大容量日志记录	必需（或文件备份）	可选	必需	可选

5. 数据库备份的类型

使用 SQL Server 可以决定如何在备份设备上创建备份，如可以重写过期的备份或者将新备份追加到备份媒体上。

1）完全备份

使用此种数据库备份方式，SQL Server 将备份数据库的所有数据文件和在备份过程中发生的任何活动。

2）差异备份

差异备份只备份自最近一次完全数据库备份以来被修改的那些数据。所以差异备份依赖完全数据库备份。系统出现故障时,首先恢复完全数据库备份,然后恢复差异备份。

3）日志备份

日志备份是备份自上次事务日志备份后到当前事务日志末尾的部分。使用事务日志备份将数据库恢复到特定的检查点或故障点。若采用此种备份必须设置数据库恢复模型为完全或大容量日志记录恢复模式。系统出现故障时,首先恢复完全数据库备份,然后恢复日志备份。

4）文件/文件组备份

当用户拥有超大型数据库即拥有多个数据文件、多个文件组的时候,或者每天 24 小时数据都在变化,应当执行数据库文件或文件组备份,并且必须执行事务日志备份。

6. 恢复数据库的方法

（1）从完全数据库备份中恢复。

（2）从差异备份中恢复。

（3）从日志备份中恢复。

（4）从文件或文件组备份中恢复。

（5）直接复制文件的备份和恢复。

7. 备份和恢复数据库的 T-SQL 语句

1）备份数据库的 T-SQL 语句

```
BACKUP DATABASE @database_name
TO <备份设备>
[WITH
  [[,] DESCRIPTON = @text]
  [[,] DIFFERENTIAL]
  [[,] EXPIREDATE = @date]
  [[,] MEDIAPASSWORD = @mediapassword]
  [[,] PASSWORD = @password]
  [[,] INIT | NOINIT]
  [[,] NAME = @backup_set_name]
]
```

2）恢复数据库的 T-SQL 语句

```
RESTORE DATABASE   @database_name
FROM   <备份设备>
[WITH
  [[,] MEDIAPASSWORD = @mediapassword]
```

```
[[,] PASSWORD =@password]
[[,] MOVE  'logical_file_name'  TO  'operating_system_file_name']
[[,] {NORECOVERY | RECOVERY |STANDBY =undo_file_name }]
[[,] REPLACE]
[[,] RESTART]
]
```

【实验目的】

- 掌握数据库备份的几种操作方法。
- 掌握数据库恢复的几种操作方法。
- 理解和掌握数据库备份和恢复机制的作用。
- 理解和掌握数据库备份和恢复机制的实现技术。

实验 14.1　完全数据库备份与简单恢复

【实验目的】

- 理解和掌握简单恢复模型的一种策略：完全数据库备份与简单恢复。
- 掌握使用企业管理器执行完全数据库备份及其简单恢复的方法。
- 掌握使用 T-SQL 执行完全数据库备份及其简单恢复的方法。

【实验内容】

(1) 交互式进行完全数据库备份及其简单恢复。要求交互式按序完成下列操作。操作 1：对现有数据库 jiaoxucdb 执行完全备份 Fullbackup_jiaoxucdb1；操作 2：将学生张彬的记录数据从表 Student 中删除；操作 3：执行恢复，将数据库恢复到操作 2 之前的状态。

(2) 使用 T-SQL 执行完全数据库备份及其简单恢复。要求使用 T-SQL 按序完成下列操作。操作 1：对现有数据库 jiaoxuedb 执行完全备份 Fullbackup_backup2；操作 2：将张彬同学的名字改为张斌；操作 3：执行恢复，将数据库恢复到操作 2 之前的状态。

【实验步骤】

1. 交互式执行完全数据库备份及其简单恢复

(1) 操作 1：对现有数据库 jiaoxuedb 执行完全备份 Fullbackup_jiaoxuedb1。

① 启动 Microsoft SQL Server Management Studio。

② 查看表 Student 中的数据。打开表 Student 的数据窗口，查看"张彬"记录存在，如图 14-1 所示。

③ 选择备份命令。选择"数据库"文件夹，右击 jiaoxuedb，在打开的快捷菜单中选择"任务"→"备份"选项，如图 14-2 所示，打开"备份数据库"窗口，如图 14-3 所示。

图 14-1 备份前表 Student 数据

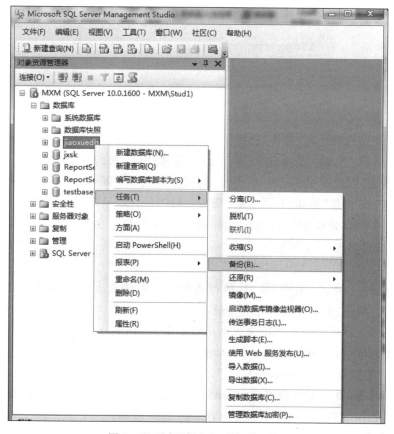

图 14-2 选择"任务"→"备份"选项

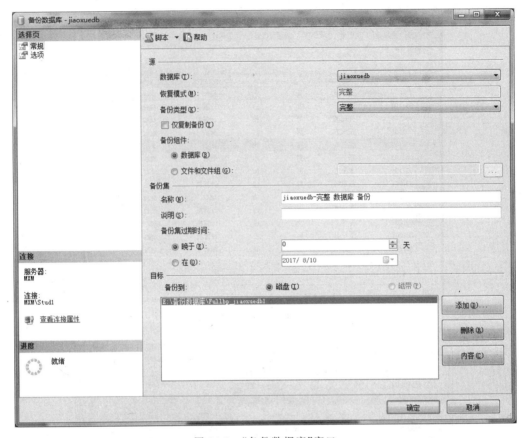

图 14-3 "备份数据库"窗口

① 设置备份选项。在"常规"选择页中,进行如下设置:源"数据库"选择 jiaoxuedb,"备份类型"选择"完整","备份组件"选择"数据库",备份集的"名称"自动显示为"jiaoxuedb 完整 数据库 备份",目标备份到选择"磁盘",在备份文件列表框中删除系统给出的文件。单击"添加"按钮,打开"选择备份目标"对话框,单击"文件名"文本框右侧的按钮…,打开"备份设置位置"对话框,选择备份文件名路径为 E:\备份数据库\Fullbp_jiaoxuedb1,结果如图 14-4 所示。单击"确定"按钮,返回"备份数据库"窗口,如图 14-3 所示。

⑤ 执行备份。单击"确定"按钮,执行备份。如果备份成功,系统显示成功提示,如图 14-5 所示。单击"确定"按钮,完成备份。

(2) 操作 2:将学生张彬的记录数据从数据库表 Student 中删除。

① 启动 Microsoft SQL Server Management Studio。

② 选择"数据库"→jiaoxuedb→"表"。

③ 打开表 Student 的数据窗口,选择"张彬"的记录,右击,在打开的快捷菜单中选择"删除"选项,数据库表 Student 的当前内容如图 14-6 所示。

(3) 操作 3:执行恢复,将数据库恢复到操作 2 之前的状态。

① 选择还原选项。在 SQL Server Management Studio 中,右击"数据库",在打开的

SQL Server 实验指导(第 4 版)

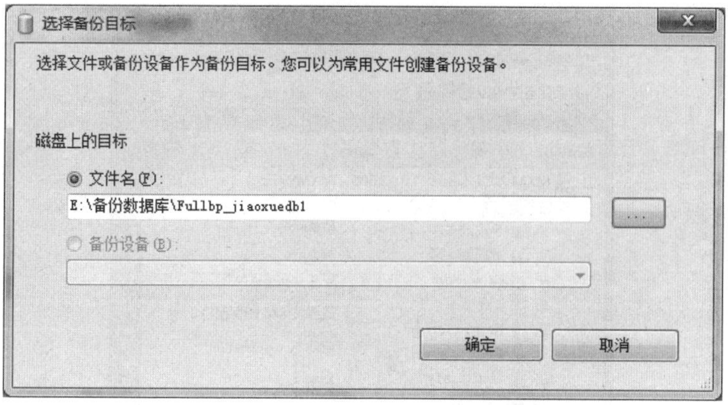

图 14-4 "选择备份目标"对话框

图 14-5 备份成功提示

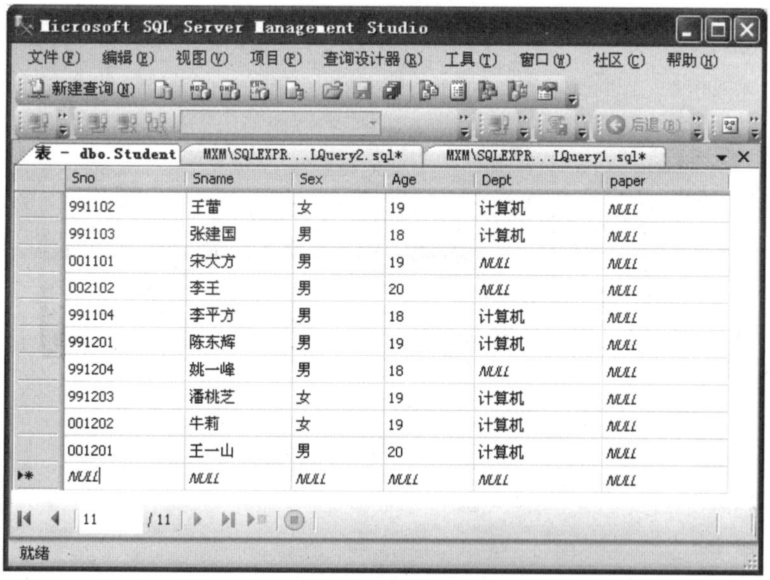

Sno	Sname	Sex	Age	Dept	paper
991102	王蕾	女	19	计算机	NULL
991103	张建国	男	18	计算机	NULL
001101	宋大方	男	19	NULL	NULL
002102	李王	男	20	NULL	NULL
991104	李平方	男	18	计算机	NULL
991201	陈东辉	男	19	计算机	NULL
991204	姚一峰	男	18	NULL	NULL
991203	潘桃芝	女	19	计算机	NULL
001202	牛莉	女	19	计算机	NULL
001201	王一山	男	20	计算机	NULL
NULL	NULL	NULL	NULL	NULL	NULL

图 14-6 操作 2 完成后的 Student 数据

快捷菜单中选择"还原数据库"选项,如图 14-7 所示,打开"还原数据库—jiaoxuedb"对话框。

② 设置还原选项。对"常规"选择页中的内容进行设置:在"目标数据库"下拉列表中选择 jiaoxuedb,在"源数据库"下拉列表中选择 jiaoxuedb;查看"选择用于还原的备份

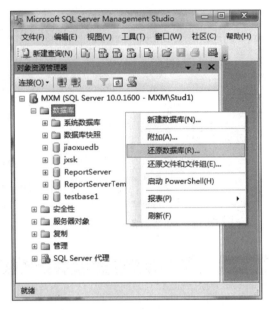

图 14-7 选择"还原数据库"选项

集"列表中显示的步骤(1)备份的文件集信息,如图 14-8 所示。单击"选项"选择页,勾选"覆盖现有数据库"复选框,查看其他选项设置,如图 14-9 所示。

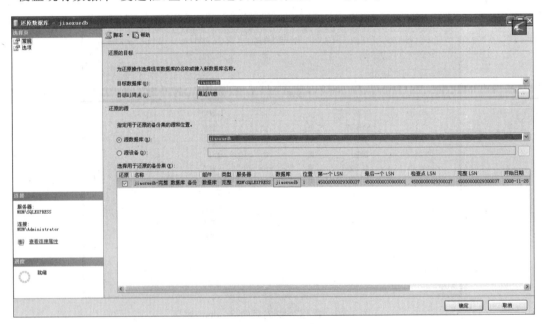

图 14-8 设置还原数据库常规选项

③ 执行还原。单击"确定"按钮,执行还原,如果还原成功,系统显示如图 14-10 所示的对话框。单击"确定"按钮,还原完成。

④ 验证还原结果。在 SQL Server Management Studio 中,打开表 Student 的数据窗

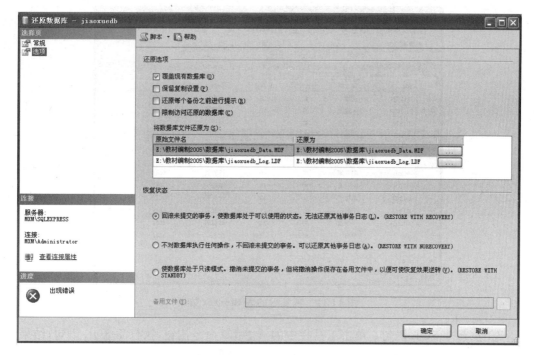

图 14-9　设置还原数据库选项窗口

图 14-10　系统提示窗口

口,查看张彬记录已恢复存在,如图 14-11 所示。

2. 使用 T-SQL 执行完全数据库备份及其简单恢复

(1)操作 1:对现有数据库 jiaoxuedb 执行完全备份 Fullbackup_jiaoxuedb2。

① 查看表 Student 中的数据。在 SQL Server Management Studio 中,打开表 Student 的数据窗口,查看张彬记录,如图 14-11 所示。

② 创建完全备份的 T-SQL 语句。打开查询编辑器窗口,输入下列 T-SQL 语句,创建数据库 jiaoxuedb 的完全备份 Fullbackup_jiaoxuedb2。

```
USE jiaoxuedb
GO
BACKUP DATABASE jiaoxuedb
    TO DISK='E:\备份数据库\Fullbackup_jiaoxuedb2'
    WITH INIT
GO
```

图 14-11　恢复后的表 Student 数据

③ 执行 T-SQL 语句。单击工具栏中的 ![执行(X)] 命令按钮,执行 T-SQL 语句,结果如图 14-12 所示,成功创建数据库 jiaoxuedb 的完全备份 Fullbackup_jiaoxuedb2。

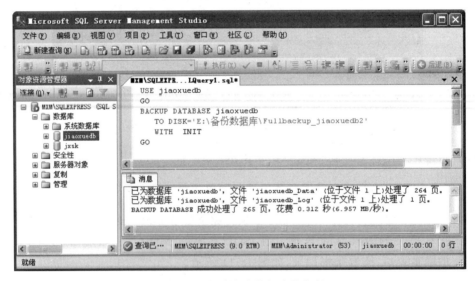

图 14-12　创建完全数据库的备份

(2) 操作 2:将张彬同学的名字改为张斌。

① 在查询编辑器窗口中,输入下列 T-SQL 语句,把张彬的名字改为张斌。

```
USE jiaoxuedb
GO
UPDATE Student SET Sname='张斌'WHERE Sname='张彬'
GO
```

② 执行 T-SQL 语句,结果如图 14-13 所示。

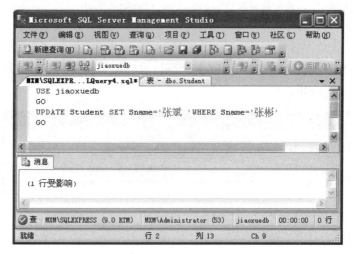

图 14-13 修改张彬姓名的 T-SQL 语句

③ 验证数据库表 Student。打开表 Student 的数据窗口,查看张彬的姓名已改为张斌,如图 14-14 所示。关闭数据表。

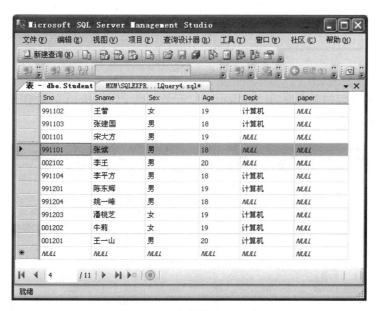

图 14-14 张彬修改成张斌

(3) 操作 3:执行恢复,将数据库恢复到操作 2 之前的状态。

① 创建完全恢复的 T-SQL 语句。打开查询编辑器窗口,输入下列 T-SQL 语句,还原数据库 jiaoxuedb 至完全备份 Fullbackup_jiaoxuedb2。

```
USE master
GO
```

```
RESTORE DATABASE jiaoxuedb
    FROM DISK='E:\备份数据库\Fullbackup_jiaoxuedb2'
    WITH REPLACE
GO
```

② 执行 T-SQL 语句，结果如图 14-15 所示，成功从完全备份 Fullbackup_jiaoxuedb2 中还原数据库 jiaoxuedb。

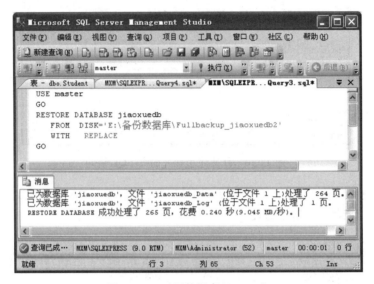

图 14-15　还原数据库 jiaoxuedb

③ 验证还原后的数据库表 Student。打开数据库表 Student 的数据窗口，可以看到张斌的姓名又恢复为张彬，如图 14-16 所示。

Sno	Sname	Sex	Age	Dept	paper
991102	王蕾	女	19	计算机	NULL
991103	张建国	男	18	计算机	NULL
001101	宋大方	男	19	NULL	NULL
991101	张彬	男	18	NULL	NULL
002102	李壬	男	20	NULL	NULL
991104	李平方	男	18	计算机	NULL
991201	陈东辉	男	19	NULL	NULL
991204	姚一峰	男	18	NULL	NULL
991203	潘桃芝	女	19	计算机	NULL
001202	牛莉	女	19	计算机	NULL
001201	王一山	男	20	计算机	NULL
* NULL	NULL	NULL	NULL	NULL	NULL

图 14-16　回复后的 Student 数据

SQL Server 实验指导(第 4 版)

④ 关闭数据库表。

实验 14.2　差异数据库备份与简单恢复

【实验目的】

- 理解和掌握简单恢复模型的一种策略：数据库备份、差异数据库备份与简单恢复。
- 掌握交互式执行数据库差异备份及其恢复的方法。
- 掌握使用 T-SQL 执行数据库差异备份及其恢复的方法。

【实验内容】

(1) 交互式执行数据库差异备份及其恢复。要求：操作 1，为数据库 jiaoxuedb 创建一个完全数据库备份 Fbackup_jiaoxuedb1；操作 2，把表 SC 中学号 001201 学生的 02002 号课程成绩从 NULL 修改为 88；操作 3，差异备份当前数据库 Dbackup_jiaoxuedb1；操作 4，把表 SC 中学号 001201 学生的 02002 号课程记录删除；操作 5：把数据库 jiaoxuedb 恢复到操作 2 完成后的状态。

(2) 使用 T-SQL 执行数据库差异备份及其恢复。要求：操作 1，为数据库 jiaoxuedb 创建一个完全数据库备份 Fbackup_jiaoxuedb2；操作 2，把表 SC 中学号 001201 学生的 02002 号课程记录删除；操作 3，差异备份当前数据库 Dbackup_jiaoxuedb2；操作 4，向表 SC 中插入学号为 001201、课号为 02002、成绩为 79 的一条新记录；操作 5，把数据库 jiaoxuedb 恢复到操作 2 完成后的状态。

【实验步骤】

1. 交互式执行数据库差异备份及其恢复

(1) 操作 1：为数据库 jiaoxuedb 创建一个完全数据库备份 Fbackup_jiaoxuedb1。

① 启动 Microsoft SQL Server Management Studio。

② 查看表 SC 中的数据。打开表 SC 的数据窗口，查看学号 001201 学生的 02002 号课程记录，如图 14-17 所示。

③ 选择备份命令。选择"数据库"，右击 jiaoxuedb，在打开的快捷菜单中选择"任务"→"备份"选项，如图 14-18 所示，打开"备份数据库"窗口，如图 14-19 所示。

④ 设置完全数据库备份选项。对"常规"选择页中的内容进行设置：在源"数据库"中选择待备份的数据库 jiaoxuedb；在"备份类型"中选择"完整"；在备份集"名称"中自动显示"jiaoxuedb-完整 数据库 备份"；在目标"备份到"中选择"磁盘"，删除列表框中的内容，单击"添加"按钮，打开"选择备份目标"对话框，单击"文件名"文本框右侧的按钮 ，打开"备份设备位置"对话框，选择备份文件路径名为 D:\ 备份数据库 \ Fbackup_jiaoxuedb1，结果如图 14-20 所示。单击"确定"按钮，返回"备份数据库"窗口，查看其他选项设置，如图 14-19 所示。

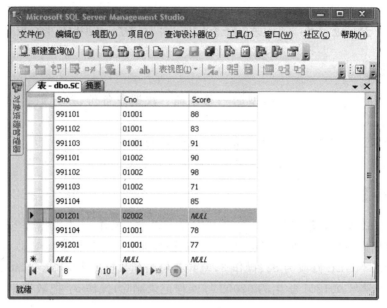

图 14-17　表 SC 备份前数据

图 14-18　备份数据库

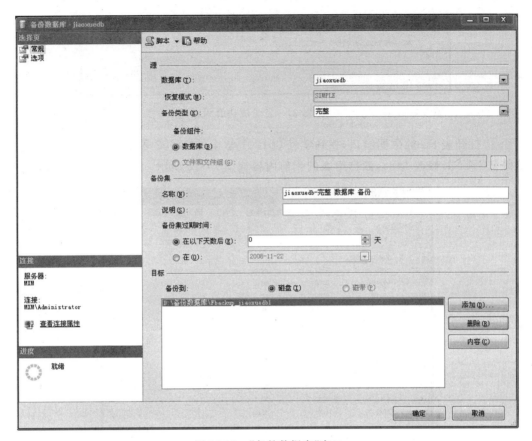

图 14-19 "备份数据库"窗口

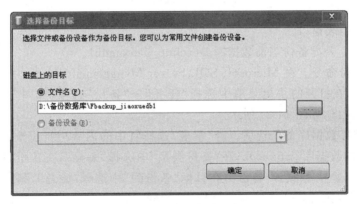

图 14-20 选择备份文件

⑤ 执行备份。单击"确定"按钮,执行备份。如果备份成功,系统显示如图 14-21 所示的提示窗口。单击"确定"按钮,完成备份。

(2) 操作 2:把表 SC 中学号 001201 学生的 02002 号课程成绩从 NULL 修改为 88。

① 在 Microsoft SQL Server Management Studio 中,选择"数据库"→jiaoxuedb→"表"。

图 14-21　备份成功提示

② 打开表 SC 的数据窗口,找到学号 001201 学生的 02002 号课程记录,交互式将其成绩从 NULL 修改为 88,数据库表的当前内容如图 14-22 所示。

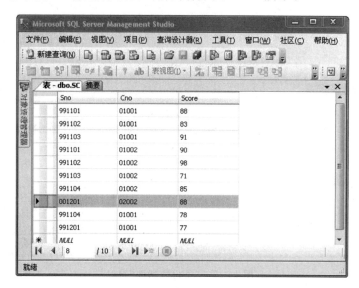

图 14-22　修改成绩为 88

③ 关闭数据表窗口。

(3) 操作 3:差异备份当前数据库 Dbackup_jiaoxuedb1。

① 选择备份命令。在 Microsoft SQL Server Management Studio 中选择"数据库",右击 jiaoxuedb,在打开的快捷菜单中选择"任务"→"备份"选项,如图 14-23 所示,打开"备份数据库"窗口,如图 14-24 所示。

② 设置差异数据库备份选项。对"常规"选择页中的内容进行设置:在源"数据库"中选择待备份的数据库 jiaoxuedb;在"备份类型"中选择"差异";在备份集"名称"中自动显示"jiaoxuedb-差异 数据库 备份";在目标"备份到"中选择"磁盘",删除列表框中的内容,单击"添加"按钮,打开"选择备份目标"对话框,如图 14-25 所示。单击"文件名"文本框右侧的按钮 ,打开"备份设备位置"对话框,选择备份文件路径名为 D:\备份数据库\Dbackup_jiaoxuedb1,结果如图 14-25 所示。单击"确定"按钮,返回"备份数据库"窗口,查看其他选项,如图 14-24 所示。

③ 执行差异备份。单击"确定"按钮,执行备份。如果备份成功,系统显示如图 14-26所示的对话框。单击"确定"按钮,完成差异备份。

(4) 操作 4:把表 SC 中学号 001201 学生的 02002 号课程记录删除。

图 14-23　备份数据库

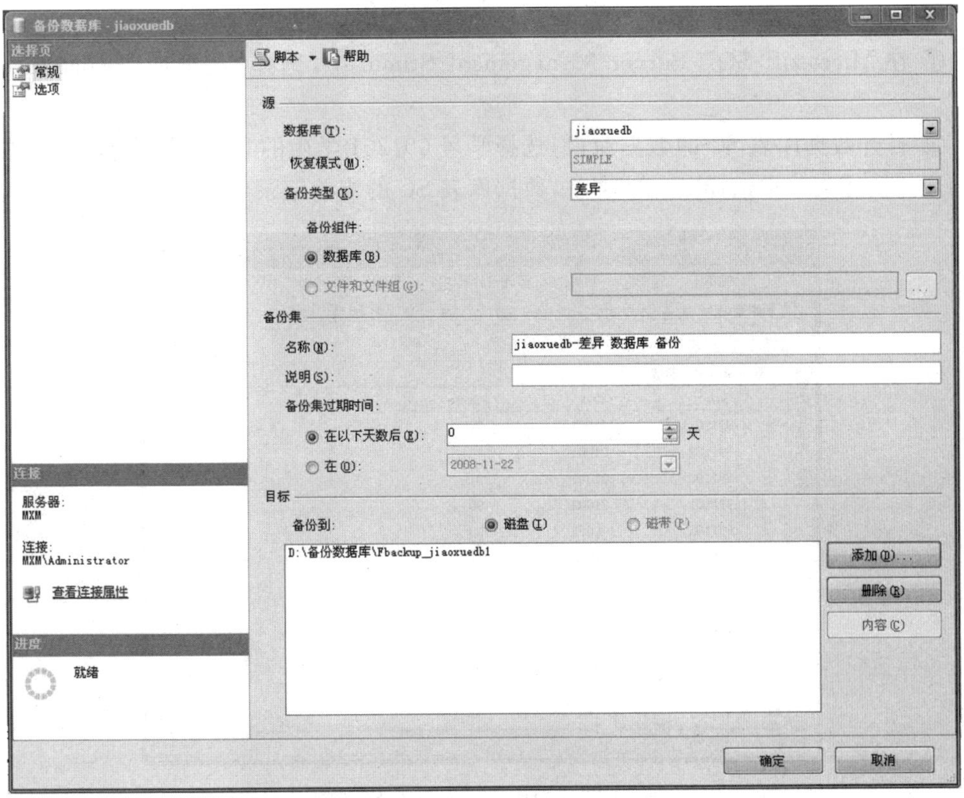

图 14-24　"备份数据库"窗口

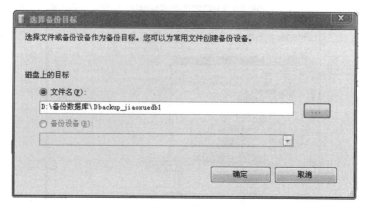

图 14-25 "选择备份目标"对话框

图 14-26 备份成功提示

① 在 Microsoft SQL Server Management Studio 中,选择"数据库"→jiaoxuedb→ "表"。

② 打开数据库表 SC 的数据窗口,选择学号 001201 学生的 02002 号课程记录,右击,在打开的快捷菜单中选择"删除"选项,数据库表 SC 的当前记录数据如图 14-27 所示。

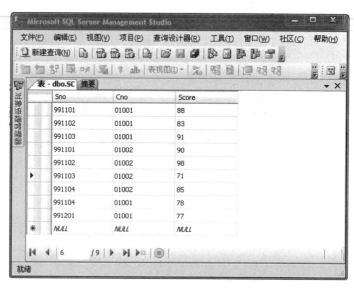

图 14-27 操作 4 完成后的 SC 数据

③ 关闭数据库表窗口。

SQL Server 实验指导(第 4 版)

(5) 操作 5：把数据库恢复到操作 2 完成后的状态。

① 打开还原窗口。在 Microsoft SQL Server Management Studio 中，右击"数据库"，在打开的快捷菜单中选择"还原数据库"选项，打开"还原数据库"窗口。

② 设置还原数据库选项。对"常规"选择页中的内容进行设置：在"目标数据库"下拉列表中选择 jiaoxuedb；在"源数据库"下拉列表中选择 jiaoxuedb，查看"选择用于还原的备份集"列表中的备份文件，如图 14-28 所示。单击"选项"选择页，在"还原选项"中选择"覆盖现有数据库"，查看该页中的各种选项。

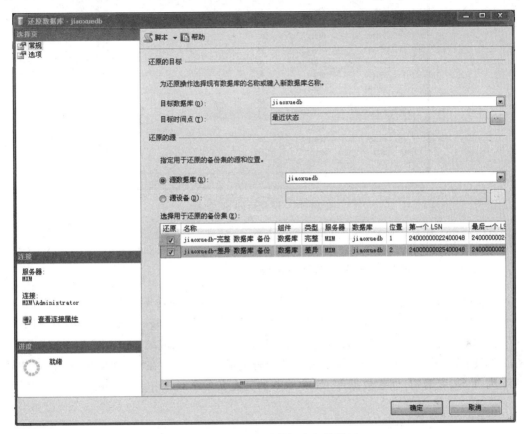

图 14-28　还原差异数据库备份设置

③ 执行还原。单击"确认"按钮，执行还原，如果还原成功，系统显示提示对话框，如图 14-29 所示。单击"确定"按钮，还原完成。

图 14-29　系统提示信息

④ 验证还原结果。在 Microsoft SQL Server Management Studio 中，打开表 SC 的数据窗口，如图 14-30 所示。可以看到操作 4 删除的学号 001201 课号 02002 的记录已恢复存在。数据库 jiaoxuedb 已恢复到操作 2 完成后的状态。

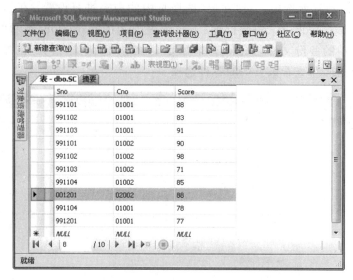

图 14-30　恢复后的 SC 数据

⑤ 关闭数据表。

2. 使用 T-SQL 执行数据库差异备份及其恢复

（1）操作 1：为数据库 jiaoxuedb 创建一个完全数据库备份 Fbackup_jiaoxuedb2。

① 查看表 SC 中的数据。在 Microsoft SQL Server Management Studio 中，打开表 SC 的数据窗口，查看存在记录：学号 001201、课程号 02002、成绩 88，如图 14-30 所示。

② 创建完全备份的 T-SQL 语句。打开查询编辑器窗口，在"查询编辑器"窗口中输入下列 T-SQL 语句，创建数据库 jiaoxuedb 的完全备份 Fbackup_jiaoxuedb2。

```
USE jiaoxuedb
GO
BACKUP DATABASE jiaoxuedb
    TO DISK='D:\备份数据库\Fbackup_jiaoxuedb2'
    WITH INIT
GO
```

③ 执行 T-SQL 语句。执行程序如图 14-31 所示，成功创建数据库 jiaoxuedb 的完全备份 Fbackup_jiaoxuedb2。

（2）操作 2：把表 SC 中学号为 001201 课程号为 02002 的记录删除。

① 创建 T-SQL 语句。打开一个查询编辑器窗口，在查询编辑器窗口中输入下列 T-SQL 语句，删除选程记录：学号 001201、课号 02002。

```
USE jiaoxuedb
```

图 14-31　执行完全备份 jiaoxuedb 的 T-SQL 语句

```
GO
DELETE FROM SC WHERE Sno='001201' AND Cno='02002'
GO
```

② 执行 T-SQL 语句。单击工具栏中 ! 执行(X) 按钮执行 T-SQL 语句,如图 14-32 所示,成功删除学号是 001201、课号是 02002、成绩是 79 的记录。

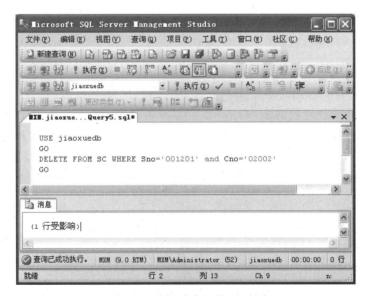

图 14-32　执行删除选课记录语句

③ 查看表 SC 的当前内容。在"对象资源管理器"窗格中,选择表 SC,打开其数据表,如图 14-33 所示,可以看到学号为 001201、课程号为 02002 的记录已不存在。

④ 关闭数据库表 SC。

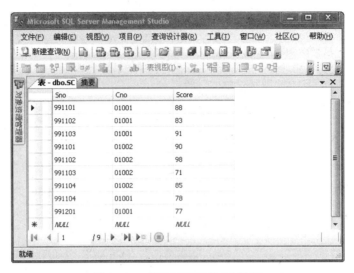

图 14-33 删除记录后的 SC 数据

（3）操作 3：差异备份当前数据库 Dbackup_jiaoxuedb2。

① 创建差异数据库备份的 T-SQL 语句。打开查询编辑器窗口，在查询编辑器窗口中输入下列 T-SQL 语句，创建数据库 jiaoxuedb 的一个差异备份 Dbackup_jiaoxuedb2。

```
USE jiaoxuedb
GO
BACKUP DATABASE jiaoxuedb
    TO DISK='D:\备份数据库\Dbackup_jiaoxuedb2'
    WITH DIFFERENTIAL
GO
```

② 执行 T-SQL 语句。单击工具栏中的 ! 执行(X) 命令按钮，执行 T-SQL 语句，如图 14-34 所示，成功创建数据库 jiaoxuedb 的差异备份 Dbackup_jiaoxuedb2。

（4）操作 4：向表 SC 中插入学号为 001201、课号为 02002、成绩是 79 的一条新记录。

① 创建插入 T-SQL 语句。打开查询编辑器窗口，在查询编辑器窗口中输入下列 T-SQL 语句，向表 SC 中插入学号是 001201、课号是 02002、成绩是 79 的记录。

```
USE jiaoxuedb
GO
INSERT INTO SC VALUES('001201','02002',79)
GO
```

② 执行 T-SQL 语句，如图 14-35 所示，成功插入学号是 001201、课号是 02002、成绩是 79 的记录。

（5）操作 5：把数据库 jiaoxuedb 恢复到操作 2 完成后的状态。

① 创建简单恢复的 T-SQL 语句。打开查询编辑器窗口，在查询编辑器窗口中输入下列 T-SQL 语句，恢复数据库 jiaoxuedb 至它的差异备份 Dbackup_jiaoxuedb2。

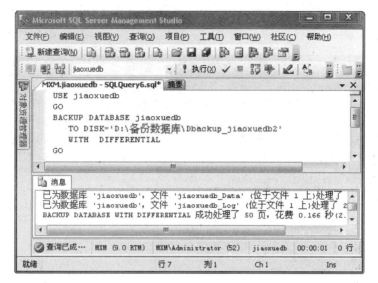

图 14-34　执行差异备份的 jiaoxuedb 的 T-SQL

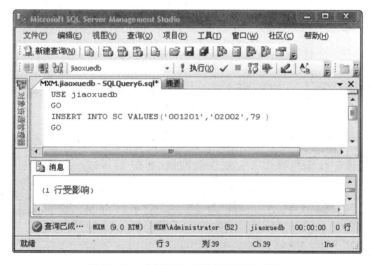

图 14-35　执行插入记录的 T-SQL 语句

```
USE master
GO
RESTORE DATABASE jiaoxuedb
  FROM DISK='D:\备份数据库\Fbackup_jiaoxuedb2'
  WITH NORECOVERY
GO
RESTORE DATABASE jiaoxuedb
  FROM DISK='D:\备份数据库\Dbackup_jiaoxuedb2'
  WITH REPLACE
GO
```

② 执行 T-SQL 语句,如图 14-36 所示,成功恢复数据库 jiaoxuedb 到操作 2 完成后的状态。

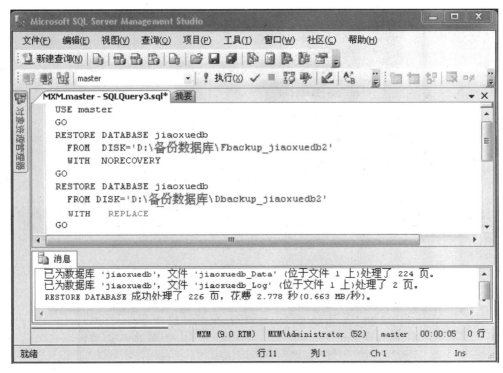

图 14-36　执行数据库恢复

③ 验证恢复后的数据库。在"对象资源管理器"窗格中,打开数据库表 SC 的数据窗口,可以看到该表中数据与操作 2 完成后的数据(如图 14-33 所示)完全一样。

实验 14.3　事务日志备份与完全恢复

【实验目的】

- 理解和掌握完全恢复模型的一种策略:数据库备份、事务日志备份与完全恢复。
- 掌握交互式完全恢复模型策略的实现方法。

【实验内容】

1. 对数据库 jiaoxuedb 实施备份

(1) 对数据库 jiaoxuedb 进行完全备份 Fbackup_jiaoxuedb。

(2) 对 jiaoxuedb 中的表 Student 进行下面操作。

① 删除学生李平方的记录。

② 修改学生王蕾的系别"计算机"为"信息"。

（3）备份当前活动日志文件为 Lbackup_jiaoxuedb。

（4）对其中的表 Student 进行下面操作。

① 修改王一山同学的系别为"信息"。

② 把张建国同学的系别"计算机"修改为"数字媒体"。

2. 将数据库 jiaoxuedb 恢复到"修改王一山同学的系别为信息"之前的状态

采用完全恢复模型恢复数据库 jiaoxuedb。

【实验步骤】

1. 对数据库 jiaoxuedb 实施备份

（1）对数据库 jiaoxuedb 进行完全备份 Fbackup_jiaoxuedb。

① 在 Microsoft SQL Server Management Studio 中打开数据库 jiaoxuedb 中的数据库表 Student，查看其中的记录，如图 14-37 所示。

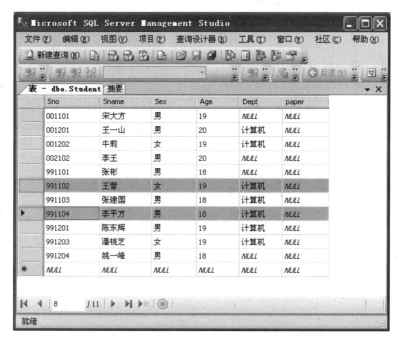

图 14-37　表 Student 数据

② 选择备份命令。在 Microsoft SQL Server Management Studio 中选择"数据库"，右击 jiaoxuedb，在打开的快捷菜单中选择"任务"→"备份"选项，如图 14-38 所示，打开"备份数据库"窗口，如图 14-39 所示。

③ 设置完全数据库备份选项。对"常规"选择页中的内容进行设置：在源"数据库"中选择待备份的数据库 jiaoxuedb；在"备份"类型中选择"完整"；在备份集"名称"中自动显示"jiaoxuedb-完全 数据库 备份"；在目标"备份到"中选择"磁盘"，删除列表框中的内容，单击"添加"按钮，打开"选择备份目标"对话框，单击"文件名"文本框右侧的按钮 ___，

图 14-38　选择"任务"→"备份"选项

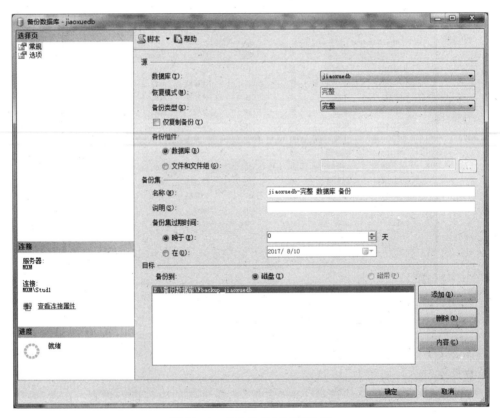

图 14-39　完全备份"常规"设置

打开"备份设备位置"对话框,选择备份文件名路径为 E:\备份数据库\Fbackup_
jiaoxuedb,结果如图 14-40 所示。单击"确定"按钮,返回"备份数据库"窗口,如图 14-39
所示。单击"选项"选择页,在"覆盖媒体"中选择"备份到现有媒体集""覆盖所有现有备份
集"单选按钮,再查看其他选项设置,如图 14-41 所示。

图 14-40 "选择备份目标"对话框

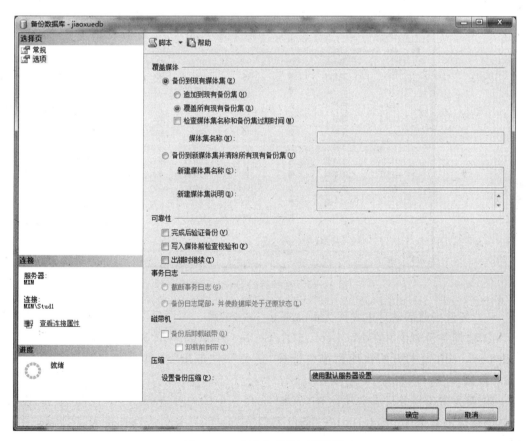

图 14-41 完全备份"选项"设置

④ 执行备份。单击"确定"按钮,执行备份,如果备份成功,系统显示如图 14-42 所示对话框。单击"确定"按钮,完成备份。

图 14-42　备份成功提示

(2) 对 jiaoxuedb 中的表 Student 进行下面操作。

① 删除学生李平方的记录。

② 把学生王蕾的系别"计算机"修改为"信息"。

更新后的表 Student 数据如图 14-43 所示。

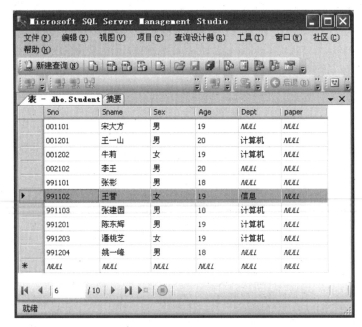

图 14-43　更新后的 Student 数据

(3) 备份当前活动日志文件为 Lbackup_jiaoxuedb。

① 选择备份命令。在 Microsoft SQL Server Management Studio 中选择"数据库",右击 jiaoxuedb,在打开的快捷菜单中选择"任务"→"备份"选项,如图 14-38 所示,打开"备份数据库"窗口,如图 14-44 所示。

② 设置备份事务日志选项。对"常规"选择页中的内容进行设置:在源"数据库"中选择待备份的数据库 jiaoxuedb;在"备份类型"中选择"事务日志";在备份集"名称"中自动显示"jiaoxuedb-事务日志 备份";在目标"备份到"中选择"磁盘",删除列表框中的内容,单击"添加"按钮,打开"选择备份目标"对话框,单击"文件名"文本框右侧的按钮 ,

打开"备份设备位置"对话框,选择备份文件名路径为 E:\备份数据库\Lbackup_jiaoxuedb,结果如图 14-45 所示。单击"确定"按钮,返回"备份数据库"窗口,如图 14-44 所示。单击"选项"选择页,在"覆盖媒体"中选择"备份到现有媒体集""覆盖所有现有备份集"单选按钮,再查看其他选项设置,如图 14-46 所示。

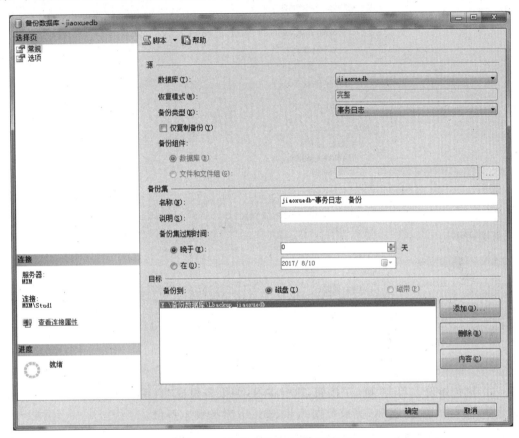

图 14-44　备份事务日志"常规"设置

图 14-45　"选择备份目标"对话框

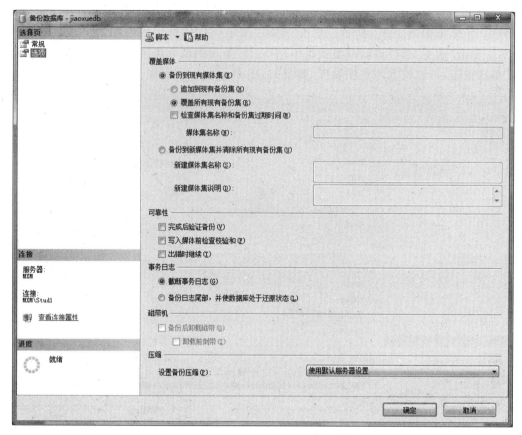

图 14-46　备份事务日志"选项"设置

③ 执行备份。单击"确定"按钮,执行备份,如果备份成功,系统显示如图 14-47 所示对话框。单击"确定"按钮,完成数据库 jiaoxuedb 事务日志备份。

图 14-47　事务日志备份成功提示

(4) 对其中的表 Student 进行下面操作。

① 修改王一山同学的系别为"信息"。

② 把张建国同学的系别"计算机"修改为"数字媒体"。

更新前后的表 Student 的数据如图 14-48 所示。

2. 将数据库 jiaoxuedb 恢复到"修改王一山同学的系别为信息"之前的状态

(1) 选择还原命令。在 Microsoft SQL Server Management Studio 中,选择"数据库",右击 jiaoxuedb,在打开的快捷菜单中选择"任务"→"还原"→"数据库"选项,如

(a) 更新前的 Student 数据

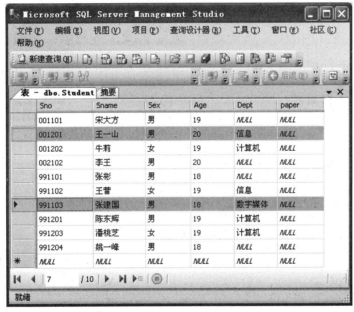

(b) 更新后的 Student 数据

图 14-48　表 Student 更新前后的数据

图 14-49 所示,打开"还原数据库"窗口。

（2）设置还原数据库选项。在"目标数据库"下拉列表中选择 jiaoxuedb；在"源数据库"下拉列表中选择 jiaoxuedb,查看"选择用于还原的备份集"列表中有两个之前备份的文件：jiaoxuedb-完整 数据库 备份和 jiaoxuedb-事务 日志 备份,如图 14-50 所示。单击"选项"选择页,在"还原选项"中选择"覆盖现有数据库"选项,查看"将数据库文件还原为"列表中的内容及该页中的其他选项,如图 14-51 所示。

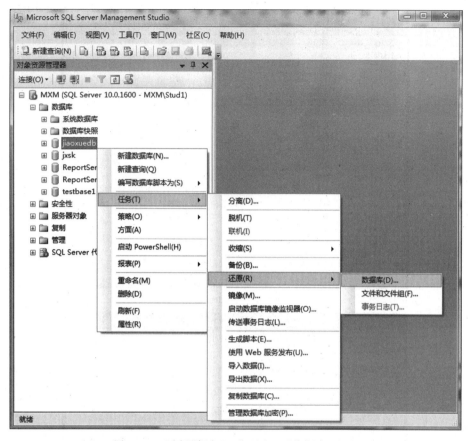

图 14-49　选择"任务"→"还原"→"数据库"选项

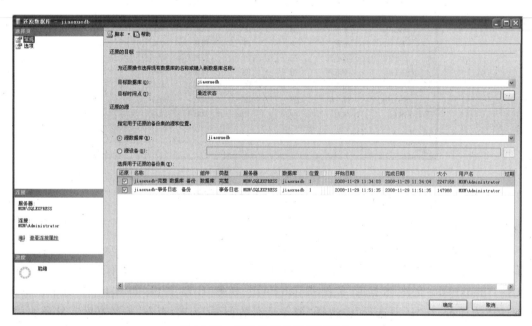

图 14-50　设置还原常规选项窗口

SQL Server 实验指导(第 4 版)

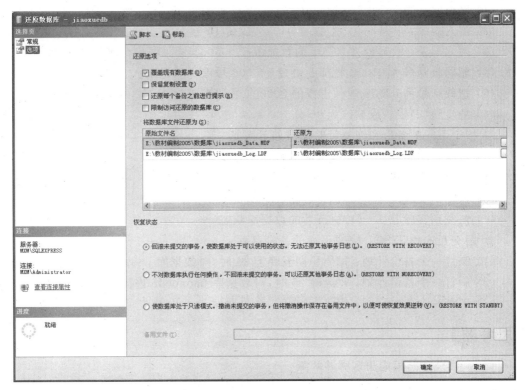

图 14-51　设置还原选项窗口

（3）执行还原。单击"确定"按钮，执行还原，如果还原完成，系统显示如图 14-52 所示对话框。单击"确定"按钮，还原完成。

图 14-52　还原成功提示

（4）验证还原结果。打开数据库 jiaoxuedb 的数据库表 Student，可以看到数据与图 14-48(a)所示内容一致，即数据库已恢复到"修改王一山同学的系别为信息"之前的数据状态。

习　　题

【实验题】

根据下面的操作和恢复要求，制订相应的备份与恢复策略，并实现恢复。

1. 针对数据库 jiaoxuedb 进行如下操作。

(1) 修改学号为 991102 学生的 01001 号课程成绩为 93 分。

(2) 插入记录：学号 991103、课号 01001、成绩 70 分。

(3) 插入记录：教师号为 01001 的教师讲授 000003 号课程和 000006 号课程。

(4) 删除教师号为 01002 教师的讲授 000006 号课程的记录。

(5) 把教师号为 02002 教师讲授的 000004 号课程改为 01002 号教师讲授。

(6) 把步骤(2)中的成绩改为 90 分。

2. 指定不同的备份和恢复策略进行如下恢复。

(1) 恢复到实验题 1—(3)执行后的数据库状态。

(2) 恢复到实验题 1—(4)执行后的数据库状态。

(3) 恢复到实验题 1—(5)执行后的数据库状态。

(4) 恢复到实验题 1—(1)执行后的数据库状态。

3. 用交互式和 T-SQL 完成下面的备份过程。

(1) 制订一个备份计划：每周星期五晚上 24 时,对数据库 jiaoxuedb 进行完全备份。

(2) 制订一个备份计划：每天晚 20 时,对数据库 jiaoxuedb 进行一次差异备份。

(3) 制订一个备份计划：每隔 12 小时,对数据库 jiaoxuedb 进行一次日志备份。

【思考题】

1. SQL Server 可能出现哪些故障?

2. 完全备份、差异备份和日志备份各自的特点是什么?

3. 你认为三种类型的备份都适合哪些故障下的数据库恢复?

4. 在重新启动 SQL Server 时,系统进行的恢复属于什么类型的恢复?

实验 15　　数据的导入、导出

作为数据库系统管理员,对数据库进行导入、导出数据是一项经常执行的基本任务。本实验介绍了在 SQL Server 中进行数据导入、导出的几种方法。

【知识要点】

1. 导入和导出数据

导入数据是从 Microsoft SQL Server 的外部数据源(如 ASCII 文本文件)中检索数据,并将数据插入 SQL Server 表的过程。导出数据是将 SQL Server 实例中的数据析取为某些用户指定格式的过程,例如将 SQL Server 表的内容复制到 Microsoft Access 数据库中。

2. 数据导入、导出的原因

(1) 数据迁移。

在建立数据库后要执行的第一步很可能是将数据从外部数据源导入 SQL Server 数据库,然后即可开始使用该数据库。例如,可以把 Excel 工作表中的数据或文本文件格式的文件数据导入 SQL Server 实例。

(2) 转换异构数据。

异构数据是以多种格式存储的数据,例如存储在 SQL Server 数据库、文本文件和 Excel 电子表中的数据。转换异构数据就是将这些使用不同格式存储的数据转换到统一存储模式中。

3. 数据传输工具

在 SQL Server 2008 中提供了下面几种数据导入、导出的工具,用户根据特定需要选择适当的工具完成工作。

(1) SQL Server 导入和导出向导。

SQL Server 导入和导出向导以交互式方式指导用户完成数据传输的工作。

(2) bcp 实用程序。

bcp(bulk copy)是一个在命令提示符下的实用工具。语法如下:

```
bcp {[[database_name.][owner].]{表名|视图名} | "查询语句"}
    {in | out | queryout | format} 数据文件名
```

```
[-f 格式文件名] [-n] [-c] [-w] [-N]
[-t 字段结束符] [-r 行结束符]
[-i 输入文件名] [-o 输出文件名]
[-S 服务器名[\实例名]]] [-U 登录名] [-P 口令]
[-T]
```

（3）调度作业。

SQL Server 代理程序会自动地调度数据导入、导出的传输过程。例如，通过定义自动化任务保存数据的导入、导出规则，在指定的时间由系统调度任务执行，以减少每次数据传输的手工调度过程和重复的操作步骤。

4. 可以复制的数据源或目标

- SQL Server。
- 平面文件。
- Access。
- Excel。
- 其他 OLE DB 访问接口。
- ADO. NET（用作转换数据源）。

【实验目的】

学习和掌握 SQL Server 导入、导出数据的功能和操作方法。

实验 15.1　使用向导导入、导出数据

【实验目的】

学习和掌握使用 SQL Server 2008 导入和导出向导导入、导出数据的操作方法。

【实验内容】

（1）使用 SQL Server 导入和导出向导导入数据至数据库表。

（2）使用 SQL Server 导入和导出向导从源数据库表导出数据至 Excel 工作表。

要求：将学生表 Student 中的信息转换成 Excel 表，文件名是 Student_Excel. xls。

（3）使用 SQL Server 导入和导出向导用一条查询语句指定导出数据至 txt 格式的文件。

要求：将数据库 jiaoxuedb 中教师表 Teacher 中除简历以外的数据转换成 txt 格式的文本文件。

（4）使用 SQL Server 导入和导出向导从 SQL Server 源数据库表导出数据至 Microsoft Access 数据库表。

要求：将数据库 jiaoxuedb 中的下列数据转换成 Microsoft Access 数据库表：学号 Sno、学生名 Sname、课程名 Cname、成绩 Score。

【实验步骤】

1. 使用 SQL Server 导入和导出向导导入数据至数据库表

参考实验 3.1 录入数据至数据库表。

2. 使用 SQL Server 导入和导出向导从源数据库表导出数据至 Excel 工作表

要求：将学生表 Student 中的信息转换成 Excel 表，文件名是 Student_Excel.xls。

（1）打开 SQL Server 导入和导出向导。启动 Microsoft SQL Server Management Studio，右击数据库 jiaoxuedb，在打开的快捷菜单中选择"任务"→"导出数据"选项，如图 15-1 所示。打开"SQL Server 导入和导出向导"窗口，如图 15-2 所示。

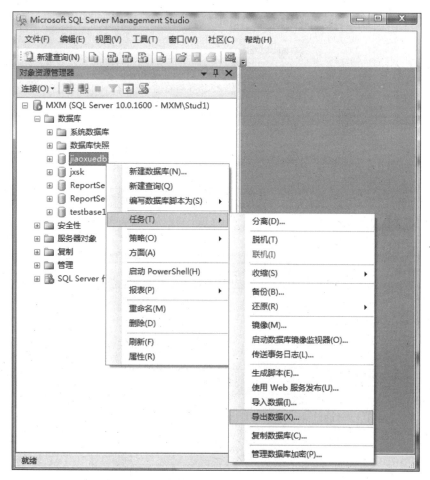

图 15-1　选择"任务"→"导出数据"选项

（2）选择数据源。单击"下一步"按钮，打开"选择数据源"窗口。在"数据源"下拉列表中选择 SQL Server Native Client 10.0；在"服务器名称"下拉列表中输入本机的名字，如 MXM；选择"使用 Windows 身份验证"单选按钮；在"数据库"下拉列表中选择

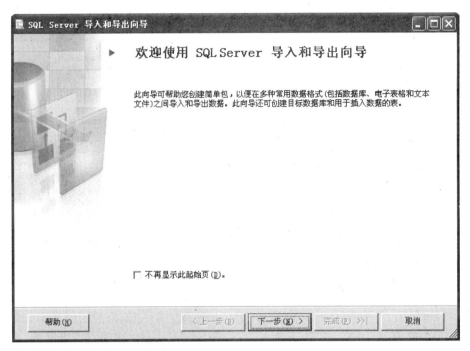

图 15-2 "SQL Server 导入和导出向导"窗口

jiaoxuedb,如图 15-3 所示。

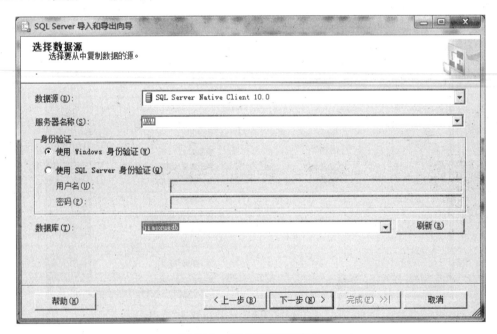

图 15-3 "选择数据源"窗口

(3) 单击"下一步"按钮,进入"选择目标"窗口。

(4) 选择目标。在"目标"下拉列表中选择 Microsoft Excel;在"Excel 文件路径"文本

框中输入"E：\张小山数据库\Student_Excel.xlsx"，在"Excel 版本"下拉列表中选择
Microsoft Excel 2007，勾选"首行包含列名称"复选框，如图 15-4 所示。

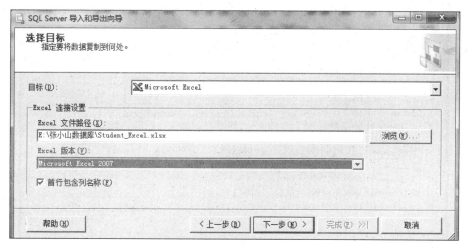

图 15-4　"选择目标"窗口

（5）单击"下一步"按钮，进入"指定表复制或查询"窗口。

（6）指定导出方式。选择"复制一个或多个表或视图的数据"单选按钮，如图 15-5 所示，单击"下一步"按钮，进入"选择源表和源视图"窗口。

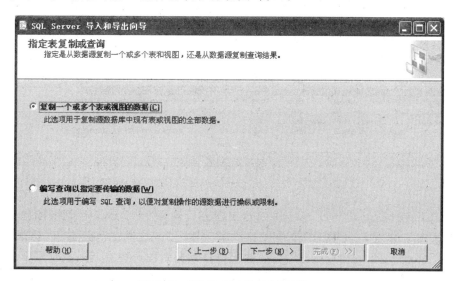

图 15-5　"指定表复制或查询"窗口

（7）选择数据源表。在列表"源"中，勾选[jiaoxuedb].[dbo].[Student]复选框，在同一行的"目标"列中选择默认名称 Student 作为导出的工作表名称，如图 15-6 所示。单击"下一步"按钮，进入"保存并执行包"窗口。

（8）保存并执行包。勾选"立即执行"复选框，如图 15-7 所示。单击"下一步"按钮，进入"完成该向导"窗口。

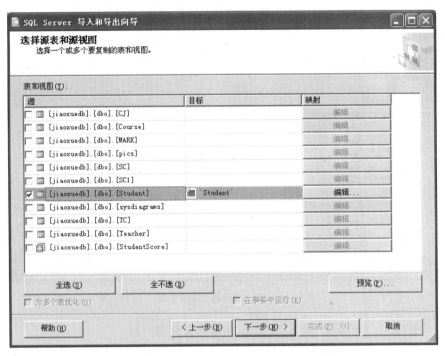

图 15-6 "选择源表和源视图"窗口

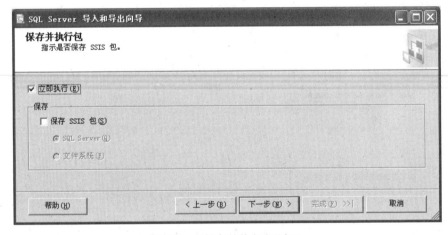

图 15-7 "保存并执行包"窗口

(9) 如图 15-8 所示,查看"完成该向导"窗口,观察单击"完成"按钮要执行的操作。

(10) 单击"完成"按钮,查看窗口中的变化,若执行正确则打开"执行成功"窗口,如图 15-9 所示。

(11) 单击"关闭"按钮,操作完成。

(12) 查看导出的 Excel 表格 Student_Excel. xlsx 中的数据。在资源管理器中,找到 "E:\张小山数据库\Student_Excel. xlsx"文件,将其打开,其工作表 Student 中的数据就是刚导出的数据,可以看到其与数据源 jiaoxuedb 中的数据库表 Student 数据一致,如

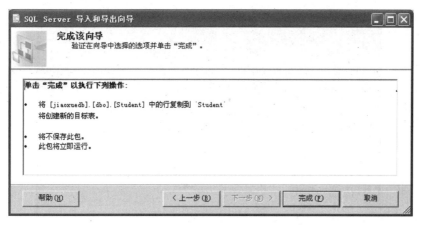

图 15-8　"完成该向导"窗口

图 15-9　导出数据执行成功窗口

图 15-10 所示。

3. 使用 SQL Server 导入和导出向导用一条查询语句指定导出数据至 txt 格式的文件

要求：将数据库 jiaoxuedb 中教师表 Teacher 中除简历以外的数据转换成 txt 格式的文本文件。

（1）打开 SQL Server 导入和导出向导。启动 Microsoft SQL Server Management Studio，右击数据库 jiaoxuedb，在打开的快捷菜单中选择"任务"→"导出数据"选项，如

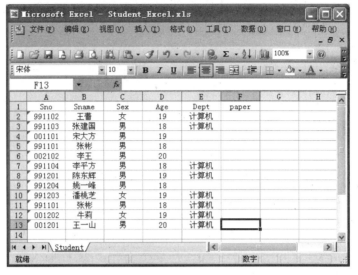

图 15-10 导出 Student_Excel.xlsx 中的数据

图 15-1 所示。打开"SQL Server 导入和导出向导"窗口,如图 15-2 所示。

(2) 选择数据源。单击"下一步"按钮,打开"选择数据源"窗口。在"数据源"下拉列表中选择"SQL Server Native Client 10.0";在"服务器名称"下拉列表中输入本机的名字,如 MXM;选择"使用 Windows 身份验证"单选按钮;在"数据库"下拉列表中选择 jiaoxuedb,如图 15-3 所示。

(3) 单击"下一步"按钮,进入"选择目标"窗口。

(4) 选择目标。在"目标"下拉列表中选择"平面文件目标",在"文件名"文本框中输入"E:\张小山数据库\Teacher_Txt.txt",勾选"在第一个数据行中显示列名称"复选框,查看其他选项并选择默认项,如图 15-11 所示。

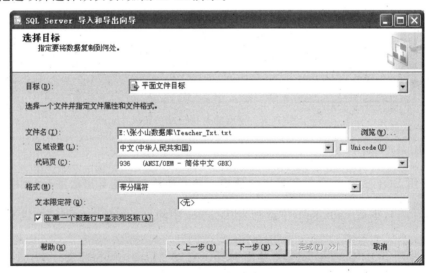

图 15-11 "选择目标"窗口

（5）单击"下一步"按钮，进入"指定表复制或查询"窗口。

（6）指定导出方式。选择"编写查询以指定要传输的数据"单选按钮，如图 15-12 所示，单击"下一步"按钮，进入"提供源查询"窗口。

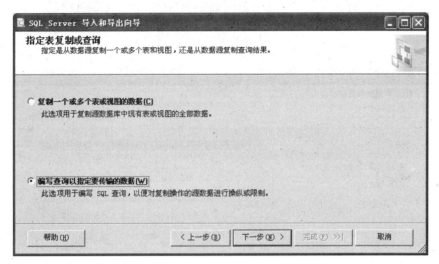

图 15-12　"指定表复制或查询"窗口

（7）输入查询语句。在"SQL 语句"文本框中，输入下面 SQL 语句：

SELECT Tno,Tname,Sex,Age,Prof,Sal,Comm,Dept From Teacher

查询数据表 Teacher 中除了简历 Resume 列之外的所有数据列，如图 15-13 所示。单击"分析"按钮，对 SQL 语句进行语法分析检查，如果正确，则系统显示如图 15-14 所示的对话框，单击"确定"按钮，再单击"下一步"按钮，进入"配置平面文件目标"窗口。

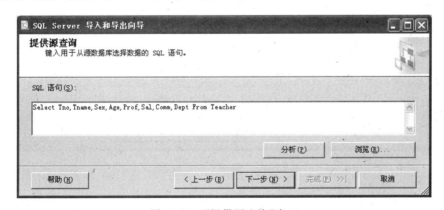

图 15-13　"提供源查询"窗口

（8）设置 txt 分隔符。查看"源查询""行分隔符""列分隔符"选项，并选择默认，如图 15-15 所示。

（9）单击"下一步"按钮，进入"保存并执行包"窗口。

（10）保存并执行包。勾选"立即执行"复选框，如图 15-16 所示。

图 15-14 SQL 语法分析系统提示

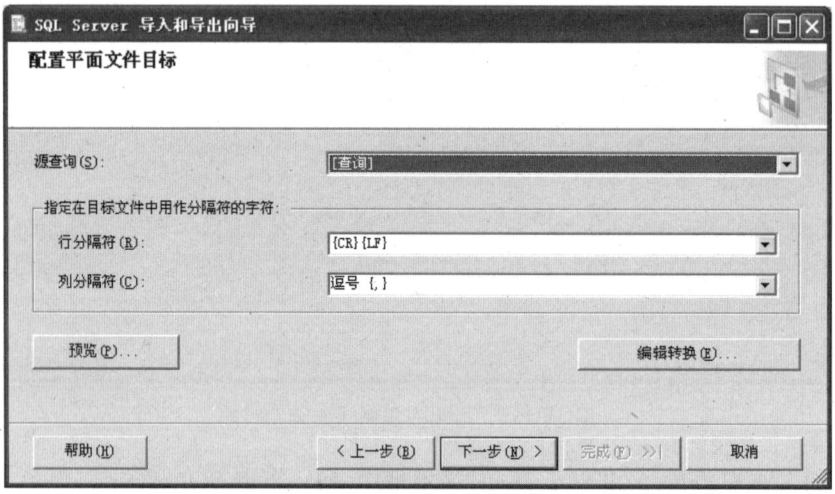

图 15-15 "配置平面文件目标"窗口

图 15-16 "保存并执行包"窗口

(11) 单击"下一步"按钮,如果导出正确,则系统显示如图 15-17 所示的窗口。查看各项,单击"关闭"按钮,操作完成。

(12) 查看导出的 txt 格式文件 Teacher_Txt.txt。在资源管理器中,找到"E:\张小山数据库\Teacher_Txt.txt"文件并打开,如图 15-18 所示。

(13) 验证原表和目的表数据。对照导出文件的数据,与数据库表 Teacher 中的数据完全一致。

图 15-17　导出成功系统提示窗口

图 15-18　导出的 Teacher_Txt.txt 中的数据

4. 使用 SQL Server 导入和导出向导从 SQL Server 源数据库表导出数据至 Microsoft Access 数据库表

要求：将数据库 jiaoxuedb 中的下列数据转换为 Microsoft Access 数据库表 ScoreTable：学号 Sno、学生名 Sname、课程名 Cname、成绩 Score。

（1）创建一个 Microsoft Access 数据库。

① 启动 Microsoft Access 2010 系统。选择"开始"→"程序"→Microsoft Access 2010，打开 Microsoft Access 新建数据库界面，如图 15-19 所示。

② 在"可用模板"中选择"空数据库"，单击"文件名"文本框右侧的按钮，打开"文件新建数据库"对话框，如图 15-20 所示。

图 15-19　Microsoft Access 新建数据库界面

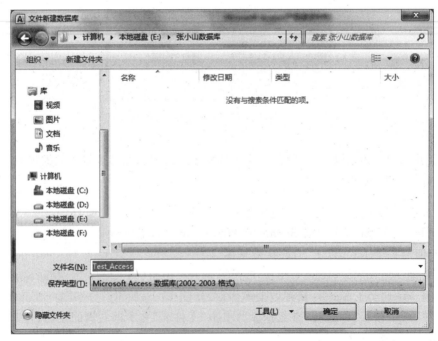

图 15-20　"文件新建数据库"对话框

③ 选择文件夹"E:\张小山数据库","保存类型"为"Microsoft Access 数据库(2002-2003 格式)"在"文件名"中输入 Test_Access,如图 15-20 所示。单击"确定"按钮,返回新建数据库界面,如图 15-19 所示。

④ 单击"创建"按钮,打开 Microsoft Access 数据库表设计窗口,如图 15-21 所示。可以看到,数据库 Test_Access 中没有任何表对象。关闭 Microsoft Access 2010。

图 15-21 Microsoft Access 数据库表设计窗口

(2) 使用 SQL Server 导入和导出向导从 SQL Server 源数据库表导出数据至 Microsoft Access 数据库表。

① 启动 Microsoft SQL Server Management Studio。

② 打开 SQL Server 导入和导出向导。右击数据库 jiaoxuedb,在打开的快捷菜单中选择"任务"→"导出数据"选项,如图 15-1 所示,打开"SQL Server 导入和导出向导"窗口,如图 15-2 所示。

③ 选择数据源。单击"下一步"按钮,打开"选择数据源"窗口。在"数据源"下拉列表中选择 SQL Server Native Client 10.0;在"服务器名称"下拉列表中输入本机的名字,如 MXM;选择"使用 Windows 身份验证"单选按钮;在"数据库"下拉列表中选择 jiaoxuedb,如图 15-22 所示。单击"下一步"按钮,进入"选择目标"窗口。

④ 选择目标。在"目标"下拉列表中选择 Microsoft Access;在"文件名"文本框中输入"E:\张小山数据库\Test_Access.mdb",如图 15-23 所示。单击"下一步"按钮,进入"指定表复制或查询"窗口。

⑤ 指定导出方式。选择"编写查询以指定要传输的数据"单选按钮,如图 15-24 所示,单击"下一步"按钮,进入"提供源查询"窗口。

⑥ 输入查询语句。在"SQL 语句"文本框中输入下面查询语句(如图 15-25 所示):

```
SELECT Student.Sno,Sname,Cname,Score
FROM Student,SC,Course
WHERE Student.Sno=SC.Sno AND SC.Cno=Course.Cno
```

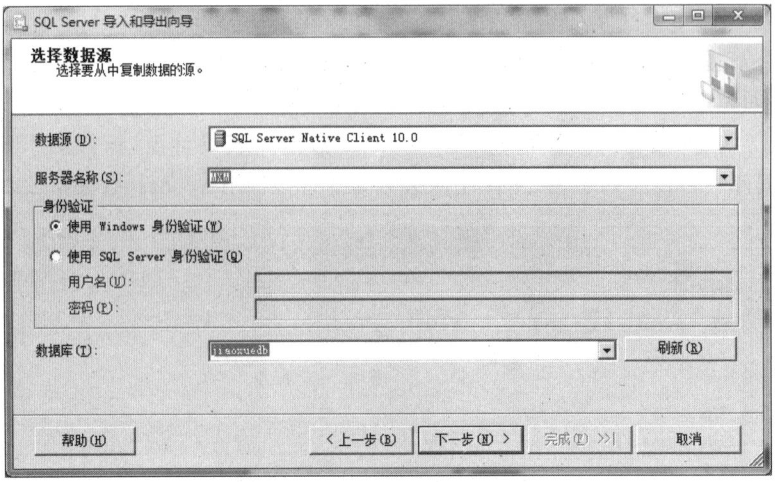

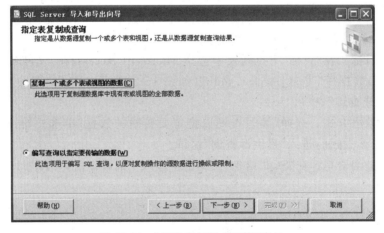

图 15-22 "选择数据源"窗口

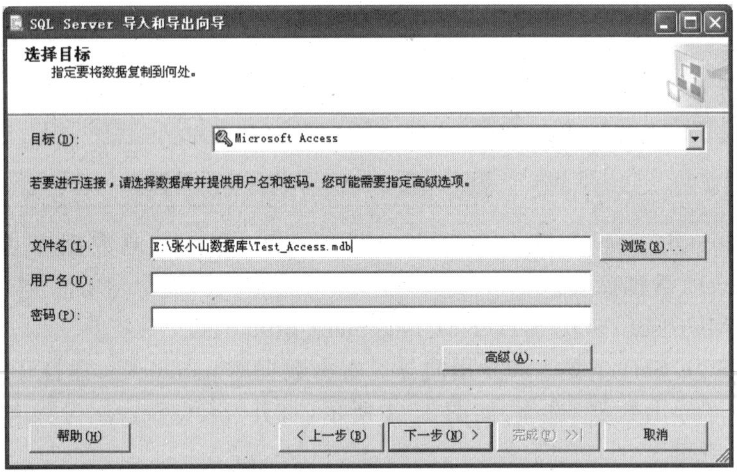

图 15-23 "选择目标"窗口

图 15-24 "指定表复制或查询"窗口

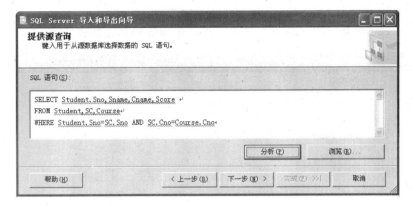

图 15-25　创建导出数据的 SQL 语句

单击"分析"按钮,对 SQL 语句进行语法分析,如果正确,则系统显示"此 SQL 语句有效",单击"确定"按钮。再单击"下一步"按钮,进入"选择源表和源视图"窗口。

⑦ 在"源"列中,勾选"查询"复选框;在"目标"列中,输入导出表的名字 S_Course,如图 15-26 所示。单击"下一步"按钮,进入"保存并执行包"窗口,如图 15-27 所示。

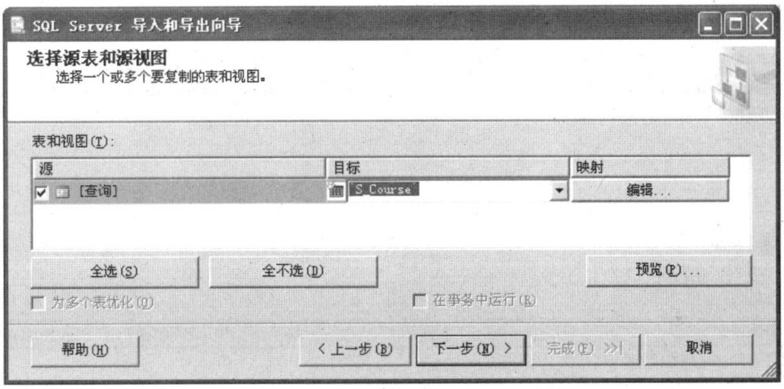

图 15-26　"选择源表和源视图"窗口

图 15-27　"保存并执行包"窗口

⑧ 勾选"立即执行"复选框,单击"下一步"按钮,进入"完成该向导"窗口,如图 15-28 所示。在"完成该向导"窗口中,观察单击"完成"按钮后要执行的操作。

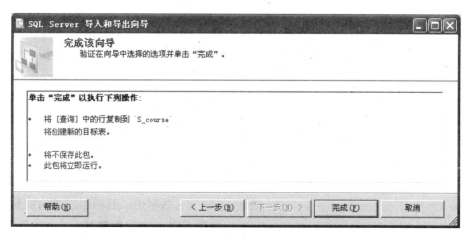

图 15-28 "完成该向导"窗口

⑨ 执行转换。单击"完成"按钮,查看打开的"正在执行包"窗口中的内容,如执行成功,则系统显示成功完成导出数据的信息,如图 15-29 所示。

图 15-29 导出转换成功提示窗口

（3）验证源表和导出表。

① 在 Microsoft SQL Server Management Studio 中，打开数据库 jiaoxuedb 中的数据库表 Student、SC、Course，如图 15-30 所示。

(a) 数据库表 Student

(b) 数据库表 SC   (c) 数据库表 Course

图 15-30　数据源数据

② 在 Microsoft Access 2010 中，打开数据库"E:\张小山数据库\Test_Access. mdb"，再打开表 S_course，如图 15-31 所示。

③ 对照图 15-30 和图 15-31 中的数据，可以看到，导出表 S_course 中的数据来自于源表 Student、Course、SC。

图 15-31　导出的 Access 数据表 S_Course

实验 15.2　bcp 实用程序

【实验目的】

学习和掌握使用 bcp 实用程序导入、导出数据的操作方法。

【实验内容】

（1）使用 bcp 从源数据库表导出数据至 Excel 表。

要求：将教师表 Teacher 中的数据转换成 Excel 表 Teacher_Excel.xls。

（2）使用 bcp 从源数据库表导出数据至 txt 格式的文件。

要求：将学生表 Student 中的数据转换成 txt 格式的文本文件 Student_txt.txt。

（3）使用 bcp 从 Excel 文件导入数据到数据库表。

要求：从 Excel 文件 Course_Excel.xls 导入数据至数据库 jiaoxuedb 中的数据库表 Course 中，Course_Excel.xls 文件数据如图 15-32 所示。

图 15-32　Course_Excel.xls 文件数据

（4）使用 bcp 从 txt 格式文件导入数据到数据库表。

要求：从 txt 格式文件 Course_Txt. txt 导入数据至数据库 jiaoxuedb 中的数据库表 Course 中。Course_Txt. txt 文件数据如图 15-33 所示。

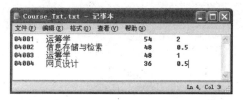

图 15-33　Course_Txt. txt 文件数据

【实验步骤】

1. 使用 bcp 从源数据库表导出数据至 Excel 表

要求：将教师表 Teacher 中的数据转换成 Excel 表 Teacher_Excel. xls。

（1）查看 SQL Server 服务是否启动。在操作系统下，选择"开始"→"程序"→ Microsoft SQL Server 2008→"配置工具"→"SQL Server 配置管理器"，打开 SQL Server Configuration Manager 窗口，在左窗格中展开"SQL Server 配置管理器"，查看右窗格中的 SQL Server(MSSQLSERVER)项，如图 15-34 所示。

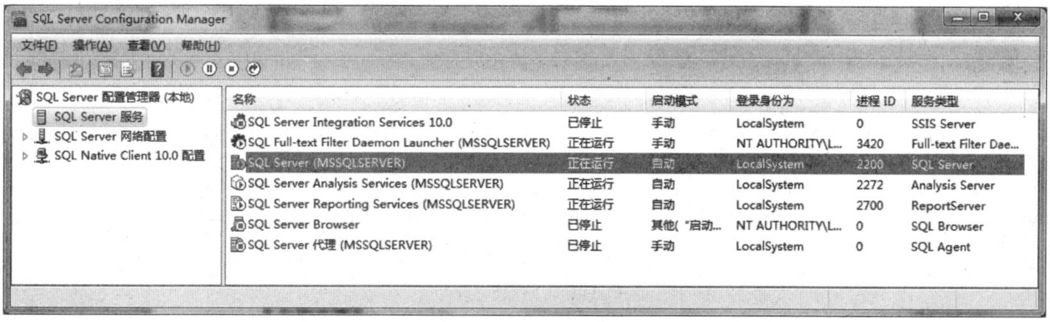

图 15-34　SQL Server Configuration Manager 窗口

（2）启动 SQL Server 2008 服务。查看右窗格中 SQL Server(MSSQLSERVER)的状态，如果是"正在运行"，则执行下面步骤（3）；如果是"已停止"，则右击 SQL Server (MSSQLSERVER)行，在打开的快捷菜单中选择"启动"选项，如图 15-35 所示，系统打开 "正在启动服务"对话框，如图 15-36 所示。启动完成后，可以查看到 SQL Server (MSSQLSERVER)服务的状态变成"正在运行"，如图 15-37 所示，关闭 SQL Server Configuration Manager 窗口。

（3）进入控制台命令窗口。在操作系统下，选择"开始"→"程序"→"附件"→"命令提示符"，打开"命令提示符"窗口，如图 15-38 所示。

（4）执行导出命令 bcp。在"命令提示符"窗口中，输入下面 bcp 命令。

```
bcp "SELECT * FROM jiaoxuedb.dbo.Teacher ORDER BY Tno"
```

实验 15　数据的导入、导出

图 15-35　启动 SQL Server 服务

图 15-36　"正在启动服务"对话框

图 15-37　SQL Server(MSSQLSERVER)服务已启动状态

图 15-38　"命令提示符"窗口

queryout e:\张小山数据库\Teacher_Excel.xls -T -c -SMXM\MSSQLSERVER

按 Enter 键,若执行正确,则窗口显示如图 15-39 所示,即把数据库 jiaoxuedb 中数据库表 Teacher 的数据转换为 Excel 工作表格式文件,关闭"命令提示符"窗口。

(5) 查看生成的 Excel 文件。在资源管理器中,打开文件夹 E:\张小山数据库,可以

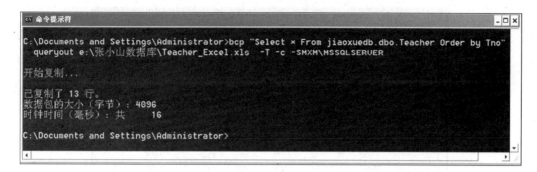

图 15-39　正确执行 bcp 命令结果

看到文件 Teacher_Excel.xls 已存在。

（6）浏览生成的文件内容。双击文件 Teacher_Excel.xls，打开其数据窗口，如图 15-40 所示。

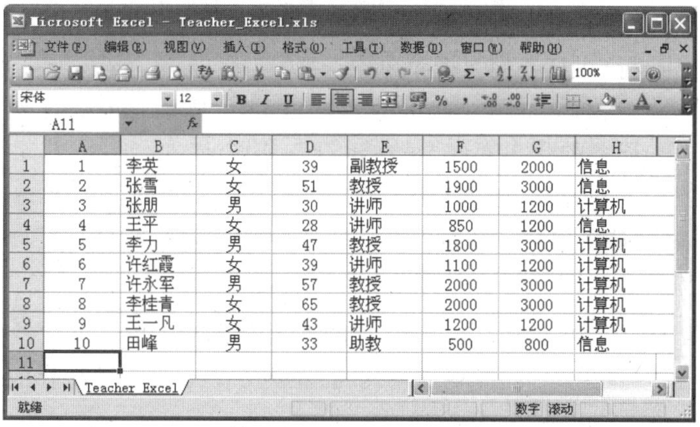

图 15-40　导出的 Teacher_Excel.xls 文件

（7）打开源数据库表 Teacher。在 Microsoft SQL Server Management Studio 中打开数据库 jiaoxuedb 中的数据库表 Teacher，如图 15-41 所示。

（8）对照图 15-40 和图 15-41，两表数据内容一致。

2. 使用 bcp 从源数据库表导出数据至 txt 格式的文件

要求：将学生表 Student 中的数据转换成 txt 格式的文本文件 Student_txt.txt。

（1）查看 SQL Server 服务是否启动。在操作系统下，选择"开始"→"程序"→Microsoft SQL Server 2008→"配置工具"→SQL Server Configuration Manager，打开 SQL Server Configuration Manager 窗口，在左窗格中展开"SQL Server 配置管理器"，再单击"SQL Server 2008 服务"，查看右窗格中的 SQL Server（MSSQLSERVER）项，如图 15-34 所示。

（2）启动 SQL Server 2008 服务。查看右窗格中 SQL Server（MSSQLSERVER）的状态，如果是"正在运行"，则执行下面步骤（3）；如果是"已停止"，则右击 SQL Server

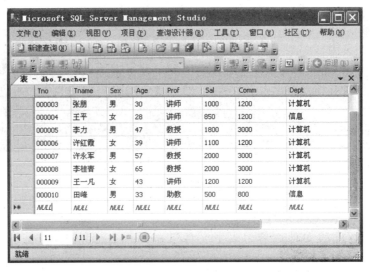

图 15-41　源数据库表 Teacher

(MSSQLSERVER)行,在打开的快捷菜单中选择"启动"选项,如图 15-35 所示,系统打开
"正在启动服务"对话框,如图 15-36 所示。启动完成后,可以查看到 SQL Server
(MSSQLSERVER)服务的状态变成"正在运行",如图 15-37 所示,关闭"SQL Server 配
置管理器"窗口。

　　(3) 进入控制台命令窗口。在操作系统下,选择"开始"→"程序"→"附件"→"命令
提示符",打开"命令提示符"窗口,如图 15-38 所示。

　　(4) 执行导出命令 bcp。在"命令提示符"窗口中,输入下面 bcp 命令。

```
bcp "SELECT * FROM jiaoxuedb.dbo.Student" queryout E:\张小山数据库\Student_
txt.txt -T -c -SMXM\MSSQLSERVER
```

按 Enter 键,若执行正确,则窗口显示如图 15-42 所示,即把数据库 jiaoxuedb 中数据库表
Student 的数据转换为 txt 格式文件 Student_txt.txt。关闭"命令提示符"窗口。

图 15-42　执行导出数据命令

　　(5) 查看导出的文件。在资源管理器中,打开文件夹 E:\张小山数据库,可以看到文
件 Student_txt.txt 已存在。

(6) 浏览导出的文件内容。双击文件 Student_txt. txt，打开其数据窗口，如图 15-43 所示。

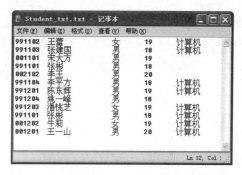

图 15-43　导出的 Student_txt. txt 文件数据

3. 使用 bcp 从 Excel 文件导入数据到数据库表

要求：从 Excel 文件 Course_Excel. xls 导入数据至数据库 jiaoxuedb 中的数据库表 Course 中，Course_Excel. xls 文件数据如图 15-32 所示。

(1) 创建导入数据文件 Course_Excel. xls，如图 15-32 所示。

(2) 查看 SQL Server 服务是否启动。在操作系统下，选择"开始"→"程序"→ Microsoft SQL Server 2008→"配置工具"→SQL Server Configuration Manager，打开 SQL Server Configuration Manager 窗口，在左窗格中展开"SQL Server 配置管理器"，再 单击"SQL Server 2008 服务"，查看右窗格中 SQL Server（MSSQLSERVER）项，如 图 15-34 所示。

(3) 启动 SQL Server 2008 服务。查看右窗格中 SQL Server（MSSQLSERVER）的 状态，如果是"正在运行"，则执行下面步骤(4)；如果是"已停止"，则右击 SQL Server （MSSQLSERVER）行，在打开的快捷菜单中选择"启动"选项，如图 15-35 所示，系统打开 "正在启动服务"对话框，如图 15-36 所示。启动完成后，可以查看到 SQL Server （MSSQLSERVER）服务的状态变成"正在运行"，如图 15-37 所示，关闭"SQL Server 配 置管理器"窗口。

(4) 进入控制台命令窗口。在操作系统下，选择"开始"→"程序"→"附件"→"命令 提示符"，打开"命令提示符"窗口，如图 15-38 所示。

(5) 执行导入命令 bcp。在"命令提示符"窗口中，输入下列 bcp 命令。

```
bcp jiaoxuedb.dbo.Course in e:\张小山数据库\Course_Excel.xls
        -T -c -SMXM\MSSQLSERVER
```

按 Enter 键，若执行正确，即把 Excel 工作表格式文件 Course_Excel. xls 中的课程记录数 据转换到数据库 jiaoxuedb 中课程数据库表 Course 中。关闭"命令提示符"窗口。

(6) 查看导入的数据。打开 jiaoxuedb 中数据库表 Course，可以看到表中最后 3 行即 是刚导入的数据，如图 15-44 所示。

图 15-44 导入的数据

4. 使用 bcp 从 txt 格式文件导入数据到数据库表

要求：从 txt 格式文件 Course_Txt. txt 导入数据至数据库 jiaoxuedb 中的数据库表 Course 中。Course_Txt. txt 文件数据如图 15-33 所示。

（1）创建导入数据文件 Course_Txt. txt，如图 15-33 所示。数据文件中列与列之间的分界符是 Tab 键，每行用回车符结束。

（2）查看 SQL Server 服务是否启动。在操作系统下，选择"开始"→"程序"→ Microsoft SQL Server 2008→"配置工具"→SQL Server Configuration Manager，打开 SQL Server Configuration Manager 窗口，在左窗格中展开"SQL Server 配置管理器"，再单击"SQL Server 2008 服务"，查看右窗格中的 SQL Server(MSSQLSERVER)项 ，如图 15-34 所示。

（3）启动 SQL Server 2008 服务。查看右窗格中 SQL Server(MSSQLSERVER)的状态，如果是"正在运行"，则执行下面步骤（4）；如果是"已停止"，则右击 SQL Server (MSSQLSERVER)行，在打开的快捷菜单中选择"启动"选项，如图 15-35 所示，系统打开"正在启动服务"对话框，如图 15-36 所示。启动完成后，可以查看到 SQL Server (MSSQLSERVER)服务的状态变成"正在运行"，如图 15-37 所示，关闭"SQL Server 配置管理器"窗口。

（4）进入控制台命令窗口。在操作系统下，选择"开始"→ "程序"→"附件"→"命令提示符"，打开"命令提示符"窗口，如图 15-38 所示。

（5）执行导入命令 bcp。在"命令提示符"窗口中，输入下列 bcp 命令。

```
bcp jiaoxuedb.dbo.Course
    in e:\张小山数据库\Course_Txt.txt -T -c -SMXM\MSSQLSERVER
```

按 Enter 键,若执行正确,即把 txt 格式文件 Course_Txt. txt 中的数据导入数据库 jiaoxuedb 中课程数据库表 Course 中。关闭"命令提示符"窗口。

(6) 查看导入的数据。在 Microsoft SQL Server Management Studio 中打开数据库 jiaoxuedb 中的课程数据库表 Course,如图 15-45 所示,可以看到 4 条导入的记录。

图 15-45 导入数据的数据库表 Course 的数据

习　　题

【实验题】

针对数据库 jiaoxuedb 进行如下操作。

1. 使用 SQL Server 2008 导入和导出向导导出数据库表 Student 中的数据至 Microsoft Access 数据库表 S_Access。

2. 在 Microsoft FoxPro 6.0 环境中自拟一个课程表 Course_VFP,然后使用 SQL Server 2008 导入和导出向导导入 Course_VFP 数据至数据库 jiaoxuedb 中的 Course 数据库表中。

3. 按 Student 数据库表结构自拟一个 txt 格式的数据文件 S_TXT,用 bcp 实用工具把其数据导入 jiaoxuedb 中的 Student 数据库表中。

4. 用 bcp 实用工具导出一个 Excel 教师授课情况的工作表,包含教师名、课程名、课时数。

5. 导出一个 Excel 表 Score_EXCEL,包含学号、姓名、课程名、成绩,按成绩降序排列,并指定一个调度计划,每 6 个月执行一次导出操作。

实验 16　SQL Server 中对大值数据类型的访问

如果数据库表中的列数据项的大小超过了 8000 字节,在 SQL Server 早期版本中,使用 ntext、text 和 image 来存储这些大型对象数据,但在未来版本中将删除这些 ntext、text 和 image 数据类型。取而代之,在 Microsoft SQL Server 2008 中引入了大值数据类型,进一步提高了数据类型的存储能力。如果列数据项大小相差很大,而且大小可能超过 8000 字节,就要使用这些大值数据类型。通过本章实验学习掌握对大值数据类型的访问方法。

【知识要点】

1. 大值数据类型

在 Microsoft SQL Server 2008,varchar(max)、nvarchar(max)和 varbinary(max)统称为大值数据类型。Max 表示最大存储大小是 $2^{31}-1$ 字节,也就是说,可以使用大值数据类型来存储最大为 $2^{31}-1$ 字节的数据。存储大小是输入数据实际长度加 2 字节。所输入数据的长度可以为 0 个字符。

2. SQL Server 2008 大值数据类型与早期版本大对象数据类型比较

SQL Server 2008 大值数据类型与早期版本大对象数据类型比较如表 16-1 所示。

表 16-1　大值数据类型与早期版本大对象数据类型比较

大值数据类型	早期版本中的大对象数据类型
varchar(max)	text
nvarchar(max)	ntext
varbinary(max)	image

3. 大值数据类型的使用

如果列数据项大小相差很大,而且大小可能超过 8000 字节,那么就要使用这些大值数据类型。大值数据类型在行为上和与之对应的较小的数据类型 varchar(n)、nvarchar(n)和 varbinary(n)相同。下面介绍大值数据类型在某些特定情形下的使用。

1）游标

在 SQL Server 2008 中，可以定义能存储大量数据（最多可达 2^{31} 字节的字符、整数和 Unicode 数据）的变量，所以在游标中便可以将 FETCH 返回的大值数据类型列中的数据赋给本地变量。使用大值数据类型不影响游标的强制实施游标类型转换用法。

2）成块更新

UPDATE 语句现在支持".WRITE()"子句对基础大值数据列进行部分更新。

3）触发器

支持对插入的和删除的表中的大值数据类型列引用上使用 AFTER 触发器。

4）字符串函数

内置的可操作字符和二进制数据的字符串函数有所增强，可支持大值数据类型的参数。这些函数包括：

- COL_LENGTH。
- CHARINDEX。
- PATINDEX。
- LEN。
- DATALENGTH。
- SUBSTRING。

4. 选项控制

在 SQL Server 2008 中，小到中等大小的值类型（varchar(max)、nvarchar(max)、varbinary(max)和 xml）都可以存储在数据行中。该行为可以通过设置表选项的 sp_tableoption 系统存储过程中使用 large value types out of row 选项来控制。该选项有两个值：

（1）sp_tableoption N'MyTable'，'large value types out of row'，'ON'

（2）sp_tableoption N'MyTable'，'large value types out of row'，'OFF'

如果指定为 ON，则 varchar(max)、nvarchar(max)、varbinary(max)和 xml 列的行内限制被设置为 8000 字节。只有 16 字节的根指针存储在行内，而值存储在 LOB 存储空间中。

当该选项的值设置为 OFF 时，字符串存储在行内。

5. 访问大值数据类型

1）SQL 语法

```
UPDATE SET column_name.WRITE (expression, @Offset, @Length)
    FROM <table_source>
    WHERE <search_condition>
```

2）功能

指定修改 column_name 值的一部分。用 expression 替换 @Length 个单位（从

column_name 的@Offset 开始)数据。column_name 不能为 NULL,也不能由表名或表别名限定。

3)说明

expression 是复制到 column_name 的值。expression 必须运算或隐式转换为 column_name 类型。如果将 expression 设置为 NULL,则忽略@Length,并将 column_name 中的值按指定的@Offset 截断。

@Offset 是 column_name 值中待复制的起点,从该点开始写入 expression。@Offset 是基于零的序号位置,数据类型为 bigint,不能为负数。如果@Offset 为 NULL,则更新操作将在现有 column_name 值的结尾追加 expression,并忽略@Length。如果@Offset 大于 column_name 值的长度,则 Microsoft SQL Server 2008 Database Engine 将返回错误。如果@Offset 加上@Length 超出了列中基础值的限度,则将删除到值的最后一个字符。如果@Offset 加上 LEN(expression)大于声明的基础大小,则将出现错误。

@Length 是指列中某个部分的长度,从@Offset 开始,该长度由 expression 替换。@Length 的数据类型为 bigint,不能为负数。如果@Length 为 NULL,则更新操作将删除从@Offset 到 column_name 值的结尾的所有数据。

注意:不能使用.WRITE 子句更新 NULL 列或将 column_name 的值设置为 NULL。

【实验目的】

掌握 SQL Server 2008 中访问大值数据类型的方法。

实验 16.1 用普通方法访问大值类型数据

【实验目的】

- 掌握 large value types out of row 选项的使用。
- 掌握 SQL Server 中用普通方法访问 nvarchar(max)大值类型数据。

【实验内容】

(1) 在数据库 jiaoxuedb 的表 Teacher 中,添加一个简历 resume 列,定义为 nvarchar(max)大值数据类型。

(2) 设置 large value types out of row 选项为 OFF,在数据行中存储大值数据类型数据项。

(3) 给表 Teacher 中 resume 添加数据。

(4) 查询 resume 数据。

【实验步骤】

(1) 在数据库 jiaoxuedb 的表 Teacher 中,增加一个简历 resume 列,定义为 varchar(max)

大值数据类型。

（2）设置 large value types out of row 选项为 OFF,在数据行中存储大值数据类型数据项。

在查询编辑器窗口中,输入并执行下列语句,为表 Teacher 关闭 large value types out of row 选项,则 resume 列值字节数最长为 8000 字节。

```
sp_tableoption N'MyTable', 'large value types out of row', 'OFF'
```

（3）给 resume 添加数据。打开表 Teacher,为教师王一凡输入下列值:

1985 年毕业于清华大学计算机系,1988 年出国到英国剑桥深造,并获得博士学位。1998 年 9 月应聘于清华大学计算机系教授。

（4）查询 resume 数据。

在查询分析器中,执行下列 T-SQL 语句查询教师王一凡的简历。

```
SELECT Sn, resume FROM Teacher WHERE Sn='王一凡'
```

实验 16.2　访问大值数据类型

【实验目的】

掌握 SQL Server 2008 中访问 nvarchar(max)大值数据类型的访问方法。

【实验内容】

基于实验 16.1 进行下面实验。

（1）开启 large value types out of row 选项。

（2）给 resume 列插入数据。为教师许红霞写入简历 resume 列数据。

（3）读取 resume 列数据。读取教师许红霞的简历 resume 列数据。

（4）修改 resume 列数据。将许红霞简历中的 1995 年修改为 1996 年,把 1998 年修改为 2000 年。

（5）在 resume 列追加数据。给许红霞的简历 resume 列追加数据:2005 年获北京大学博士学位。

（6）删除 resume 列部分数据。删除许红霞简历 resume 列中的下面数据:1993 年 7 月任教于东北财经大学。

（7）删除 resume 列全部数据。删除许红霞简历 resume 列中的全部数据。

【实验步骤】

（1）开启 large value types out of row 选项。

在新的查询编辑器窗口中,输入并执行下列 T-SQL 语句。

```
USE jiaoxuedb
```

```
GO
sp_tableoption 'Teacher', 'large value types out of row', 'ON'
GO
```

（2）给 resume 插入数据。

为教师许红霞写入简历数据。

① 若许红霞的 resume 当前值为 null，请先给其输入一临时值，如硕士生，然后再执行下面的步骤②；若不为 null，可直接执行步骤②。

② 在新的查询编辑器窗口中，输入并执行下列 T-SQL 语句。

```
USE jiaoxuedb
GO
/* 给许红霞的简历 resume 列输入值 */
UPDATE Teacher
SET resume .WRITE ('1993 年毕业于东北财经学院金融系,1993 年 7 月任教于东北财经大学。
    1995 年 9 月就读于中国财经学院研究生,1998 年 10 月获得硕士学位。', 0, null)
WHERE Tname ='许红霞'
GO
/* 查询刚插入的 resume 值 */
SELECT resume FROM teacher WHERE Tname ='许红霞'
GO
```

（3）读取 resume 列数据。读取教师许红霞的简历 resume 列数据。

在新的查询编辑器窗口中，输入并执行下列 T-SQL 语句。

```
USE jiaoxuedb
GO
SELECT resume FROM teacher WHERE Tname ='许红霞'
GO
```

（4）修改 resume 列数据。将许红霞简历中的 1995 年修改为 1996 年，把 1998 年修改为 2000 年。

在新的查询编辑器窗口中，输入并执行下列 T-SQL 语句。

```
/* 将数据列 resume 中的 1995 改为 1996 */
UPDATE teacher
SET resume .WRITE ('6', 39, 1 )
WHERE Tname ='许红霞'
GO
/* 将数据列 resume 中的 1998 改为 2000 */
UPDATE teacher
SET resume .WRITE ('2000', 56, 4 )
WHERE Tname ='许红霞'
GO
/* 查询刚修改的 resume 值 */
SELECT resume FROM Teacher WHERE Tname ='许红霞'
```

```
GO
```

（5）在 resume 列追加数据。

给许红霞的简历 resume 列追加数据：2005 年获北京大学博士学位。

在新的查询编辑器窗口中，输入并执行下列 T-SQL 语句。

```
USE jiaoxuedb
GO
/*在 resume 列结尾追加数据 by setting @Offset to NULL.*/
UPDATE Teacher
SET resume .WRITE ('2005 年获北京大学博士学位。', null,0) WHERE
    Tname ='许红霞'
GO
SELECT resume FROM Teacher WHERE Tname ='许红霞'
GO
```

（6）删除 resume 列部分数据。

删除许红霞简历 resume 列中的下面部分数据：1993 年 7 月任教于东北财经大学。

在新的查询编辑器窗口中，输入并执行下列 T-SQL 语句。

```
USE jiaoxuedb
GO
/*删除 resume 列部分数据*/
UPDATE Teacher
SET resume .WRITE ('', 19,17) WHERE Tname ='许红霞'
GO
/*查询已部分删除的 resume 值*/
SELECT resume FROM Teacher WHERE Tname ='许红霞'
GO
```

（7）删除 resume 列全部数据。

删除许红霞简历 resume 列中的全部数据。

在新的查询编辑器窗口中，输入并执行下列 T-SQL 语句。

```
USE jiaoxuedb
GO
/*删除 resume 所有数据*/
UPDATE teacher
SET resume .WRITE (null, 0,0) WHERE Tname ='许红霞'
GO
/*查询已全部删除的 resume 值*/
SELECT resume FROM Teacher WHERE Tname ='许红霞'
GO
```

思考查看到的许红霞的简历数据是否是 null 值，为什么？

习　题

【实验题】

针对数据库 jiaoxuedb 进行如下操作。

1. 给学生表 Student 创建一个"精品短文"字段：字段名,fine-essay；数据类型,ntext。

2. 给字段 fine-essay 插入下面数据内容：

先往三只锅里倒入一些水,然后把它们放在旺火上烧。然后在第一个锅里放一些胡萝卜。在第二个锅里放一些鸡蛋。在第三个锅里放一些已经磨成粉末的咖啡豆。煮沸 15 分钟。再来看你放进去的这些东西。胡萝卜已经不再坚硬,它开始变得柔软。鸡蛋原来是易碎的,它薄薄的外壳保护着它呈液体的内脏,但是经开水一煮,它的内脏变硬了。而咖啡豆不见了,但是那锅水的颜色已经改变并散发出诱人的咖啡香味。

这些煮沸的水就像我们在生活中遇到的困境一样。我们也许像胡萝卜,开始是坚硬的、强壮的,后来却变得软弱。我们丧失了希望,我们选择了放弃,不再有向上的意识、进取的精神。

不!不要像胡萝卜一样!我们也许会像鸡蛋一样,一开始有着柔软而敏感的心⋯⋯在生活的压力下,却逐渐变得强硬而又冷漠⋯⋯我们不再友好,我们敌对任何人。这里不再有温暖,只有苦闷、冷漠、悲愤。

不要像鸡蛋!我们也许像咖啡豆!沸水没有改变咖啡豆!咖啡豆改变了沸水!沸水因为咖啡豆而变得不一样!

看一下!闻一下!尝一口!

水的温度越高,咖啡的香味就越醇厚!我们应该像咖啡豆!我们转变了困境。我们有了新的进步!我们有了新的知识、新的技能、新的习惯!我们在经历中成长!我们使我们周围的世界更加美好!

3. 查询学生表 Student 中的 fine-essay 字段内容。

4. 在 fine-essay 字段内容中的第二段后面插入下面内容。

好了,现在我们回到生活中来。生活不总是一帆风顺的,也不总是风平浪静的。有时我们会碰到很多困难。事情不会总向着我们希望的方向发展。周围的人群也不总是向我们所希望的一样对待我们。经常会遇到我们付出很多但得到很少的情况。那么,当我们遇到困境时,我们会怎样呢?

5. 删除 fine-essay 字段内容中的句子"这里不再有温暖,只有苦闷、冷漠、悲愤。"

6. 把 fine-essay 字段内容中的句子"我们转变了困境。我们有了新的进步!"改为"我们也能改变困境,我们也会取得新的进步!"

7. 查询学生表 Student 中 fine-essay 字段的内容。

实验 17　在 VB 中采用 ADO 方法访问 SQL Server

Microsoft ActiveX Data Objects(ADO)编程接口是通过 OLD DB 来实现对数据库的访问和操作的,是现在比较流行的访问数据库的接口。本实验旨在使学习者掌握在 VB 中采用 ADO 接口访问 SQL Server 的技术。

【知识要点】

1. ADO 简介

(1) ADO 通过 OLE DB 访问和操作数据库服务器中的数据。

(2) ADO 可以访问远程数据。

(3) ADO 支持建立客户机/服务器(C/S)和基于 Web 的应用程序的关键功能。

(4) 通过 ADO 可执行的操作:

- 连接数据源。
- 指定访问数据源的命令,同时可带变量参数,或优化执行。
- 执行命令。
- 提供常规方法检测错误。

2. ADO 对象模型

ADO 把绝大部分的对数据库的操作都封装在 Connection 对象、Command 对象、Recordset 对象、Parameter 对象、Field 对象、Error 对象中。这些对象的模型如图 17-1 所示。

其中,Connection、Command、Recordset、Field 对象都有 Properties 集合,如图 17-2 所示。

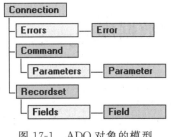

图 17-1　ADO 对象的模型

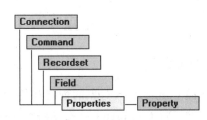

图 17-2　Properties 集合

3. ADO 对象简介

1）Connection 对象

Connection 对象用于建立客户端与数据库服务器的连接。在访问数据库之前必须首先建立一个连接 Connection 对象，然后才可进行访问数据库的操作。

2）Command 对象

使用 Command 对象可以向数据库发送查询、更新命令并返回相应的 Recordset 对象中的记录。

3）Recordset 对象

与数据库建立连接后，就可以使用 Recordset 对象浏览和处理数据库中的数据。所有的 Recordset 对象均由记录和字段组成，通过 Recordset 对象可以访问任一个记录，通过 Field 对象可以访问任一个字段。

4）Parameter 对象和 Parameters 集合

如果 Command 对象中的操作命令是一个参数化的查询或参数化的存储过程，那么每一个参数可作为 Parameters 集合中的一个 Parameter 对象来传递，这些参数包括输入参数、输出参数以及存储过程的返回值。

5）Field 对象和 Fields 集合

Field 对象代表 Recordset 对象中的一列。所有的 Field 对象组成一个 Fields 集合。通过 Field 对象可以访问每个 Recordset 对象中的各个字段属性信息。

6）Error 对象和 Errors 集合

ADO 提供了一个 Error 对象来返回操作过程中的错误信息。当发生错误时，一个或多个 Error 对象被放到 Connection 对象的 Errors 集合中。当另一个 ADO 操作产生错误时，Errors 集合将被清空，并在其中放入新的 Error 对象。因此读取 Errors 集合中的值即可分析在操作过程中发生了哪些错误，从而进行相应的处理。

【实验目的】

- 掌握通过 ADO 方法查询数据库。
- 掌握通过 ADO 方法向数据库中插入数据。
- 掌握通过 ADO 方法修改数据库中的数据。
- 掌握通过 ADO 方法删除数据库中的数据。

实验 17.1　查询数据库

【实验目的】

- 掌握 Connection 对象的创建和使用方法。
- 掌握通过 Command 对象查询数据库。
- 掌握通过 Recordset 对象查询数据库。

【实验内容】

（1）通过 Command 对象创建一个查询 1。查询学生张彬的计算机基础课程的成绩。

（2）通过 Command 对象创建一个查询 2。将学生姓名和课程名作为参数查询该生该课程的成绩，并查询学生张彬的计算机基础课程的成绩。

（3）通过 Recordset 对象创建一个查询 3。查询教师张雪所任的课程信息。

（4）通过 Recordset 对象创建一个查询 4。将教师姓名作为参数查询该教师的任课情况信息，并查询教师张雪的任课信息。

【实验步骤】

1. 通过 Command 对象创建一个查询 1

（1）表单设计，对象名为 query1。

① 启动 Microsoft Visual Basic 6.0 程序设计环境。

② 创建一个新表单。

③ 设计表单。在表单中加入 3 个控件。第 1 个是文本框，对象名是 Score_text，初始值为空；第 2 个是标签，其Caption 属性值为"张彬的计算机基础成绩"；第 3 个是命令按钮，其对象名为 Command1，Caption 属性值为"查询"，如图 17-3 所示。

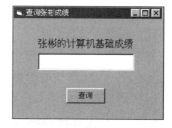

图 17-3 查询 1 表单设计

（2）程序设计。

① 双击"查询"按钮，打开其 Click 事件代码窗口。

② 在语句 Private Sub Command1_Click()与 End Sub 之间添加代码，如图 17-4 所示。

图 17-4 查询 1 的程序代码

注意：代码中的注释语句有助于理解程序。

（3）执行程序。

① 引用 ADO 对象。在 VB 环境中，选择"工程"→"引用"，在打开的窗口中选择 Microsoft ActiveX Data Objects 2.6 Library。

② 设置启动对象。在 VB 环境中，选择"工程"→"Project1 属性"，打开"工程属性"窗口，在"启动对象"中选择 query1。

③ 执行程序。单击 VB 窗口工具栏中的按钮 ▶，执行工程程序。显示界面如图 17-3 所示。

④ 查询成绩。单击"查询"按钮，张彬同学的计算机基础课程的成绩即显示在文本框中，如图 17-5 所示。

（4）关闭窗口，结束执行。

图 17-5　执行查询结果界面

2. 通过 Command 对象创建一个查询 2

（1）表单设计，对象名为 query2。

① 启动 Microsoft Visual Basic 6.0 程序设计环境。

② 创建一个新表单。

③ 设计表单。在表单中加入 5 个控件。第 1 个是输入学生姓名的文本框，对象名是 S_Text，其 Text 属性的初始值为空；第 2 个是输入课程名称的文本框，对象名是 S_Text，其 Text 属性的初始值为空；第 3 个是显示成绩的文本框，对象名是 Score_Text，其 Text 属性的初始值为空；第 4 个是命令按钮，其对象名为 Command1，Caption 属性值为"查询"；第 5 个是命令按钮，其对象名为 Command2，Caption 属性值为"结束"。另外还需要 3 个标签控件，用于标识"学生姓名""课程名""成绩"，如图 17-6 所示。

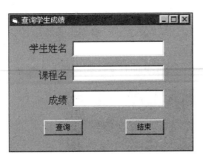

图 17-6　查询 2 表单设计

（2）程序设计。

① 双击"查询"按钮，打开其 Click 事件代码窗口。在语句 Private Sub Command1_Click()与 End Sub 之间添加代码，如图 17-7 所示。

② 双击"结束"按钮，打开其 Click 事件代码窗口。在语句 Private Sub Command2_Click()与 End Sub 之间添加代码：Unload Me。

注意：代码中的注释语句有助于理解程序。

（3）执行程序。

① 引用 ADO 对象。在 VB 环境中，选择"工程"→"引用"，在打开的窗口中选择 Microsoft ActiveX Data Objects 2.6 Library。

② 设置启动对象。在 VB 环境中，选择"工程"→"Project1 属性"，打开"工程属性"窗口，在"启动对象"中选择 query2。

③ 执行程序。单击 VB 窗口工具栏中的按钮 ▶，执行工程程序。显示界面如图 17-6 所示。

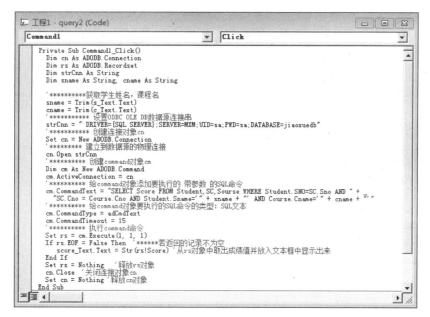

图 17-7 查询 2 的程序代码

④ 查询成绩。在"学生姓名"中输入"张彬";在"课程名中"输入"计算机基础";单击"查询"按钮,张彬同学的计算机基础课程的成绩即显示在成绩文本框中,如图 17-8 所示。

(4) 单击窗口中的"结束"按钮,关闭窗口,结束执行。

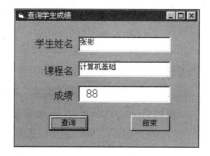

图 17-8   执行查询 2 结果界面

3. 通过 Recordset 对象创建一个查询 3。

查询教师张雪所任的课程信息。

(1) 表单设计,对象名为 query3。

① 启动 Microsoft Visual Basic 6.0 程序设计环境。

② 创建一个新表单。

③ 设计表单。在表单中加入 3 个控件。第 1 个是列表框,用于显示查询结果,即教师张雪所任的课程,对象名为 TC_List;第 2 个是"查询"命令按钮,其对象名为 Command1,Caption 属性值为"查询";第 3 个是命令按钮,其对象名为 Command2,Caption 属性值为"退出"。另外还需要 1 个标签控件,用于标识显示结果列表框,如图 17-9 所示。

(2) 程序设计。

① 双击"查询"按钮,打开其 Click 事件代码窗口。在语句 Private Sub Command1_Click()与 End Sub 之间添加代码,如图 17-10 所示。

注意:cm.CommandText 赋值语句中右侧 SQL 的格式和内容及代码中的注释行语句。

② 双击"退出"按钮,打开其 Click 事件代码窗口。在语句 Private Sub Command2_Click()与 End Sub 之间添加代码:Unload Me。

实验 17   在 VB 中采用 ADO 方法访问 SQL Server

图 17-10　查询 3 的程序代码

图 17-9　查询 3 表单设计

（3）执行程序。

① 引用 ADO 对象。在 VB 环境中，选择菜单"工程"→"引用"，在打开的窗口中选择 Microsoft ActiveX Data Objects 2.6 Library。

② 设置启动对象。在 VB 环境中，选择"工程"→ "Project1 属性"，打开"工程属性"窗口，在"启动对象"中选择 query3。

③ 执行程序。单击 VB 窗口工具栏中的按钮 ▶，执行工程程序。显示界面如图 17-9 所示。

④ 查询。单击"查询"按钮，教师张雪所任课程（程序设计、微机原理）全部显示在列表框中，如图 17-11 所示。

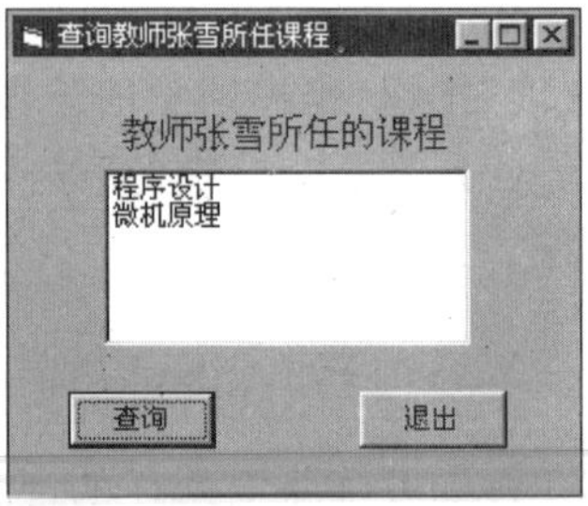

图 17-11　执行查询 3 结果界面

（4）单击窗口中的"退出"按钮，关闭窗口，结束执行。

4. 通过 Recordset 对象创建一个查询 4

（1）表单设计，对象名为 query4。

① 启动 Microsoft Visual Basic 6.0 程序设计环境。

② 创建一个新表单。

③ 设计表单。在表单中加入 4 个控件。第 1 个是用于输入教师名的文本框，对象名为 T_name；第 2 个是用于显示查询结果的列表框，即待查询教师所任的课程，对象名为 TC_list；第 3 个是"查询"命令按钮，其对象名为 Command1，Caption 属性值为"查询"；第 4 个是命令按钮，其对象名为 Command2，Caption 属性值为"退出"。另外还需要 2 个标签控件，用于标识"教师名"文本框和"课程列表"文本框，如图 17-12 所示。

（2）程序设计。

① 双击"查询"按钮，打开其 Click 事件代码窗口。在语句 Private Sub Command1_Click()与 End Sub 之间添加代码，如图 17-13 所示。

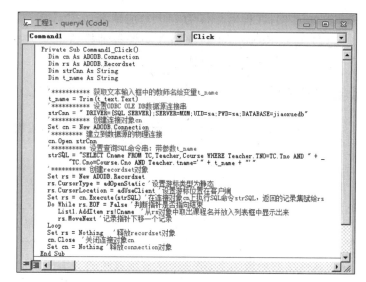

图 17-13　查询 4 的程序代码

图 17-12　查询 4 表单设计

② 双击"退出"按钮,打开其 Click 事件代码窗口。在语句 Private Sub Command2_ Click()与 End Sub 之间添加代码 Unload Me。

(3) 执行程序。

① 引用 ADO 对象。在 VB 环境中,选择"工程"→"引用",在打开的窗口中选择 Microsoft ActiveX Data Objects 2.6 Library。

② 设置启动对象。在 VB 环境中,选择"工程"→ "Project1 属性",打开"工程属性"窗口,在"启动对象"中选 择 query4。

③ 执行程序。单击 VB 窗口工具栏中的按钮 ▶,执 行工程程序,显示界面如图 17-12 所示。

④ 查询教师张雪所任课程。在"教师名"文本框中输 入"张雪",单击"查询"按钮,教师张雪所任课程(程序设 计、微机原理)全部显示在列表框中,如图 17-14 所示。

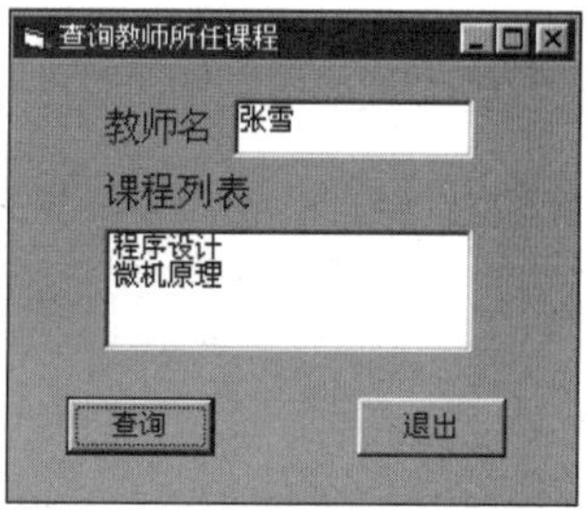

图 17-14　执行查询 4 结果界面

(4) 结束执行。单击窗口中的"退出"按钮,关闭窗口,结束执行。

实验 17.2　插入数据到数据库

【实验目的】

- 掌握通过 Command 对象插入数据到数据库。
- 掌握通过 Recordset 对象插入数据到数据库。

【实验内容】

(1) 通过 Command 对象插入一个学生某门课程的成绩记录。插入一条记录:学号

Sno 为 991104；课程号 Cno 为 01003；成绩 Score 为 88。

（2）通过 Recordset 对象插入一条教师授课记录。插入一条记录：教师号 Tno 为 000008；课程号 Cno 为 01001。

【实验步骤】

1. 通过 Command 对象插入一个学生某门课程的成绩记录

（1）表单设计，对象名为 insert1。

① 启动 Microsoft Visual Basic 6.0 程序设计环境。

② 创建一个新表单。

③ 设计表单。在表单中加入 5 个控件。第 1 个是输入学生学号的文本框，对象名为 S_text，其 Text 属性的初始值为空；第 2 个是输入课程号的文本框，对象名为 C_text，其 Text 属性的初始值为空；第 3 个是显示成绩的文本框，对象名为 Score_text，其 Text 属性的初始值为空；第 4 个是命令按钮，对象名为 Command1，其 Caption 属性值为"入库"；第 5 个是命令按钮，对象名为 Command2，其 Caption 属性值为"退出"。另外还需要 3 个标签控件，用于标识"学号""课号""成绩"，如图 17-15 所示。

（2）程序设计。

① 双击"查询"按钮，打开其 Click 事件代码窗口。在语句 Private Sub Command1_Click() 与 End Sub 之间添加代码，如图 17-16 所示。

图 17-15　插入学生选课和成绩信息记录表单

图 17-16　用 Command 对象插入记录程序代码

② 双击"退出"按钮，打开其 Click 事件代码窗口。在语句 Private Sub Command2_

Click()与 End Sub 之间添加代码 Unload Me。

（3）执行程序。

① 引用 ADO 对象。在 VB 环境中，选择"工程"→"引用"，在打开的窗口中选择 Microsoft ActiveX Data Objects 2.6 Library。

② 设置启动对象。在 VB 环境中，选择"工程"→"Project1 属性"，打开"工程属性"窗口，在"启动对象"中选择 insert1。

③ 执行程序。单击 VB 窗口工具栏中的按钮 ▶，执行工程程序。显示界面如图 17-15 所示。

④ 插入成绩记录。在"学号"中输入 991104，在"课号"中输入 01003，在"成绩"中输入 88，单击"入库"按钮，显示插入成功的提示对话框，如图 17-17 所示，单击"确定"按钮，关闭提示对话框。

（4）结束执行。单击窗口中的"退出"按钮，关闭窗口，结束执行。

图 17-17　插入成功

2. 通过 Recordset 对象插入一个教师授课记录

（1）表单设计，对象名为 insert2。

① 启动 Microsoft Visual Basic 6.0 程序设计环境。

② 创建一个新表单。

③ 设计表单。在表单中加入 4 个控件。第 1 个是用于输入教师号的文本框，对象名为 T_text，其 Text 属性的初始值为空；第 2 个是用于输入课程号的文本框，对象名为 C_text，其 Text 属性的初始值为空；第 3 个是提交入库命令的按钮，对象名为 Command1，

图 17-18　insert2 表单设计

其 Caption 属性值为"入库"；第 4 个是命令按钮，对象名为 Command2，其 Caption 属性值为"退出"。另外还需要 2 个标签控件，用于标识"教师号"文本框和"课程号"文本框，如图 17-18 所示。

（2）程序设计。

① 双击"入库"按钮，打开其 Click 事件代码窗口。在语句 Private Sub Command1_Click()与 End Sub 之间添加代码，如图 17-19 所示。

② 双击"退出"按钮，打开其 Click 事件代码窗口。在语句 Private Sub Command2_Click()与 End Sub 之间添加代码 Unload Me。

（3）执行程序。

① 引用 ADO 对象。在 VB 环境中，选择"工程"→"引用"，在打开的窗口中选择 Microsoft ActiveX Data Objects 2.6 Library。

② 设置启动对象。在 VB 环境中，选择"工程"→"Project1 属性"，打开"工程属性"窗口，在"启动对象"中选择 insert2。

③ 执行程序。单击 VB 窗口工具栏中的按钮 ▶，执行工程程序。显示界面如图 17-18 所示。

```
工程1 - insert2 (Code)
Command1                              Click
    Private Sub Command1_Click()
      Dim cn As ADODB.Connection
      Dim strCnn As String, strSQL As String
      Dim tno As String, cno As String
      Dim id
      '*********获取待插入记录的教师号和课程号
      tno = Trim(t_Text.Text)
      cno = Trim(c_Text.Text)
      '*********** 设置ODBC OLE DB数据源连接串
      strCnn = " DRIVER={SQL SERVER};SERVER=MXM;UID=sa;PWD=sa;DATABASE=jiaoxuedb"
      '*********** 创建连接对象cn
      Set cn = New ADODB.Connection
      '********* 建立到数据源的物理连接
      cn.Open strCnn
      '********* 设置查询SQL命令串：带参数t_name
      strSQL = "SELECT * FROM Tc"
      '********* 创建recordset对象
      Set rs = New ADODB.Recordset
      rs.CursorType = adOpenDynamic '设置游标类型为动态
      rs.CursorLocation = adUseClient '设置游标位置在客户端
      rs.LockType = adOpenDynamic
      cn.Errors.Clear '清空错误对象
      On Error GoTo Error11 '若发生错误则转到语句：Error11
      rs.Open strSQL, cn,    adCmdText
      rs.AddNew '在rs对象中插入一新行
      rs!tno = tno '给新行增加一个字段tno
      rs!cno = cno '给新行再增加一个字段cno
      rs.Update '********** 提交对rs的操作
    Error11:
      If cn.Errors.Count = 0 Then '判断是否有错误发生
        id = MsgBox("成功插入数据！", vbOKOnly, "插入教师授课信息")
      Else
        id = MsgBox("插入数据失败！", vbOKOnly, "插入教师授课信息")
      End If
      Set rs = Nothing    '释放recordset对象
      cn.Close '关闭连接对象
      Set cn = Nothing '释放connection对象
    End Sub
```

图 17-19　用 Recordset 对象插入记录程序代码

④ 插入一条授课记录。在"教师号"文本框中输入 000008，在"课程号"文本框中输入 01001，如图 17-20 所示。单击"入库"按钮，该教师任该课程的记录插入数据库的 TC 表中，并显示"成功插入数据"提示框，如图 17-21 所示，单击"确定"按钮，关闭提示框。

图 17-20　输入插入信息

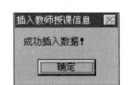

图 17-21　插入成功提示

（4）结束执行。单击窗口中的"退出"按钮，关闭窗口，结束执行。

实验 17.3　更新数据库中的数据

【实验目的】

- 掌握通过 Command 对象更新数据库数据。
- 掌握通过 Recordset 对象更新数据库数据。

【实验内容】

(1) 通过 Command 对象修改一个学生某门课程的成绩。学号 Sno：991104，课程号 Cno：01003，成绩 SCORE：77。

(2) 通过 Recordset 对象修改一个教师的一门授课记录。教师号 Tno：000008，旧课号 Cno：01001，新课号 Cno：01003。

【实验步骤】

1. 通过 Command 对象修改一个学生某门课程的成绩

(1) 表单设计，对象名为 update1。

① 启动 Microsoft Visual Basic 6.0 程序设计环境。

② 创建一个新表单。

③ 设计表单。在表单中加入 5 个控件。第 1 个是输入学生学号的文本框，对象名为 S_text，其 Text 属性的初始值为空；第 2 个是输入课号的文本框，对象名为 C_text，其 Text 属性的初始值为空；第 3 个是输入成绩的文本框，对象名为 Score_text，其 Text 属性的初始值为空；第 4 个是命令按钮，对象名为 Command1，其 Caption 属性值为"更新"；第 5 个是命令按钮，对象名为 Command2，其 Caption 属性值为"退出"。另外还需要 3 个标签控件，用于标识"学号""课号""成绩"，如图 17-22 所示。

(2) 程序设计。

① 双击"更新"按钮，打开其 Click 事件代码窗口。在语句 Private Sub Command1_Click() 与 End Sub 之间添加代码，如图 17-23 所示。

图 17-22　修改表单 update1

② 双击"退出"按钮，打开其 Click 事件代码窗口。在语句 Private Sub Command2_Click() 与 End Sub 之间添加代码 Unload Me。

(3) 执行程序。

① 引用 ADO 对象。在 VB 环境中，选择"工程"→"引用"，在打开的窗口中选择 Microsoft ActiveX Data Objects 2.6 Library。

② 设置启动对象。在 VB 环境中，选择"工程"→"Project1 属性"，打开"工程属性"窗口，在"启动对象"中选择 update1。

③ 执行程序。单击 VB 窗口工具栏中的按钮 ▶，执行工程程序。显示界面如图 17-22 所示。

④ 修改成绩记录。在"学号"文本框中输入 991104，在"课号"文本框中输入 01003，在"成绩"文本框中输入 77，单击"更新"按钮，显示"成绩更新成功"提示框，如图 17-24 所示，单击"确定"按钮，关闭提示对话框。

(4) 结束执行。单击窗口中的"退出"按钮，关闭窗口，结束执行。

图 17-23　修改表单 update1 的代码

图 17-24　修改成功提示

2. 通过 Recordset 对象修改一个教师的一门授课记录

（1）表单设计，对象名为 update2。

① 启动 Microsoft Visual Basic 6.0 程序设计环境。

② 创建一个新表单。

③ 设计表单。在表单中加入 5 个控件。第 1 个是用于输入教师号的文本框，对象名为 t_text，其 Text 属性的初始值为空；第 2 个是用于输入将被修改的课程号的文本框，对象名为 dc_text，其 Text 属性的初始值为空；第 3 个是用于输入新的课程号的文本框，对象名为 nc_text，其 Text 属性的初始值为空；第 4 个是命令按钮，对象名为 Command1，其 Caption 属性值为"更新"；第 5 个是命令按钮，对象名为 Command2，其 Caption 属性值为"退出"。另外还需要 3 个标签控件，用于标识"教师号"文本框和新旧课程号文本框，如图 17-25 所示。

（2）程序设计。

① 双击"更新"按钮，打开其 Click 事件代码窗口。在语句 Private Sub Command1_Click() 与 End Sub 之间添加代码，如图 17-26 所示。

② 双击"退出"按钮，打开其 Click 事件代码窗口。在语句 Private Sub Command2_Click() 与 End Sub 之间添加

图 17-25　表单 update2 界面

图 17-26　表单 update2 代码

代码 End。

（3）执行程序。

① 引用 ADO 对象。在 VB 环境中，选择"工程"→"引用"，在打开的窗口中选择 Microsoft ActiveX Data Objects 2.6 Library。

② 设置启动对象。在 VB 环境中，选择"工程"→"Project1 属性"，打开"工程属性"窗口，在"启动对象"中选择 update2。

③ 执行程序。单击 VB 窗口工具栏中的按钮 ▶，执行工程程序，显示界面如图 17-25 所示。

④ 修改教师所任课程。在"教师号"文本框中输入 000008，在"旧课号"文本框中输入 01001，在"新课号"文本框中输入 01003。单击"更新"按钮，把该教师任 01001 课程改为任 01003 课程，并显示"成功更新课程号数据"提示框，如图 17-27 所示，单

图 17-27　更新成功提示

击"确定"按钮,关闭提示框。

(4) 结束执行。单击窗口中的"退出"按钮,关闭窗口,结束执行。

实验 17.4 删除数据库中的数据

【实验目的】

- 掌握通过 Command 对象删除数据库数据。
- 掌握通过 Recordset 对象删除数据库数据。

【实验内容】

(1) 通过 Command 对象删除一个学生的一门选课记录。学号 Sno:991104,课程号 Cno:01003。

(2) 通过 Recordset 对象删除一个教师的一门授课记录。教师号 Tno:000008,课程号 Cno:01001。

【实验步骤】

1. 通过 Command 对象删除一个学生的一门选课记录

(1) 表单设计,对象名为 delete1。

① 启动 Microsoft Visual Basic 6.0 程序设计环境。

② 创建一个新表单。

③ 设计表单。在表单中加入 4 个控件。第 1 个是用于输入学号的文本框,对象名为 S_text,其 Text 属性的初始值为空;第 2 个是用于输入课号的文本框,对象名为 C_text,其 Text 属性的初始值为空;第 3 个是提交删除命令按钮,对象名为 Command1,其 Caption 属性值为"删除";第 4 个是命令按钮,对象名为 Command2,其 Caption 属性值为"退出"。另外还需要 2 个标签控件,用于标识"学号"文本框和"课号"文本框,如图 17-28 所示。

图 17-28 删除界面 delete1

(2) 程序设计。

① 双击"删除"按钮,打开其 Click 事件代码窗口。在语句 Private Sub Command1_Click()与 End Sub 之间添加代码,如图 17-29 所示。

② 双击"退出"按钮,打开其 Click 事件代码窗口。在语句 Private Sub Command2_Click()与 End Sub 之间添加代码 Unload Me。

(3) 执行程序。

① 引用 ADO 对象。在 VB 环境中,选择"工程"→"引用",在打开的窗口中选择 Microsoft ActiveX Data Objects 2.6 Library。

② 设置启动对象。在 VB 环境中,选择"工程"→"Project1 属性",打开"工程属性"窗

口,在"启动对象"中选择 delete1。

```
Private Sub Command1_Click()
  Dim cn As ADODB.Connection
  Dim strCnn As String
  Dim sno As String, cno As String
  '**********获取记录学生学号,课程号
  sno = Trim(s_Text.Text)
  cno = Trim(c_Text.Text)
  '**********  使用 MS SQL Server OLD DB数据源连接
  strCnn = "Provider=SQLOLEDB;UID=sa; PWD=sa;Persist " +
           "Security Info=false; Initial Catalog=jiaoxuedb"
  '********** 创建连接对象cn
  Set cn = New ADODB.Connection
  cn.Open strCnn '********** 建立到数据源的物理连接
  '********** 创建command对象cn
  Dim cm As New ADODB.Command
  cm.ActiveConnection = cn
  '********** 给command对象添加要执行的SQL命令: 带参数的存储过程
  cn.Errors.Clear '清空错误对象
  On Error GoTo Error11
  cm.CommandText = "DELETE FROM SC WHERE Sno='" + sno + "' AND Cno='" + cno + "'"
  '********** 给command对象要执行的SQL命令的类型: SQL文本
  cm.CommandType = adCmdText
  cm.Execute recordsaffected,  , adCmdText '********** 执行不返回行的command命令
  If recordsaffected <> 0 Then
    MsgBox ("删除选课记录成功!")
  Else
    MsgBox ("删除选课记录成功!") '失败
  End If
  cn.Close '关闭连接对象cn
  Set cn = Nothing '释放cn对象
  Exit Sub
Error11:
  MsgBox ("删除选课记录成功!") '失败
  cn.Close '关闭连接对象cn
  Set cn = Nothing '释放cn对象
End Sub
```

图 17-29　界面 delete1 程序代码

③ 执行程序。单击 VB 窗口工具栏中的按钮 ▶ ,执行工程程序,显示界面如图 17-28 所示。

④ 删除学号 Sno 为 991104、课号 Cno 为 01003 的学生的选课记录。在"学号"文本框中输入 991104,在"课号"文本框中输入 01003。单击"删除"按钮,该学生的选课记录被删除,并显示"删除选课记录成功"提示框,如图 17-30 所示;若删除失败,则显示"删除选课记录失败"提示框,如图 17-31 所示。单击"确定"按钮,关闭提示框。

图 17-30　成功提示

图 17-31　失败提示

(4) 结束执行。单击窗口中的"退出"按钮,关闭窗口,结束执行。

2. 通过 Recordset 对象删除一个教师的一门授课记录

(1) 表单设计,对象名为 delete2。

① 启动 Microsoft Visual Basic 6.0 程序设计环境。

② 创建一个新表单。

③ 设计表单。在表单中加入 4 个控件。第 1 个是用于输入教师号的文本框,对象名

实验 17　在 VB 中采用 ADO 方法访问 SQL Server

为 t_text，其 Text 属性的初始值为空；第 2 个是用于输入课程号的文本框，对象名为 C_text，其 Text 属性的初始值为空；第 3 个是提交删除命令按钮，对象名为 Command1，其 Caption 属性值为"入库"；第 4 个是命令按钮，对象名为 Command2，其 Caption 属性值为"退出"。另外还需要 2 个标签控件，用于标识"教师号"文本框和"课号"文本框，如图 17-32 所示。

（2）程序设计。

① 双击"删除"按钮，打开其 Click 事件代码窗口。在语句 Private Sub Command1_Click()与 End Sub 之间添加代码，如图 17-33 所示。

图 17-32　删除界面 delete2　　　　　　图 17-33　界面 delete2 程序代码

② 双击"退出"按钮，打开其 Click 事件代码窗口。在语句 Private Sub Command2_Click()与 End Sub 之间添加代码 Unload Me。

（3）执行程序。

① 引用 ADO 对象。在 VB 环境中，选择"工程"→"引用"，在打开的窗口中选择 Microsoft ActiveX Data Objects 2.6 Library。

② 设置启动对象。在 VB 环境中，选择"工程"→"Project1 属性"，打开"工程属性"窗口，在"启动对象"中选择 delete2。

③ 执行程序。单击 VB 窗口工具栏中的按钮 ▶，执行工程程序，显示界面如图 17-32 所示。

④ 删除教师号为 000008、课程号为 01001 的任课记录。在"教师号"文本框中输入 000008，在"课号"文本框中输入 01001，单击"删除"按钮，该教师任该课程的记录即被从数据库表 TC 中删除，并显示"删除任课记录成功"提示框，如图 17-34 所示；若失败，则显示"删除任课记录失败"提示框，如图 17-35 所示。单击"确定"按钮，关闭提示框。

（4）结束执行。单击窗口中的"退出"按钮，关闭窗口，结束执行。

图 17-34 删除成功提示   图 17-35 删除失败提示

习　　题

【实验题】

采用 C/S 结构，针对数据库 jiaoxuedb 进行下面功能设计。

1. 学生信息管理。

（1）查询学生基本信息。

（2）录入学生基本信息。

（3）删除学生基本信息。

（4）更新学生基本信息。

2. 学生课程信息管理。

（1）查询学生选课信息。

（2）录入学生选课信息。

（3）删除学生选课信息。

（4）更新学生选课信息。

3. 教师授课信息管理。

（1）查询教师授课信息。

（2）插入教师授课信息。

（3）删除教师授课信息。

（4）更新教师授课信息。

4. 教师基本信息管理。

（1）查询教师基本信息。

（2）插入教师基本信息。

（3）删除教师基本信息。

（4）更新教师基本信息。

实验 18   用 ASP 动态页面发布数据

在 Internet 环境中可以访问 SQL Server 数据库。通过本实验学习通过 Web 访问数据、发布数据的技术和操作方法。

【知识要点】

1. 动态访问 SQL Server 数据库

如果要用动态页面发布数据,可以用服务器端脚本 Microsoft Active Server Pages (ASP)技术实现对 SQL Server 数据库的动态访问。

2. ASP 对象模型

1) Application 对象

可以使用 Application 对象存储所有给定应用程序的共享信息。

(1) 定义属性或集合的语法。

```
Application("属性/集合名称")=Value
```

(2) 主要事件。

OnStart:在首次创建新的会话之前发生,必须存储在 Global.asa 文件中。

OnEnd:在应用程序退出时发生。

2) Session 对象

可以使用 Session 对象存储特定的用户会话所需的信息。

主要事件如下。

OnStart:在服务器创建新会话时发生。

OnEnd:在会话被放弃或超时时发生。

3) Server 对象

使用 Server 对象可以在服务器上启动 ActiveX 对象,并提供对服务器上的方法和属性的访问。

语法如下。

```
Server.CreateObject(对象类型)
```

4) Request 对象

可以使用该对象访问来自于客户端的任何基于 HTTP 请求传递的所有信息。
语法如下。

```
Request [.集合 | 属性 | 方法 ] (变量)
```

5) Response 对象

用户可以使用该对象将服务器上的数据以 HTML 的格式发送到客户端的浏览器上。

(1) Write 方法语句:

```
Response..Write "信息串"
```

(2) Redirect 方法语句:

```
Response..Redirect ("网页名")
```

【实验目的】

- 掌握 ASP 动态网页制作技术,创建交互式的 Web 页。
- 掌握对 SQL Server 数据库的动态访问方法,实现动态发布信息。

【实验内容】

编写一组 ASP 程序,要求:

(1) 设计 Global.asa 程序。功能如下。

① 包含以下内容。

- Application 对象事件。
- Session 对象事件。

② 在 Session 对象事件中保存一个连接对象变量。

(2) 主页文件名为 Default.asp,功能如下。

① 显示所有学生的选课信息,包括学号、姓名、课程名、成绩。

② 每条记录左侧有一个复选框,用于选择记录。

③ 每个学号都有一个链接,链接到修改页 UpdatePage.asp,用于修改记录。

④ 有一个"删除"按钮,用于删除被选中的记录。

⑤ 有一个"添加"按钮,用于打开一个增加新记录的 ASP 页 AddPage.asp。

(3) 修改记录页文件名 UpdatePage.asp,功能如下。

① 对选择的记录进行修改。

② 有一个"修改"按钮,一方面提交修改到数据库,另一方面返回主页 Default.asp,
显示当前数据库状态下的信息。

(4) 增加新记录页文件名 AddPage.asp,功能如下。

① 录入新记录各项值。

② 有一个"添加"按钮,一方面提交增加的记录到数据库,另一方面返回主页

Default.asp，显示当前数据库状态下的信息。

（5）设计完成新记录入库的程序页 AddNewPage.asp。功能：把输入的记录添加到数据库中。

（6）设计一个删除选择记录的 ASP 程序 DeletePage.asp，功能如下。

① 删除选择的记录。

② 调用主页 Default.asp。

【实验步骤】

1. ASP 程序设计

（1）设计 Global.asa 程序。

① 打开记事本编辑器。

② 输入下列 ASP 程序。

```
<!--==Visual InterDev Generated -Startspan==-->
<!--METADATA TYPE="TypeLib" NAME="Microsoft ActiveX Data Objects 2.6 Library"
UUID="{00000206-0000-0010-8000-00AA006D2EA4}" VERSION="2.6"-->
<!--==Visual InterDev Generated -Endspan==-->
<SCRIPT LANGUAGE=VBScript RUNAT=Server>
SUB Application_OnStart
End SUB
SUB Session_OnStart
    Set cn =Server.CreateObject("adodb.Connection")     '创建一个连接数据库对象
    cn.Provider="MSDASQL"
    cn.Open "jiaoxuedb_odbc","sa","sa"
    Session("cnn")=cn                                   '保存连接对象变量
END SUB
SUB Session_OnEnd
    Set cn=Nothing                                      '释放连接对象变量
END SUB
</SCRIPT>
```

③ 在"E：\My SQL Server 实验\SqlServerAsp"文件夹下保存文件，文件名为 Global.asa。

（2）设计主页 Default.asp。

① 打开记事本编辑器。

② 输入下列 ASP 程序。

```
<%@ Language=VBScript %>
<HTML>
<HEAD>
<META NAME="GENERATOR" Content="Microsoft Visual Studio 6.0">
</HEAD>
```

```
<BODY>
<SCRIPT ID=ServerEventHandlersVBS LANGUAGE=VBScript>
<!--
   Function CheckInput
      Id=MsgBox("真的要删除选中的记录吗?",VBYesNo)
      IF Id=6 Then
         Document.RemoveForm.Action="DeletePage.asp"
         Document.RemoveForm.Submit
      Else
         Document.RemoveForm.Focus
      End If
   End Function
   Function AddNew_OnClick()
      Document.Location.href="AddPage.asp"
   End Function
-->
</SCRIPT>
<Form Name=RemoveForm Id=RemoveForm Method ="Post" OnSubmit="CheckInput()">
<Table Align=Center Border=0 CellPadding=1 CellSpacing=1 Width="70%" >
  <tr  BgColor="Yellow" >
    <th Align=Middle Width="10%" >      </th>
    <th Align=Left Width="15%">  学  号  </th>
    <th Align=Left Width="20%">  姓   名  </th>
    <th Align=Left Width="20%">  课程名   </th>
    <th Align=Left Width="15%">  成绩   </th></tr>
<%
    myconn =Session("cnn")
    'Set cn =Server.CreateObject("adodb.Connection")
    'cnstr=Application("Connection1_ConnectionString")
    'cn.Provider="MSDASQL"
    'cn.Open "jiaoxuedb_odbc","sa","sa"
    Set rs=Server.CreateObject("adodb.Recordset")
    strSQL="SELECT Student.Sno,Sname,Cname,Score FROM Student,Course,Sc " &_
       " WHERE Student.Sno=SC.Sno AND Course.Cno=SC.Cno"
    rs.Open strSQL, myConn
    j=0
    Do While Not rs.Eof
       j=j+1
%>
  <tr>
    <td Align=Middle Width=10%><Input   Id=Sno type=CheckBox
                Value=<%=rs.Fields(0) & rs.Fields(2) %>Name=Sno></td>
    <%str="UPDATEPage.asp?" & "Sno=" & Trim(rs.Fields(0) +_
            "&Cname="+rs.Fields(2)) & "&Update=0 " %>
```

```
        <td Width=15%><Font Size=2><%Response.Write "<a href="+str+">"%>
                    <%=(rs.Fields(0)) %></font></a></td>
        <td Width=20%><Font Size=2><%=rs.Fields(1) %></font>  </td>
        <td Width=20%><Font Size=2><%=rs.Fields(2) %></font>  </td>
        <td Width=20%><Font Size=2><%=rs.Fields(3) %></font>  </td>
    </tr>
        <%rs.MoveNext %>
    <%  Loop %>
<%rs.Close
    Set rs =Nothing
    Set myconn=Nothing
%>
</Table>
<HR Align=Center Width=70%  >
<P></P>
<P></P>
          
<INPUT Id=deleteconfirm name=delbutton type="submit" Value="删除选中的记录 "
    style="left: 93px; TOP: 115px" >   
<INPUT Id=AddNew Name=AddNew Type=Button Value="   添加新记录    "
        Style="left: 93px; TOP: 115px"  OnClick="AddNew_OnClick()"> </P>
</Form>
</Body>
</HTML>
```

③ 在"E：\My SQL Server 实验\SqlServerAsp"文件夹下保存文件，文件名为 Default.asp。

（3）设计修改记录页 UpdatePage.asp。

① 打开记事本编辑器。

② 输入下列 ASP 程序。

```
<%@ Language=VBScript %>
<HTML>
<HEAD>
<META Name=VI60_defaultClientScript Content=VBScript>
<META NAME="GENERATOR" Content="Microsoft Visual Studio 6.0">
</HEAD>
<BODY>
<%IF Request.QueryString("UPDATE")="0" then
    Sno=Request.QueryString("Sno")
    Cname=Request.QueryString("Cname")
    Set rs=Server.CreateObject("ADODB.Recordset")
    strSQL="SELECT Student.Sno,Sname,Cname,Score,Course.Cno " & _
        " FROM Student,Course,SC " & _
```

```
            " WHERE Student.Sno=SC.Sno AND Course.Cno=SC.Cno AND " & _
            " Student.Sno='" & Sno & "' AND Cname='" & Cname & "'"
        cn =Session("cnn")
        rs.Open strsql,cn
%>
<!--显示信息-->
<div Align="Center">
<FORM Name=UPDATE FROM Id=Form1
Action="UpdatePage.asp? Sno=<%=Sno%>&amp;
        Update=1" Method="post" >
<Center>
    <Table Border=0 cellpadding=1 cellspacing=1 Width="40%" > 
        <tbody>
            <tr   BgColor="# fbfce2">
                <td Align=right Width="25%">   学号   </td> 
                <td Width=50%><p Align="Center"><%=rs.Fields(0).Value%></p></td></tr>
                <Input type="hidden" Name="sno" Value=<%=rs.Fields(0).Value%>   </p>
            <tr bgcolor="# fbfce2">
                <td Align=right Width="25%">   姓名   </td>
                <td Width=50%><p Align="Center"><%=rs.Fields(1).Value%></p></td></tr>
            <tr bgcolor="# fbfce2">
                <td Align=right Width="25%">   课程名   </td>
                <td Width=50%><p Align="Center"><%=rs.Fields(2).Value%></p></td></tr>
                <Input type="hidden" Name="Cname" Value=<%=rs.Fields(2).Value%>   </p>
            <tr bgcolor="# fbfce2">
                <td Align=right Width="25%">成绩</td><td Width=50%><p Align="Center">
                    <Input Name="score" Value="<%=rs.Fields(3).Value%>"></td></tr>
</Center></tbody></Table>
<p><Input Type="submit" Name="UpdatePage" Value="   修 改   "></p>
<%Else
        '更新数据
        Sno=Request.Form("Sno")
        Cname=Request.Form("Cname")
        Score=Request.Form("Score")
        Set rs=Server.CreateObject("ADODB.Recordset")
        strSQL="SELECT Cno FROM Course " & " WHERE Cname='" & Cname & "'"
        cn =Session("cnn")
        rs.Open strsql,cn
        Cno=rs.Fields(0)
        strsql="UPDATE SC Set Score=" & Score & " WHERE Sno='" & _
                        Sno & "' AND Cno='" & Cno & "'"
        cn=Session("cnn")
        Set cmd =Server.CreateObject("adodb.Command")
        cmd.CommandText=strsql
```

```
        cmd.ActiveConnection=cn
        cmd.Execute RecordsAffected
%>    <Script Language=VBScript>
            Document.Location.href="Default.asp"
        </Script>
<%End If %>
</FORM>
</BODY>
</HTML>
```

③ 在"E：\My SQL Server 实验\SqlServerAsp"文件夹下保存文件，文件名为 UpdatePage. asp。

（4）设计增加新记录页 AddPage. asp。

① 打开记事本编辑器。

② 输入下列 ASP 程序。

```
<%@ Language=VBScript %>
<HTML>
<HEAD>
<META Name=VI60_defaultClientScript Content=VBScript>
<META NAME="GENERATOR" Content="Microsoft Visual Studio 6.0">
<SCRIPT LANGUAGE=VBScript>
</SCRIPT>
</HEAD>
<BODY>
<FORM Name=addForm Action="addnewPage.asp" Method="post" >
<Table Align=Center Border=0 Width="40%"  >
  <tr  BgColor="Yellow">
    <td Align=Middle >姓名 <br>
      <INPUT Name=Sname ID=SName Size=15%></td>
    <td Align=Middle >课程名 <br>
      <INPUT Name=Cname ID=CName Size=25%></td>
    <td Align=Middle >成绩 <br>
      <INPUT Name=Score ID=Score Size=15%></td></tr>
  <tr>
    <td></td>
    <td Align=Middle><br><INPUT Name=Add Type=Submit Value=" 提交 "></td>
  </tr>
</Table>
</FORM>
</BODY>
</HTML>
```

③ 在"E：\My SQL Server 实验\SqlServerAsp"文件夹下保存文件，文件名为 AddPage. asp。

（5）设计完成新记录入库的程序页 AddNewPage.asp。

① 打开记事本编辑器。

② 输入下列 ASP 程序。

```
<%@ Language=VBScript %>
<%'=Request.Form("Sno")%>
<%'=Request.Form("Sname")%>
<%'=Request.Form("Cname")%>
<%'=Request.Form("Score")%>
<%  cn =Session("cnn")
    'Set cn =Server.CreateObject("adodb.Connection")
    'cn.open "newbase_source","sa","sa"
    Sname=Request.Form("Sname")
    Cname=Request.Form("Cname")
    Score=Request.Form("Score")
    Set rs=Server.CreateObject("adodb.RecordSet")
    strsql="SELECT * FROM Student,SC,Course WHERE SC.Cno=Course.Cno AND " +_
        " Student.Sno=SC.Sno AND Sname='" & Snanme & _
        "' AND Cname='" & Cname & "'"
    rs.Open strsql,cn
    IF rs.Eof =False Then   %>
      <Script Language=VBScript>
      Document.Location.href="Companyadd.asp"
      MsgBox("该生已选该课程!")
      </Script>
<%  rs.Close
    Set rs=Nothing
    Else
      rs.Close
      strsql="SELECT Cno FROM Course WHERE Cname='" & Cname & "'"
      rs.Open strsql,cn
      IF rs.Eof =True Then   %>
        <Script Language=VBScript>
        Document.Location.href="AddPage.asp"
        MsgBox("没有该课程!")
        </Script>
<%    rs.Close
      Else
        Cno=rs.Fields(0)
        rs.Close
        strsql="SELECT Sno FROM Student WHERE Sname='" & Sname & "'"
        rs.Open strsql,cn
        IF rs.Eof =True Then   %>
          <Script Language=VBScript>
          Document.Location.href="AddPage.asp"
          MsgBox("没有该学生!")
```

```
                  </Script>
<%                rs.Close
              Else
                Sno=rs.Fields(0)
                rs.Close
                Set rs=Nothing
                IF Score="" Then
                    strsql="INSERT INTO SC(Sno,Cno) VALUES ('" & Sno & "','" & Cno &"')"
                Else
                    strsql=" INSERT  INTO  SC(Sno,Cno,Score) VALUES('" & _
                        Sno & "','" & Cno &"'," & Score & ")"
                End If
                Set cmd =Server.CreateObject("adodb.Command")
                cmd.CommandText=strsql
                cmd.ActiveConnection=cn
                cmd.Execute RecordsAffected
                Response.Redirect("Default.asp")
            End If
        End If
    End If  %>
```

③ 在"E:\My SQL Server 实验\SqlServerAsp"文件夹下保存文件,文件名为AddNewPage.asp。

(6)设计一个删除选择记录的 ASP 程序 DeletePage.asp。

① 打开记事本编辑器。

② 输入下列 ASP 程序。

```
<%@ Language=VBScript %>
<%  IF Request.Form("Sno").Count <>0 then
        strsql ="DELETE   SC   WHERE "
        For i =1 to Request.Form("Sno").Count
            Sno=Left(Request.Form("Sno")(i),6)
            Cname=Right(Request.Form("Sno")(i),Len(Request.Form("Sno")(i))-6)
            strsql =strsql & "(Sno='" & Sno & "' AND Cno in " & _
              "(SELECT Cno FROM Course WHERE Cname='" & Cname & "'))"
            IF i <>Request.Form("Sno").Count Then
                strsql =strsql & " or "
            End If
        Next
        myconn =Session("cnn")
        Set cmd =Server.CreateObject("adodb.Command")
        cmd.CommandText =strsql
        cmd.ActiveConnection =myconn
        cmd.Execute RecordsAffected
    End If
    Response.Redirect ("Default.asp")  %>
```

③ 在"E：\My SQL Server 实验\SqlServerAsp"文件夹下保存文件，文件名为 DeletePage.asp。

2. 创建 Web 站点

采用默认站点\Inetpub\wwwroot，把上面的全部程序都复制到该文件夹中，并设置默认站点的默认启动文件是 Default.asp。

3. 执行该组 ASP 程序

（1）打开 IE 浏览器。

（2）浏览主页。若本地计算机名为 zhangbenshan，则在 IE 地址中输入 http://zhangbenshan，按 Enter 键，则打开 Default.asp 页面，如图 18-1 所示。

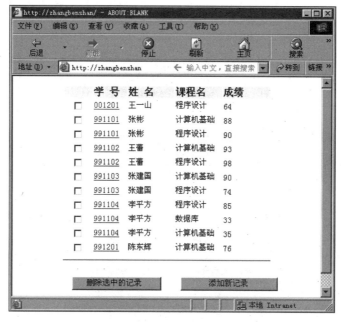

图 18-1　主页 Default.asp

（3）添加新记录。单击"添加新记录"按钮，打开 AddPage.asp 页面，在"姓名"文本框中输入"牛莉"，在"课程名"文本框中输入"程序设计"，在"成绩"文本框中输入 92，如图 18-2 所示。

（4）单击"提交"按钮，返回主页面，可以看到添加的牛莉的记录已存在。

（5）再添加一条新记录。学生姓名为王蕾；课程名为计算机网络。重复步骤（3），添加后，如图 18-3 所示。可以看到，牛莉和王蕾的记录已存在。

（6）修改王蕾的记录。把王蕾的计算机网络的成绩改为 88。用鼠标指向王蕾的学号，光标变成链接状态，单击，打开修改记录 UpdatePage.asp 的页面。在"成绩"文本框中输入 88，如图 18-4 所示。单击"修改"按钮，返回主页，可以看见王蕾的计算机网络课程的成绩为 88 分，如图 18-5 所示。

图 18-2　添加记录 AddPage.asp 页面

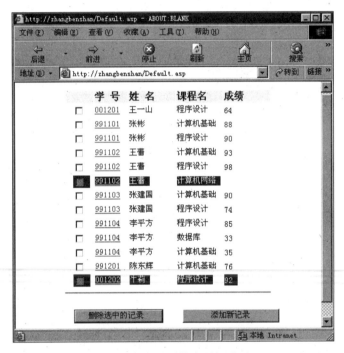

图 18-3　添加记录后的主页 Default.asp

图 18-4　修改记录页 Default.asp

图 18-5　修改后的主页

（7）删除记录,把王蕾的计算机网络课程记录和牛莉的程序设计课程记录删掉。单击王蕾的计算机网络课程记录左侧的复选框(单击后显示√);同样,单击牛莉的程序设计课程记录左侧的复选框,如图 18-6 所示。单击"删除选中的记录"按钮,显示确认窗口,如

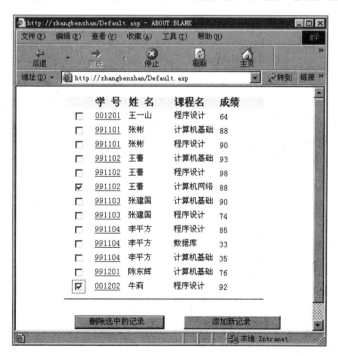

图 18-6　主页：选择要删除的记录

图 18-7 所示。若不想删除则单击"否"按钮返回主页,若确认要删除则单击"是"按钮。现单击"是"按钮,返回主页,如图 18-8 所示,可以看到,两个记录均不存在了。

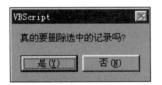

图 18-7　删除确认窗口　　　　　　　　　　图 18-8　主页 Default.asp

（8）关闭网页。

习　　题

【实验题】

采用 B/S 结构,针对数据库 jiaoxuedb 进行下面功能设计。

1. 学生信息管理。

（1）查询学生基本信息。

（2）录入学生基本信息。

（3）删除学生基本信息。

（4）更新学生基本信息。

2. 学生课程信息管理。

（1）查询学生选课信息。

（2）录入学生选课信息。

（3）删除学生选课信息。

（4）更新学生选课信息。

3. 教师授课信息管理。

（1）查询教师授课信息。

（2）插入教师授课信息。

（3）删除教师授课信息。

（4）更新教师授课信息。

4．教师基本信息管理。

（1）查询教师基本信息。

（2）插入教师基本信息。

（3）删除教师基本信息。

（4）更新教师基本信息。

【思考题】

1．在实验 ASP 网页设计中，采用什么方法访问的数据库？

2．在实验中，用于修改记录的 ASP 程序 UpdatePage.asp，其中包括两部分程序：一部分用于显示信息；另一部分用于提交修改信息。请写出控制这两部分程序执行的控制语句、传递控制参数的语句和获得参数的语句。

实验 19　采用 ADO.NET 访问 SQL Server

ADO.NET 是微软最新推出的.NET 框架中的关键技术之一,它比 ADO 具有更强大的兼容性和灵活性。本实验是在 Microsoft Visual Studio 2008 环境中,采用 C♯语言实现的,通过本实验可以学习掌握 ADO.NET 访问数据库的具体方法,掌握最新的数据库访问技术。

【知识要点】

ADO.NET 提供了一个断开的体系结构(disconnected architecture)。当应用程序访问数据库时,首先与数据库连接后,检索数据并把它们保存在内存中作为其副本,然后断开该数据库连接,以后的数据处理都是针对这个副本进行的。如果内存副本中的数据已经修改,并将此修改写入数据库,就建立一个新的连接,更新数据库。

采用 ADO.NET 访问 SQL Server 的方法有两种:System.Data.OleDb 和 System.Data.SqlClient。其中,System.Data.OleDb 可以访问任何与 OLE DB 兼容的数据库;而 System.Data.SqlClient 是专门用于访问 SQL Server 数据库的,比 System.Data.OleDb 访问 SQL Server 快得多。本实验主要学习 System.Data.SqlClient 方法。

System.Data.SqlClient 中常用于数据的子类有 SqlConnection、SqlCommand、SqlDataAdapter、DataSet、DataTable、DataView、DataReader。

1. SqlConnection

该类提供了与 SQL Server 数据库的连接,其包含一个字符串参数,是数据库连接所需要的所有信息,如表 19-1 所示。

表 19-1　访问 SQL Server 所提供的参数

参　　数	描　　述
Provider	这个属性用于设置或返回连接提供程序的名称,仅用于 OleDbConnection 对象
Connection Timeout 或 Connection Timeout	在中止尝试并生产异常前,等待连接到服务器的连接时间长度(以秒为单位),默认是 15s
Initial Catalog 或 Database	数据库的名称

参　数	描　述
Data Source	连接打开时使用的 SQL Server 名称，或者是 Microsoft Access 数据库的文件名
UserID	SQL Server 账户的登录账号
Password	SQL Server 账户的登录密码
Integrated Security 或 Trusted Connection	此参数决定连接是否是安全连接。可能的值有 True、False 和 SSPI(SSPI 是 True 的同义词)。Integrated Security＝True|SSPI：Windows 认证
Persist Security Info	当设置为 False 时，如果连接是打开的或曾经处于打开的状态，那么安全敏感信息(如密码)不会作为连接的一部分返回。设置属性值为 True 可能有安全风险。False 是默认值

2. SqlCommand 类

使用该类对象设置执行一个数据库操作的 SQL 命令。这个命令通常是选取、插入、更新、删除或存储过程。该命令可以表示为 SQL 命令语句文本字符串，或者是存储过程名称，或者是存储过程定义语句文本字符串，既可以包含参数也可以不包含参数。

SqlCommand 类常用的属性有 Connection 和 CommandText。

在执行 SqlCommand 类中设置的 SQL 命令前，用 Connection 属性设置一个连接对象，并且在执行该命令前一定要打开此连接，使得该命令在此连接上执行。属性 CommandText 用于指定要执行的 SQL 语句或存储过程，若包含有参数，则可以使用参数集合 Parameters 的 Add 方法设置这些参数。

SqlCommand 类常用的方法有 ExecuteNonQuery、ExecuteScalar、ExecuteReader。

当 SqlCommand 类对象中设置的 SQL 命令或存储过程不需要返回数据行时，可以使用 ExecuteNonQuery 方法执行该 SQL 命令或存储过程，该方法会返回一个受该 SQL 命令或存储过程影响的行数，可以用此检查命令是否执行。当 SqlCommand 类对象中设置的 SQL 命令或存储过程只返回单个数据库数据值时，可以使用 ExecuteScalar 方法执行该 SQL 命令或存储过程。当 SqlCommand 类对象中设置的 SQL 命令或存储过程执行的结果是一个结果集时，可以使用 ExecuteReader 方法执行该 SQL 命令或存储过程。

3. SqlDataAdapter 类

该类叫数据适配器，是数据源和内存中数据对象之间的桥梁。常使用的属性有 SelectCommand、UpdateCommand、DeleteCommand、InsertCommand。

这 4 个属性都属于 SqlCommand 对象。SelectCommand 用于保存从数据源中检索数据的 SQL 命令的 SqlCommand 对象，数据适配器把执行该 SQL 命令获得的结果存储到 DataSet 或 DataTable 中。其他 3 个属性用于把对 DataSet 或 DataTable 所做的修改返回到数据源中。通过数据适配器的 Fill 方法，可以把数据库中的数据提取到 DataSet 中。

4. DataSet 类

DataSet 类用来存储从数据源中检索的数据,并保存在客户机的内存中,该对象包含了表、关系和约束条件的集合,这些对象与从数据源中读取的数据一致。它可以用作一个轻量级的数据库引擎,允许存储表、编辑数据,使用 DataView 执行查询。可以通过添加、更新和删除记录来对数据进行操作,然后使用数据适配器将这些修改应用到数据源中。

5. DataTable 类

DataTable 类是 DataSet 中的一个对象,它与数据库表的概念类似。DataSet 对象中可以包含多个 DataTable 对象,而且每个 DataTable 对象都可以来自不同的数据源。可以使用 SqlDataAdapter 类的 Fill 方法给 DataSet 数据集中的 DataTable 对象填充数据。

6. DataView 类

DataView 类一般用于从 DataSet 中导出数据,并对这些数据进行排序、过滤、查找、编辑和导航。一个 DataSet 可以包含多个 DataTable 对象,DataView 对象则是 DataTable 的定制视图,它可以包含 DataTable 中任何存在的部分数据构成的数据集合。DataTable 即是 SQL 三级模式的模式数据部分,DataView 即是其外模式部分,是模式数据的映像。这两个对象无论其中哪一个中的数据被修改,另一个对象中对应的数据都会随之改变。DataView 类常用的属性有 Sort、RowFilter。其中,Sort 属性是用来指定 DataView 中数据排序的列,其作用类似于 SQL SELECT 中的 Order By 子句;RowFilter 属性是用来过滤 DataView 中所包含的 DataTable 中的数据行,相当于 SQL SELECT 语句中的 WHERE 子句的作用。

DataView 类常用的方法有 Find 方法。如果要在 DataView 中搜索指定的数据行,可以调用 Find 方法。Find 方法在 DataView 中的主键码列中搜索数据。因此,在调用 Find 方法前,首先要对 DataView 中包含要查找的数据列进行排序,排序后的 DataView 中的该列将成为 DataView 对象的主键码列。一个主键码列值可能对应多个数据行,Find 方法找到一个匹配数据后,将停止查找,仅返回第一个匹配数据的位置,如果没有匹配数据则返回-1。如果 DataView 中有多个数据行对应该搜索键值,则可以通过过滤数据的方法来实现查找。

7. DataReader 类

该类提供一种从 SQL Server 数据库读取行的只进的流的方式。
DataReader 对象的特点是:
- 使用较少的服务器资源。
- 快速访问数据。
- 只进和只读。
- 自己管理连接。
- 自己管理数据。

344

【实验目的】

- 掌握 ADO. NET 技术中的基本概念、思想和技术方法。
- 掌握 ADO. NET 访问数据库的各种类的使用。
- 掌握 ADO. NET 技术访问数据库数据的常用方法及过程。

实验 19.1 查询数据库

【实验目的】

- 掌握 SqlConnection 对象的使用方法和创建数据库的连接。
- 掌握通过 Web. config 配置数据库的方法。
- 掌握 SqlDataAdapter 对象的使用方法。
- 掌握数据集 DataSet 对象的使用方法。
- 掌握通过 SqlCommand 对象访问数据。
- 掌握通过 SqlTable 对象访问数据库。
- 掌握通过 SqlDataReader 对象访问数据库。

【实验内容】

（1）通过 SqlCommand 对象实现单值查询：根据学生姓名和课程名查询成绩。执行查询：查询学生"王一山"的"数据库"课程的成绩。

（2）通过创建 SqlDataAdapter 对象和 DataTable 对象实现多值查询：根据学生姓名查询该生所选课程。执行查询：查询学生"张建国"所选的课程。

（3）通过创建 SqlDataReader 对象实现多行查询：根据姓氏查询人数及其姓名。执行查询：查询"李"姓学生的名单及其人数。

【实验步骤】

（1）通过 SqlCommand 对象实现单值查询：根据学生姓名和课程名查询成绩。执行查询：查询学生"王一山"的"数据库"课程的成绩。

创建项目步骤如下。

① 启动 Microsoft Visual Studio 2008。

② 创建一个新网站。选择"文件"→"新建"→"网站"，打开的对话框如图 19-1 所示。在"模板"中选择"ASP. NET 网站"，在"位置"下拉列表中选择"文件系统"，并给出其路径为"E:\net 学习 2008\教材\QueryScore1"，在"语言"下拉列表中选择 Visual C♯，单击"确定"按钮。

③ 查看"解决方案资源管理器"，如图 19-2 所示。

④ 设计查询页面 Default. aspx。在"解决方案资源管理器"中，双击 Default. aspx 项，打开其页面，单击该页面左下角的"设计"标签，在该状态下，将页面设计成如图 19-3 所示，单击该页面左下角的"源"标签，显示页面代码如下所示。

图 19-1　新建 ASP. NET 网站

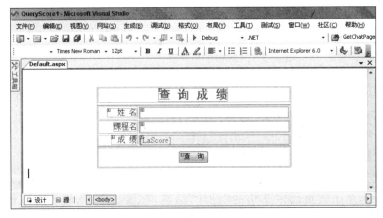

图 19-2　解决方案资源管理器

图 19-3　Default. aspx 页面

```
<%@ Page Language="C#" AutoEventWireup="True" CodeFile="Default.aspx.cs"
Inherits="_Default" %>
<!DOCTYPE Html PUBLIC "-//W3C//DTD XHTML 1.0 Transitional//EN"
                "http://www.w3.org/TR/xhtml1/DTD/xhtml1-transitional.dtd">
<Html xmlns="http://www.w3.org/1999/xhtml" >
    <Head RunAt="Server">
    <Title>查询成绩</Title>
</Head>
<Body>
    <Form Id="form1" RunAt="Server" >
    <Div > </Div>
    <Table Align="Center"   Style="Width: 387px; Height: 34px;">
        <tr Align=Center Valign=Middle><td>
            <asp:Label ID="Label1" RunAt="Server" Text="查 询 成 绩"
                Font-Bold="True" Font-Names="黑体" Font-Size="X-Large"
                        ForeColor="Red">
            </asp:Label></td></tr>
        <tr>
    </Table>
    <Table Align=Center Style="Width: 387px;">
        <tr>
          <td Style="Width: 81px" Align=Right>
              <asp:Label ID="Label2" RunAt="Server" Text="姓    名" Width=
                        "61px" ForeColor="Blue"></asp:Label></td>
          <td Style="Width: 158px">
              <asp:TextBox ID="TBSname" RunAt="Server" Width="290px">
                        </asp:TextBox></td>
        </tr>
        <tr>
          <td Align="Right" Style="Width: 81px">
              <asp:Label ID="Label3" RunAt="Server" Text="课程名"
                        ForeColor="Blue"></asp:Label></td>
          <td Style="Width: 158px">
              <asp:TextBox ID="TBCname" RunAt="Server" Width="291px">
                        </asp:TextBox></td>
        </tr>
        <tr>
          <td Align="Right" Style="Width: 81px">
              <asp:Label ID="Label4" RunAt="Server" Text="成    绩" Width=
                        "53px" ForeColor="Blue"></asp:Label></td>
          <td Style="Width: 158px">
              <asp:Label ID="LaScore" RunAt="Server" Width="297px" BackColor=
                        "#C0FFFF" ForeColor="Fuchsia"></asp:Label></td>
        </tr>
```

```
    </Table>
    <Table Align=Center Style="Width: 387px;">
      <tr Align=Center><td Style="Height: 36px">
      <asp:Button ID="BTQuery" RunAt="Server" Text="查   询" OnClick=
                  "BTQuery_Click" /></td>
      </tr>
    </Table>
    </Form>
  </Body>
</Html>
```

⑤ 设计 Default. aspx 页面处理代码程序 Default. aspx. cs。在 Default. aspx 页面"设
计"状态,双击"查询"按钮,则打开 Default. aspx. cs 程序页,代码如下所示。

```
Using System;
Using System.Data;
Using System.Configuration;
Using System.Web;
Using System.Web.Security;
Using System.Web.UI;
Using System.Web.UI.WebControls;
Using System.Web.UI.WebControls.WebParts;
Using System.Web.UI.HtmlControls;

Public Partial class _Default : System.Web.UI.Page
{
    Protected Void Page_Load(Object sender, EventArgs e)
    {
    }
    Protected Void BTQuery_Click(Object sender, EventArgs e)
    {
    }
}
```

⑥ 编写 Default. aspx. cs 代码。把"Using System. Data. SqlClient;"命名空间添加到
代码中,然后再将"查询"按钮的单击事件处理程序添加到 Protected Void BTQuery_
Click(Object sender,EventArgs e)中。Default. aspx. cs 代码如下所示。

```
Using System;
Using System.Data;
Using System.Data.SqlClient;
Using System.Configuration;
Using System.Web;
Using System.Web.Security;
Using System.Web.UI;
Using System.Web.UI.WebControls;
```

```
Using System.Web.UI.WebControls.WebParts;
Using System.Web.UI.HtmlControls;

Public Partial class _Default : System.Web.UI.Page
{
    Protected Void Page_Load(Object sender, EventArgs e)
    {
    }
    Protected Void BTQuery_Click(Object sender, EventArgs e)
    {
        String connString;
        String SName,CName;

        //获取姓名和课程名
        SName=TBSname.Text;
        CName=TBCname.Text;
    //设置数据库连接串，使用系统认证
    connString ="Initial Catalog=jiaoxuedb;Data Source=mxm;Integrated
            Security=SSPI;";
    SqlConnection Conn =New SqlConnection(connString);
    SqlCommand QueryCommand =New SqlCommand("SELECT Score FROM Student,
            Course,SC " +
            "WHERE Student.Sno =Sc.Sno and Course.Cno=SC.Cno and"+
            "Sname=@SName AND Cname =@CName", Conn);
        // Add the parameters for the SelectCommand.
    QueryCommand.Parameters.Add("@SName", SqlDbType.Char, 8);
    QueryCommand.Parameters.Add("@Cname", SqlDbType.Char, 20);
    QueryCommand.Parameters["@SName"].Value =SName;
    QueryCommand.Parameters["@CName"].Value =CName;
    Conn.Open();
    //执行 QueryCommand.ExecuteScalar 方法查询成绩
    Try
    {
        Int32 ScoreValue = (Int32)QueryCommand.ExecuteScalar();
        LaScore.Text =Convert.ToString(ScoreValue);
    }
    Catch//错误处理
    {
        LaScore.Text="没有成绩";
    }
    Finally
    {
        Conn.Close();
    }
    }
}
```

⑦ 查看"解决方案资源管理器",如图 19-4 所示。

⑧ 执行项目。选择"调试"→"启动调试",如图 19-5 所示。

图 19-4　解决方案资源管理器

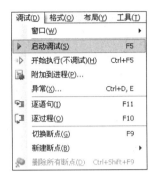

图 19-5　选择执行命令

⑨ 执行查询。打开的 IE 浏览器显示如图 19-6 所示。在"姓名"中输入"张建国"，"课程名"中输入"数据库"，单击"查询"按钮，若查到成绩，则显示如图 19-7 所示的页面；否则显示如图 19-8 所示的页面。

图 19-6　"查询成绩"页面

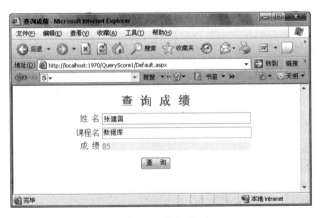

图 19-7　查询成功页面

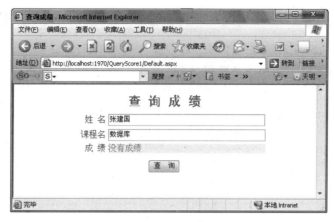

图 19-8　没有查到成绩页面

⑩ 保存项目。在"解决方案资源管理器"中选择"解决方案 QueryScore1",选择"文件"→"QueryScore1.sln 另存为",如图 19-9 所示,打开"另存文件为"对话框,在"保存于"路径中选择要保存的文件夹路径为"E:\net 学习 2008\QueryScore1",在"文件名"中输入 QueryScore1.sln,如图 19-10 所示,单击"保存"按钮。

图 19-9　保存解决方案菜单

图 19-10　保存解决方案对话框

(2) 通过创建 SqlDataAdapter 对象和 DataTable 对象实现多值查询;根据学生姓名查询该生所选课程。执行查询:查询学生"张建国"所选的课程。

创建项目步骤如下。

① 启动 Microsoft Visual Studio 2008。

② 创建一个新网站。选择"文件"→"新建"→"网站",打开的对话框如图 19-11 所示。在"模板"中选择"ASP.NET 网站",在"位置"下拉列表中选择"文件系统",并给出其路径为"E:\net 学习 2008\QueryMulValue",在"语言"下拉列表中选择 Visual C#,单击"确定"按钮。

实验 19　采用 ADO.NET 访问 SQL Server

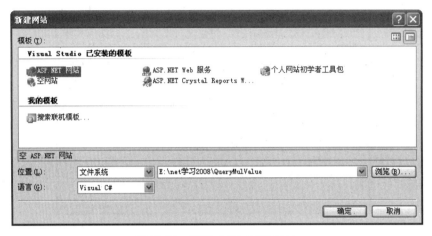

图 19-11 新建 ASP. NET 网站

③ 查看"解决方案资源管理器",如图 19-12 所示。

④ 设计查询页面 Default. aspx。在"解决方案资源管理器"中,双击 Default. aspx 项,打开其页面,单击该页面左下角的"设计"标签,在该状态下,将页面设计成如图 19-13 所示,单击该页面左下角的"源"标签,显示页面代码如下所示。

图 19-12 解决方案资源管理器

图 19-13 Default. aspx 页面设计状态

```
<%@ Page Language="C#" AutoEventWireup="True" CodeFile="Default.aspx.cs"
Inherits="_Default" %>
<!DOCTYPE Html PUBLIC "-//W3C//DTD XHTML 1.0 Transitional//EN" "http://www.
w3.org/TR/xhtml1/DTD/xhtml1-transitional.dtd">
<Html xmlns="http://www.w3.org/1999/xhtml" >
<Head RunAt="Server">
        <Title>多值查询</Title>
</Head>
<Body>
    <Form Id="form1" RunAt="Server">
    <Div>
         <Table Align=Center  Style="Width: 323px; Text-Align: Center">
            <tr>
            <td Style="Width: 321px; Height: 31px; Text-Align: Center; Color: red;"
```

```
                ColSpan="3" bgcolor="#ffffcc">查询学生选课情况</td>
            </tr></Table>
    </Div><Table Align=Center Style="Text-Align: Center">
            <tr>
            <td Style="Width: 75px; Height: 21px; Text-Align: Right; Color: Blue;">
                姓名</td>
            <td Style="Width: 39px; Height: 21px;" ColSpan="2">
                <asp:TextBox ID="TBSName" RunAt="Server" Width="132px">
                </asp:TextBox></td>
            <td ColSpan="1" Style="Width: 95px; Height: 21px">
                <asp:Button ID="Button1" RunAt="Server" OnClick="Button1_Click"
                    Text="查    询" /></td>
            </tr>
        </Table>
        <Table Align=Center  Style="Width:323px">
         <tr><td Style="Height: 33px; Text-Align: Center; Color: Blue;
                        Width: 324px;
                        " ColSpan="3">
            <asp:Label ID="CourseID" RunAt="Server" Text="课 程 名"
                BorderColor="DarkGray" BorderStyle="Double" Font-Size=
                "Larger" ForeColor="Red" Height="29px" Width="314px">
                </asp:Label></td></tr>
        </Table>
        <Table Align=Center Style="Width: 323px">
         <tr><td Style="Width: 321px; Height: 1px; Text-Align: Center;"
            ColSpan="3">
            <asp:DataList ID="CourseList" RunAt="Server" Width="314px"
                BorderStyle="Double" Height="30px" >
            <ItemTemplate>
              <asp:Label ID="CouresLabel" RunAt="Server"
              Text='<%#DataBinder.Eval(Container.DataItem, "Cname") %>'>
              </asp:Label>
            </ItemTemplate>
            <SeparatorTemplate>
                -----------------------------------------
            </SeparatorTemplate>
            </asp:DataList></td>
        </tr>
        </Table>
    </Form>
  </Body>
</Html>
```

⑤ 设计 Default. aspx 页面处理代码程序 Default. aspx. cs。在 Default. aspx 页面"设

计"状态，双击"查询"按钮，则打开 Default. aspx. cs 程序页，如图 19-14 所示。

图 19-14　Default. aspx. cs 初始代码

⑥ 编写 Default. aspx. cs 代码。把"Using System. Data. SqlClient；"命名空间语句添加到代码中，然后再将"查询"按钮的单击事件处理程序添加到 Protected Void QueryBT_Click(Object sender，EventArgs e)中。Default. aspx. cs 代码如下所示。

```
Using System;
Using System.Data;
Using System.Data.SqlClient;
Using System.Configuration;
Using System.Web;
Using System.Web.Security;
Using System.Web.UI;
Using System.Web.UI.WebControls;
Using System.Web.UI.WebControls.WebParts;
Using System.Web.UI.HtmlControls;
Public Partial class _Default : System.Web.UI.Page
{
    Protected Void Page_Load(Object sender, EventArgs e)
    {
        CourseID.Visible =False;
    }
    Protected Void QueryBT_Click(Object sender, EventArgs e)
    {
        String connString,Sname;
        CourseID.Visible =False;
        //设置数据库连接串,使用 SQL Server 认证
        connString ="Persist Security Info=False;User ID=sa;Password=sa;
                Initial Catalog=jiaoxuedb;Server=mxm";
```

```
Sname = TBSName.Text;
//TODO: 在此处添加构造函数逻辑
SqlConnection Conn = New SqlConnection(connString);
//创建 SqlCommand 对象的命令对象: CourseCmd
SqlCommand CourseCmd = New SqlCommand("SELECT Cname " +
    "FROM Student,SC,Course WHERE Student.sno=SC.sno AND
    SC.cno=Course.cno" +" AND Sname=@Sname", Conn);
CourseCmd.Parameters.Add("@Sname", SqlDbType.Char, 8);
CourseCmd.Parameters["@Sname"].Value = Sname;
SqlDataAdapter CourseAdapt = New SqlDataAdapter();
CourseAdapt.SelectCommand = CourseCmd;
//创建 DataSet 对象,并将其绑定到 Datalist 控件
DataSet ds=New DataSet();
Try
{ Conn.Open();
    CourseAdapt.Fill(ds,"CourseTab");
    //创建一个数据表对象 CourseTable
    DataTable CourseTable = ds.Tables["CourseTab"];
    //检索数据表中的行集合
    DataRow[] rows = CourseTable.Select();
    //是否有行数据返回.
    If(rows.Length != 0)//有行数据返回,则用 DataList 显示数据行
    { CourseList.DataSource = CourseTable;
        CourseID.Text = "课　程　表";
        CourseID.Visible = True;
        CourseList.Visible = True;
        CourseList.DataBind();
    }
    Else//没有行数据返回,则显示:抱歉,没有此学生的选课信息!
    { CourseID.Text = "抱歉,没有此学生的选课信息!";
        CourseID.Visible = True;
        CourseList.Visible = False;
    }
}
Catch
{
    CourseID.Text = "抱歉,没有此学生的选课信息!";
    CourseID.Visible = True;
}
Finally
    Conn.Close();
}
}
```

⑦ 查看"解决方案资源管理器",如图 19-15 所示。　　图 19-15　解决方案资源管理器

⑧ 执行项目。单击工具栏中的按钮 ▶ 启动调试,如果代码没有错误,则 IE 浏览器显示项目初始页面,如图 19-16 所示。

图 19-16　项目初始页面

⑨ 执行查询。在"姓名"中输入"张建国",单击"查询"按钮,查到该生所选课程,显示如图 19-17 所示的页面;若在"姓名"中输入"张剑国",没有查到该生所选课程,显示如图 19-18 所示的页面。

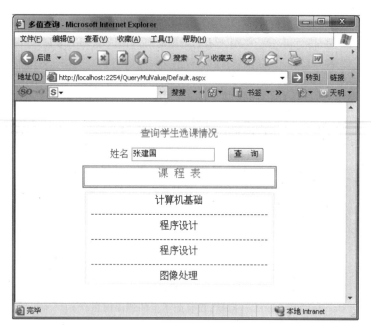

图 19-17　查询"张建国"页面

⑩ 保存项目。在"解决方案资源管理器"中选择"解决方案 QueryMulValue",选择"文件"→"QueryMulValue.sln 另存为",如图 19-19 所示,打开"另存文件为"对话框,在"保存于"路径中选择要保存的文件夹路径为 E:\net 学习 2008\QueryMulValue,在"文件名"中输入 QueryMulValue.sln,单击"保存"按钮,如图 19-20 所示。

SQL Server 实验指导(第 4 版)

图 19-18 查询"张剑国"页面

图 19-19 存储解决方案菜单项

图 19-20 存储解决方案对话框

（3）通过创建 SqlDataReader 对象实现多行查询；根据姓氏查询人数及其姓名。执行查询：查询"李"姓学生的名单及其人数。

创建项目步骤如下。

① 启动 Microsoft Visual Studio 2008。

② 创建一个新网站。选择"文件"→"新建"→"网站"，打开的对话框如图 19-21 所示。在"模板"中选择"ASP.NET 网站"，在"位置"下拉列表中选择"文件系统"，并给出其路径为"E:\net 学习 2008\QueryMulRow"，在"语言"下拉列表中选择 Visual C♯，单击"确定"按钮。

③ 查看"解决方案资源管理器"，如图 19-22 所示。

④ 设计查询页面 Default.aspx。在"解决方案资源管理器"中双击 Default.aspx 项，打开其页面，单击该页面左下角的"设计"标签，在该状态下，将页面设计成如图 19-23 所示，单击该页面左下角的"源"标签，显示页面代码如下所示。

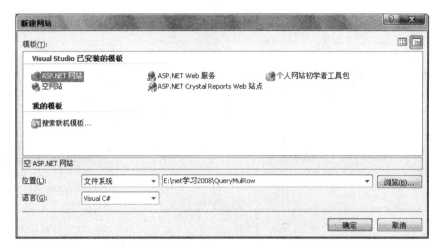

图 19-21 新建 ASP. NET 网站

图 19-22 解决方案资源管理器　　图 19-23　Default. aspx 页面设计状态

```
<%@ Page
Language="C#" AutoEventWireup="True" CodeFile="Default.aspx.cs" Inherits=
"_Default" %>
<!DOCTYPE Html PUBLIC "-//W3C//DTD XHTML 1.0 Transitional//EN"
        "http://www.w3.org/TR/xhtml1/DTD/xhtml1-transitional.dtd">
<Html xmlns="http://www.w3.org/1999/xhtml" >
  <Head RunAt="Server">
      <Title>多行查询</Title>
  </Head>
<Body>
  <Form Id="form1" RunAt="Server">
  <Div Style="Text-Align: Center"  Align=Left>
    <Table Style="Width: 360px" Border=Ture>
     <tr>
       <td BorderColor="#330000" ColSpan="2" Style="Height: 47px; Text-
```

```
              Align: Center">
          <strong><span Style="Font-Size: 22pt; Color: #ff0066; Font-
                Family: 黑体;
           Border-Top-Width: Thin; Border-Left-Width: Thin; Border-Left-
           Color: Black; Border-Bottom-Width: Thin; Border-Bottom-Color:
           Black; Border-Top-Color: Black; Border-Right-Width: Thin;
           Border-Right-Color: Black; Background-Color: #ffffcc;"> 
             学生名单查询   </span></strong></td>
      <td RowSpan="2" Style="Vertical-Align: Top; Width: 36px; Text-Align:
                Center">
           <br /><br /><br />
           <asp:Button ID="QueryBT" RunAt="Server" Text="查    询" Width=
                "74px" Height="30px" /></td></tr>
    <tr>
       <td Style="Width: 183px; Text-Align: Center; Height: 34px;
           Margin: 0px; Border-Right: Black 1px Solid; Border-Top: Black 1px
           Solid; Border-Left: Black 1px Solid; Border-Bottom: Black 1px
           Solid;" BorderColor="#330000">
           <span Style="Font-Size: 20pt; Color: #0000ff; Font-Family:
                隶书">学生姓氏</span></td>
        <td Style="Text-Align: Right; Width: 139px; Height: 34px;"
           BorderColor="#330000">
          <asp:TextBox ID="TBSname" RunAt="Server" Width="138px" Height=
                "29px" BorderStyle="Solid"></asp:TextBox></td></tr>
  </Table>
<Table Style="Width: 360px" >
  <tr>
    <td Style="Width: 0px; Vertical-Align: Middle; Height: 39px; Text-
       Align: Center;" ColSpan="2">
      <asp:Label ID="Lab2" RunAt="Server" BorderStyle="Solid" Font-Bold
           ="True" Font-Size="24pt" ForeColor="#FF0000" Height="38px"
           Style="Border-Right: Black 1px Solid; Border-Top: Black 1px
           Solid;Border-Left: Black 1px Solid; Border-Bottom: Black 1px
           Solid" Text="名    单" Width="272px">
      </asp:Label></td>
    <td Style="Width: 119px; Height: 39px;"></td>
  </tr>
  <tr>
    <td Style="Height: 2px;" ColSpan="2">
      <asp:ListBox ID="NameLBox" RunAt="Server" Style="Border-Right:
           Black Thin Solid;
           Border-Top: Black Thin Solid; Border-Left: Black Thin Solid;
           Border-Bottom:
           Black Thin Solid" Width="270px"></asp:ListBox></td>
```

```
            <td Style="Width: 119px; Height: 2px;"></td>
        </tr>
        <tr>
            <td Style="Width: 55px; Height: 28px;">
                <asp:Label ID="SumStudentLB" RunAt="Server" BorderStyle="Solid"
                    Font-Bold="True"
                    Font-Size="20pt" ForeColor="#FF0033" Height="37px" Style=
                    "Border-Right: Black 1px Solid; Border-Top: Black 1px Solid;
                    Border-Left: Black 1px Solid; Border-Bottom: Black 1px Solid"
                    Text="人  数"  Width="120px">
                </asp:Label></td>
            <td Style="Width: 40px; Height: 28px">
                <asp:TextBox ID="SumStudentTB" RunAt="Server" BorderStyle="Solid"
                    Height="35px"
                    Style="Border-Right: Black 1px Solid;Border-Top: Black 1px
                    Solid;
                    Border-Left: Black 1px Solid; Border-Bottom: Black 1px Solid"
                    Width="143px"></asp:TextBox></td>
            <td Style="Width: 119px; Height: 28px;"></td>
        </tr>
        </Table>
    </Div>
    </Form>
    </Body>
</Html>
```

⑤ 设计 Default. aspx 页面处理代码程序 Default. aspx. cs。在 Default. aspx 页面"设计"状态,双击"查询"按钮,则打开 Default. aspx. cs 程序页,如图 19-24 所示。

图 19-24 Default. aspx. cs 初始代码

⑥ 编写 Default. aspx. cs 代码。把"Using System. Data. SqlClient;"命名空间语句添加到代码中,然后再将"查询"按钮的单击事件处理程序添加到 Protected Void QueryBT_Click(Object sender,EventArgs e)中。Default. aspx. cs 代码如下所示。

```
Using System;
Using System.Data;
Using System.Data.SqlClient;
Using System.Configuration;
Using System.Web;
Using System.Web.Security;
Using System.Web.UI;
Using System.Web.UI.WebControls;
Using System.Web.UI.WebControls.WebParts;
Using System.Web.UI.HtmlControls;

Public Partial Class _Default : System.Web.UI.Page
{
    Protected Void Page_Load(Object sender, EventArgs e)
    {
        NameLBox.Visible =False;
        SumStudentLB.Visible =False;
        SumStudentTB.Visible =False;
        NameLBox.Visible =False;
        Lab2.Visible =False;
        //清除列表框内容
        For (int i =0; i <NameLBox.Items.Count;i++)
        {
            NameLBox.Items[i].Selected=True;
            NameLBox.Items.Remove(NameLBox.SelectedItem);
        }
    }
    Protected Void QueryBT_Click(Object sender, EventArgs e)
    {
        String Sname="";
        String connString="";

        //创建与数据库连接的对象:使用系统认证,从 Web.config 中读取数据库连接串
        ConnectionStringSettings NameSettings;
        NameSettings =ConfigurationManager.ConnectionStrings["SqlConnStr"];
        If (NameSettings !=Null)
            connString =NameSettings.ConnectionString;
                                            //从 Web.config 中获取连接串
        SqlConnection conn =New SqlConnection(connString);
```

```
//创建生成 SqlDataReader 对象的命令对象：CmdMsg
 SqlCommand CmdMsg = New SqlCommand("SELECT Sname FROM Student WHERE
           Sname LIKE @Sname", conn);
Sname =TBSname.Text;
CmdMsg.Parameters.AddWithValue("@Sname", Sname+"%");
//创建 DataReader 对象
SqlDataReader dr;
Try
{
    conn.Open();
    dr =CmdMsg.ExecuteReader();
    int Sum =0;
    While (dr.Read())
    {   ++Sum;
        NameLBox.Items.Add(dr["Sname"]+"");
    }
    If (Sum ==0)
    {   NameLBox.Visible =False;
        SumStudentLB.Visible =False;
        SumStudentTB.Visible =False;
        NameLBox.Visible =False;
        Lab2.Text ="没有该姓氏的学生!";//错误显示
        Lab2.Visible =True;
    }
    Else
    {   Lab2.Text ="   名    单   ";
        NameLBox.Visible =True;
        SumStudentLB.Visible =True;
        SumStudentTB.Visible =True;
        NameLBox.Visible =True;
        Lab2.Visible =True;
        SumStudentTB.Text =Sum.ToString();
        SumStudentTB.ReadOnly =True;
    }
}
Catch
{   Lab2.Text ="系统错误：可能是连接数据库出错!";//错误显示
    Lab2.Visible =True;
}
Finally
{
  dr.Close();
  conn.Close();
```

```
            }
        }
    }
```

⑦ 配置 Web. config 文件。将数据库连接串代码插入 Web. config 中,代码如下所示。

```
<?xml Version="1.0"?>
<Configuration>
    <AppSettings></AppSettings>
    <ConnectionStrings>
      <Add Name="SqlConnStr"
          ConnectionString="Database=jiaoxuedb;Server=mxm;
                Persist Security Info=False;Integrated Security=SSPI;"
          ProviderName="System.Data.SqlClient" />
    </ConnectionStrings>
    <System.web>
        <Compilation Bebug="True"/>
        <Authentication Mode="Windows"/>
        <!--
            <CustomErrors Mode="RemoteOnly" DefaultRedirect=
                                "GenericErrorPage.htm">
            <Error StatusCode="403" Redirect="NoAccess.htm" />
            <Error StatusCode="404" Redirect="FileNotFound.htm" />
        </CustomErrors>
        -->
    </System.web>
</Configuration>
```

⑧ 执行项目。单击工具栏中的按钮 ▶ 启动调试,如果代码没有错误,则 IE 浏览器显示项目初始页面,如图 19-25 所示。

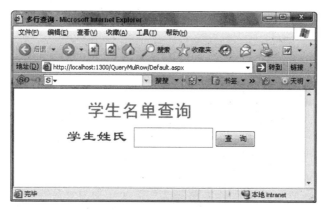

图 19-25　项目初始页面

⑨ 执行查询。在"学生姓氏"文本框中输入"李",单击"查询"按钮,查到该姓氏所有学生名单,显示如图 19-26 所示的页面;若在"学生姓氏"文本框中输入"杨",没有查到该姓氏学生,显示如图 19-27 所示的页面。

图 19-26 "李"姓学生名单

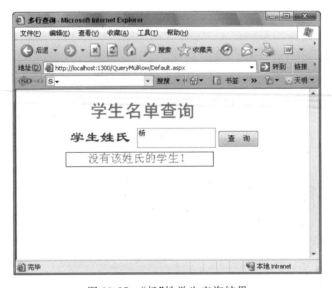

图 19-27 "杨"姓学生查询结果

⑩ 保存项目。在"解决方案资源管理器"中选择"解决方案 QueryMulRow"。选择"文件"→"QueryMulRow.sln 另存为",如图 19-28 所示,打开"另存文件为"对话框,在"保存于"路径中选择要保存的文件夹路径为"E:\net 学习 2008\QueryMulRow",在"文件名"中输入 QueryMulRow.sln,单击"保存"按钮,如图 19-29 所示。

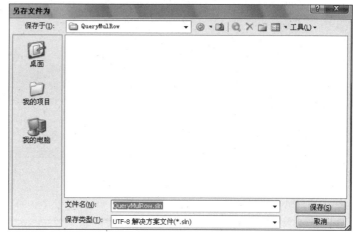

图 19-28　保存解决方案菜单项　　　　　图 19-29　保存解决方案对话框

实验 19.2　插入数据至数据库

【实验目的】

- 掌握通过 SqlCommand 对象插入数据至数据库。
- 掌握通过 DataTable 对象插入数据至数据库。

【实验内容】

(1) 通过 SqlCommand 对象实现把数据插入数据库表中。

要求:把一条学生记录插入学生表中,学号为 990109,姓名为钱力,性别为男。

(2) 通过 SqlDataAdapter 对象把数据插入数据库表中。

要求：把一条课程记录插入课程表中,课程号为 04001,课程名为信息存储与检索。

【实验步骤】

1. 通过 SqlCommand 对象实现把数据插入数据库表中

要求：把一条学生记录插入学生表中,学号为 990109,姓名为钱力,性别为男。

创建一个新项目步骤如下。

(1) 启动 Microsoft Visual Studio 2008。

(2) 创建一个新网站。选择"文件"→"新建"→"网站",打开的对话框如图 19-30 所示。在"模板"中选择"ASP. NET 网站",在"位置"下拉列表中选择"文件系统",并给出其路径为"E:\net 学习 2008\InsertStudent",在"语言"下拉列表中选择 Visual C♯,单击"确定"按钮。

(3) 查看"解决方案资源管理器",如图 19-31 所示。

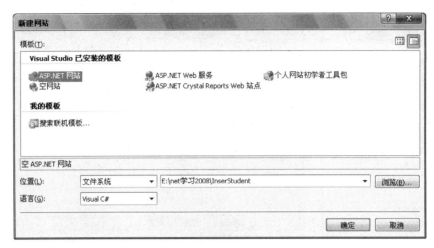

图 19-30 "新建网站"对话框

(4) 设计插入页面 Default. aspx。在"解决方案资源管理器"中,双击 Default. aspx 项,打开其页面,单击该页面左下角的"设计"标签,在该状态下,将页面设计成如图 19-32 所示;单击该页面左下角的"源"标签,显示页面代码如下所示。

图 19-31 解决方案资源管理器　　　　　图 19-32 Default. aspx 页面

```
<%@ Page Language="C#" AutoEventWireup="True" CodeFile="Default.aspx.cs"
Inherits="_Default" %>
<!DOCTYPE Html PUBLIC "-//W3C//DTD XHTML 1.0 Transitional//EN" "http://www.
w3.org/TR/xhtml1/DTD/xhtml1-transitional.dtd">
<Html xmlns="http://www.w3.org/1999/xhtml" >
<Head Runat="Server">
    <Title>插入学生记录</Title>
</Head>
<Body>
    <Form id="form1" Runat="Server">
    <Div>
        <Table Align=Center Style="Vertical-Align:
```

```
      BaseLine; Text-Align: Center">
      <tr><td Style="Height: 33px;" ColSpan="2">
        <span Style="Font-Size: 24pt; Font-Family:
        黑体">  <span Style="Color: #3300ff">
            录入学生信息</span></span></td></tr>
      <tr>
        <td Style="Width: 128px">
                
             学   号</td>
        <td Style="Width: 86px">
        <asp:TextBox ID="SnoTB" Runat="Server" BorderStyle="Ridge"
                      Font-Size="12pt"></asp:TextBox></td></tr>
      <tr>
        <td Style="Width: 128px">      
                  姓  名</td>
        <td Style="Width: 86px">
        <asp:TextBox ID="SnameTB" Runat="Server" BorderStyle="Ridge"
            Font-Size="12pt">
        </asp:TextBox></td></tr>
      <tr>
        <td Style="Width: 128px">
                  性
                    别</td>
        <td Style="Width: 86px">
          <asp:TextBox ID="SexTB" Runat="Server" BorderStyle="Ridge"
              Font-Size="12pt">
          </asp:TextBox></td></tr>
      <tr>
        <td ColSpan="2" Style="Height: 49px">    
                      
          <asp:Button ID="InsertBT" Runat="Server" Height="27px" Text="入　库"
              OnClick="InsertBT_Click" Width="89px" /></td></tr>
      <tr>
        <td ColSpan="2" Style="Height: 49px" Align=Center>
          <asp:Label ID="MessageLB" Runat="Server" Font-Names="幼圆" Font-
              Size="16pt"
          ForeColor="#FF0066" Height="45px" Width="307px" BackColor=
                  "#FFFFC0"></asp:Label></td></tr>
    </Table>
  </Div>
</Form>
</Body>
</Html>
```

（5）设计 Default. aspx 页面处理代码程序 Default. aspx. cs。在 Default. aspx 页面

实验 19　采用 ADO. NET 访问 SQL Server

"设计"状态,双击"入库"按钮,则打开 Default. aspx. cs 程序窗口。

(6) 编写 Default. aspx. cs 代码。把"Using System. Data. SqlClient;"命名空间添加到代码中,然后再将"入库"按钮的单击事件处理程序添加到 Protected Void InsertBT_Click(Object sender, EventArgs e)中。Default. aspx. cs 代码如下所示。

```
Using System;
Using System.Data;
Using System.Data.SqlClient;
Using System.Configuration;
Using System.Web;
Using System.Web.Security;
Using System.Web.UI;
Using System.Web.UI.WebControls;
Using System.Web.UI.WebControls.WebParts;
Using System.Web.UI.HtmlControls;
Public Partial Class _Default : System.Web.UI.Page
{
    Protected Void Page_Load(Object sender, EventArgs e)
    {
        MessageLB.Visible =False;
        SnoTB.Focus();
    }
    Protected Void InsertBT_Click(Object sender, EventArgs e)
    {
        String connString ="";
        //创建与数据库连接的对象:使用系统认证,从 Web.config 中读取数据库连接串
        ConnectionStringSettings NameSettings;
        NameSettings =ConfigurationManager.ConnectionStrings["SqlConnStr"];
        If (NameSettings !=Null)
            connString =NameSettings.ConnectionString;   //从 Web.config 中获取连接串
        SqlConnection conn =New SqlConnection(connString);
        //创建生成 SqlCommand 对象的命令对象:CmdMsg
        String SnoStr =SnoTB.Text;
        String SnameStr =SnameTB.Text;
        String SexStr =SexTB.Text;
        String StrCommand ="INSERT Student(Sno,Sname,Sex) VALUES(@SnoStr,
                            @SnameStr,@SexStr)";
        SqlCommand CmdMsg =New SqlCommand(StrCommand, conn);
        CmdMsg.Parameters.Add("@SnoStr",SqlDbType.Char,6);
        CmdMsg.Parameters["@SnoStr"].Value=SnoStr;
        CmdMsg.Parameters.Add("@SnameStr",SqlDbType.Char,8);
        CmdMsg.Parameters["@SnameStr"].Value=SnameStr;
        CmdMsg.Parameters.Add("@SexStr",SqlDbType.Char,2);
        CmdMsg.Parameters["@SexStr"].Value=SexStr;
```

```
//执行 SqlCommand 对象 CmdMsg
Try
{   conn.Open();
    int RecordsAffected =CmdMsg.ExecuteNonQuery();
    If (RecordsAffected ==1)
        MessageLB.Text ="插入成功!";
    MessageLB.Visible =True;
}
Catch
{   MessageLB.Text ="插入失败!系统错误!";//错误显示
    MessageLB.Visible =True;
}
Finally
{   conn.Close();
}
}
}
```

(7) 配置 Web.config 文件。将数据库连接串代码插入 Web.config 中,代码如下所示:

```
<?xml Version="1.0"?>
<Configuration>
    <AppSettings></AppSettings>
    <ConnectionStrings>
      <Add Name="SqlConnStr"
          ConnectionString="Database=jiaoxuedb;Server=mxm;
              Persist Security Info=false;Integrated Security=SSPI;"
          ProviderName="System.Data.SqlClient" />
    </ConnectionStrings>
    <System.Web>
      <Compilation Debug="True"/>
      <Authentication Mode="Windows"/>
    </System.Web>
</Configuration>
```

(8) 执行项目。单击工具栏中的按钮 ▶ 启动调试,如果代码没有错误,则 IE 浏览器显示项目初始页面,如图 19-33 所示。

(9) 执行插入。在"学　号"文本框中输入990109,在"姓　名"文本框中输入"钱力",在"性　别"文本框中输入"男",单击"入库"按钮。若插入成功,显示如图 19-34 所示的页面;若插入失败,则显示如图 19-35 所示的页面。

(10) 保存项目。在"解决方案资源管理

图 19-33　项目初始页面

器"中选择"解决方案 InsertStudent",选择"文件"→"InsertStudent. sln 另存为",打开"另
存文件为"对话框,在"保存于"路径中选择要保存的文件夹路径为"E:\net 学习 2008\
InsertStudent",在"文件名"中输入 InsertStudent. sln,单击"保存"按钮。

图 19-34　插入成功页面　　　　　　　　图 19-35　插入失败页面

2. 通过 SqlDataAdapter 对象把数据插入数据库表中

要求:把一条课程记录插入课程表中,课程号为 04001,课程名为信息存储与检索。
创建一个新项目步骤如下。

(1) 启动 Microsoft Visual Studio 2008。

(2) 创建一个新网站。选择"文件"→"新建"→"网站",打开的对话框如图 19-36 所示。在
"模板"中选择"ASP. NET 网站",在"位置"下拉列表中选择"文件系统",并给出其路径"E:\net
学习 2008\InsertCourse",在"语言"下拉列表中选择 Visual C♯,单击"确定"按钮。

图 19-36　创建新网站对话框

（3）设计插入页面 Default.aspx。在"解决方案资源管理器"中双击 Default.aspx 项，打开其页面，单击该页面左下角的"设计"标签，在该状态下，将页面设计成如图 19-37 所示，单击该页面左下角的"源"标签，显示页面代码如下所示。

图 19-37　Default.aspx 页面

```
<%@ Page Language="C#" AutoEventWireup="True"  CodeFile="Default.aspx.cs"
Inherits="_Default" %>
<!DOCTYPE Html PUBLIC "-//W3C//DTD XHTML 1.0 Transitional//EN" "http://www.
w3.org/TR/xhtml1/DTD/xhtml1-transitional.dtd">
<Html xmlns="http://www.w3.org/1999/xhtml" >
<Head Runat="Server">
    <Title>插入课程记录</Title>
</Head>
<Body>
    <Form Id="form1" Runat="Server">
    <Div>
      <Table Align=Center Style="Vertical-Align: BaseLine; Text-Align: Center">
      <tr>
        <td Style="Height: 33px;" ColSpan="2">
        <span Style="Font-Size: 24pt; Font-Family: 黑体">  
            <span Style="Color: #3333ff">
        插入课程信息</span></span></td></tr>
      <tr>
        <td Style="Width: 128px">            课
                程号</td>
        <td Style="Width: 86px">
          <asp:TextBox ID="CnoTB" Runat="Server" BorderStyle="Ridge" Font-
            Size="12pt">
          </asp:TextBox></td></tr>
      <tr>
        <td Style="Width: 128px">            课
                程名</td>
        <td Style="Width: 86px">
          <asp:TextBox ID="CnameTB" Runat="Server" BorderStyle="Ridge"
                Font-Size="12pt">
```

实验 19　采用 ADO.NET 访问 SQL Server

```
                </asp:TextBox></td></tr>
        <tr>
          < td ColSpan="2" Style="Height: 49px">       
                      
            <asp:Button ID="InsertBT" Runat="Server" Height="27px" Text="入  库"
                OnClick="InsertBT_Click" Width="89px" /></td></tr>
      </Table>
    </Div>
    </Form>
</Body>
</Html>
```

(4) 设计 Default. aspx 页面处理代码程序 Default. aspx. cs。在 Default. aspx 页面"设计"状态,双击"入库"按钮,则打开 Default. aspx. cs 程序窗口。把"Using System. Data. SqlClient;"命名空间添加到代码中,然后再将"入库"按钮的单击事件处理程序添加到 Protected Void InsertBT_Click(Object sender，EventArgs e)中。Default. aspx. cs 代码如下所示。

```
Using System;
Using System.Data;
Using System.Data.SqlClient;
Using System.Configuration;
Using System.Web;
Using System.Web.Security;
Using System.Web.UI;
Using System.Web.UI.WebControls;
Using System.Web.UI.WebControls.WebParts;
Using System.Web.UI.HtmlControls;
Public Partial Class _Default : System.Web.UI.Page
{
    Protected Void Page_Load(Object sender, EventArgs e)
    {
        CnoTB.Focus();
    }
    Protected Void InsertBT_Click(Object sender, EventArgs e)
    {
        String connString ="";
        //创建与数据库连接的对象: 使用系统认证,从 Web.config 中读取数据库连接串
        ConnectionStringSettings NameSettings;
        NameSettings =ConfigurationManager.ConnectionStrings["SqlConnStr"];
        If (NameSettings !=Null)
            connString =NameSettings.ConnectionString;
                                        //从 Web.config 中获取连接串
        SqlConnection conn =New SqlConnection(connString);
```

```
String CnoStr =CnoTB.Text;
String CnameStr =CnameTB.Text;
//创建 SqlDataAdapter 对象,生成 DataTable 对象
Try
{
    conn.Open();
    SqlDataAdapter Adapter =New SqlDataAdapter("SELECT  *  FROM
                              Course",conn);
    DataSet ds=New DataSet();                    //创建数据集
    SqlCommandBuilder dbCB =New SqlCommandBuilder(Adapter);
    Adapter.Fill(ds,"Course");
    DataTable DBCourse =ds.Tables["Course"];       //创建生成数据表对象
    //创建新行
    DataRow dbRow =DBCourse.NewRow();
    //将数据存入该行
    dbRow["Cno"] =CnoStr;
    dbRow["Cname"] =CnameStr;
    //将该行加入表中
    DBCourse.Rows.Add(dbRow);
    //更新数据源
    Adapter.Update(ds,"Course");
    Response.Redirect("MessagePage.aspx?Cno=" +CnoStr +"&Cname=" +
          CnameStr +"&MessStr=插入成功!");      //切换新页
}
Catch(Exception ee)
{
    ee.Message.ToString();
    Response.Redirect("MessagePage.aspx?Cno=" +CnoStr +"&Cname=" +
          CnameStr +"&MessStr=Sory,插入失败!");
}
Finally
{
    conn.Close();
}
    }
}
```

(5) 配置 Web. config 文件。在"解决方案资源管理器"中,右击项目,在打开的快捷菜单中选择"添加新项"选项,打开的对话框如图 19-38 所示,在"模板"中选择"Web 配置文件",在"名称"中输入 Web. config,单击"添加"按钮,打开 Web. config 配置文件窗口。将数据库连接串代码插入 Web. config 中,代码如下所示。

```
<?xml Version="1.0"?>
<Configuration>
  <AppSettings></AppSettings>
```

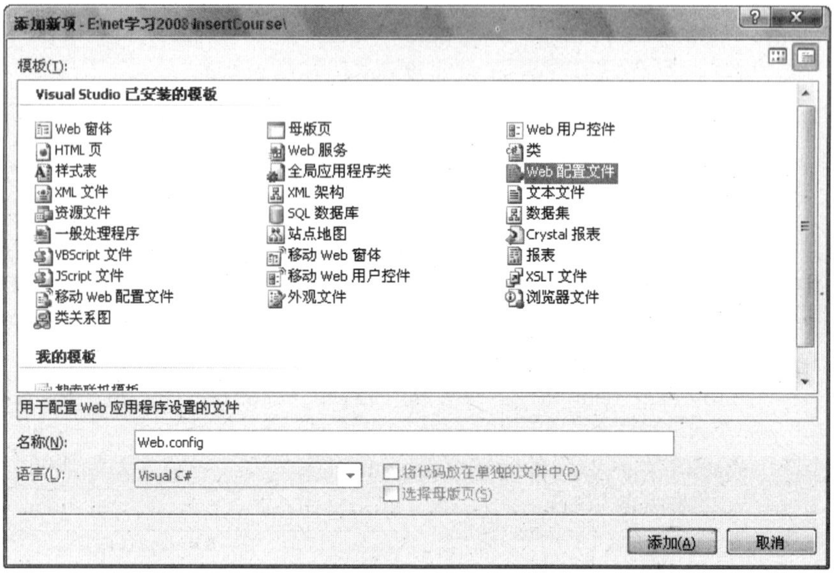

图 19-38　添加 Web.config 配置文件

```
<ConnectionStrings>
  <Add Name="SqlConnStr"
      ConnectionString="Database=jiaoxuedb;Server=mxm;
             Persist Security Info=False;Integrated Security=SSPI;"
      ProviderName="System.Data.SqlClient" />
</ConnectionStrings>
<System.Web>
    <Compilation Debug="True"/>
    <Authentication Mode="Windows"/>
</System.web>
</Configuration>
```

（6）添加新页面 MessagePage.aspx，用于显示执行结果。在"解决方案资源管理器"中，右击项目，在打开的快捷菜单中选择"添加新项"选项，打开的对话框如图 19-39 所示，在"模板"中选择"Web 窗体"，在"名称"中输入 MessagePage.aspx，单击"添加"按钮。该页面代码如下所示。

```
<%@ Page Language="C#" AutoEventWireup="True" CodeFile="MessagePage.aspx.
cs" Inherits="MessagePage" %>
<!DOCTYPE Html PUBLIC "-//W3C//DTD XHTML 1.0 Transitional//EN" "http://www.
w3.org/TR/xhtml1/DTD/xhtml1-transitional.dtd">
<Html xmlns="http://www.w3.org/1999/xhtml" >
    <Head Runat="Server">
        <Title>信息提示</Title>
    </Head>
    <Body>
```

图 19-39　添加新 Web 窗体

```
<Form id="form1" Runat="Server">
    <% Response.Write(Server.HtmlEncode(Request.QueryString
       ["MessStr"]) +"<br>");%>
</Form>
</Body>
</Html>
```

（7）执行项目。单击工具栏中的按钮 ▶ 启动调试，如果代码没有错误，则 IE 浏览器
显示项目初始页面，如图 19-40 所示。

（8）插入课程记录。在"课程号"文本框中输入 04001，在"课程名"文本框中输入"信
息存储与检索"，单击"入库"按钮，如图 19-41 所示。若插入成功，显示如图 19-42 所示的
页面；若插入失败，显示如图 19-43 所示的页面。

图 19-40　项目初始页面　　　　　　　　　图 19-41　输入插入记录信息

图 19-42 插入成功提示   图 19-43 插入失败提示

（9）保存项目。在"解决方案资源管理器"中选择"解决方案 InsertCourse"，选择"菜单"→"InsertCourse. sln 另存为"，打开"另存文件为"对话框，在"保存于"路径中选择要保存的文件夹路径为"E:\net 学习 2008\InsertCourse"，在"文件名"中输入 InsertCourse. sln，单击"保存"按钮。

实验 19.3 更新数据库中的数据

【实验目的】

- 掌握通过 SqlCommand 对象修改数据库中的数据。
- 掌握通过 DataTable 对象和 DataRow 对象修改数据库中的数据。

【实验内容】

（1）通过 SqlCommand 对象修改数据库中的数据。

要求：根据学生姓名和课程名修改其成绩。执行任务修改下面记录：姓名为王一山，课程名为数据库，成绩修改为 90。

（2）通过 DataTable 对象修改数据库中的数据。

要求：根据学生姓名和课程名修改其成绩。执行任务修改下面记录：姓名为王一山，课程名为数据库，成绩修改为 85。

【实验步骤】

1. 通过 SqlCommand 对象修改数据库中的数据

要求：根据学生姓名和课程名修改其成绩。执行任务修改下面记录：姓名为王一山，课程名为数据库，成绩修改为 90。

创建一个新项目步骤如下。

（1）启动 Microsoft Visual Studio 2008。

（2）创建一个新网站。选择"文件"→"新建"→"网站"，打开的对话框如图 19-44 所示。在"模板"中选择"ASP. NET 网站"，在"位置"下拉列表中选择"文件系统"，并给出其路径为"E:\net 学习 2008\UpdateSC",在"语言"下拉列表中选择 Visual C#,单击"确定"按钮。查看"解决方案资源管理器",如图 19-45 所示。

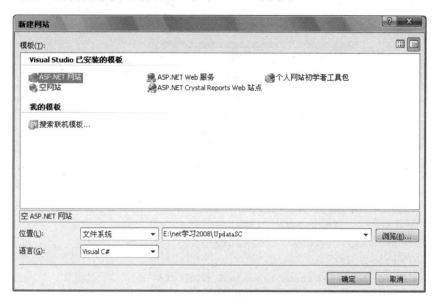

图 19-44 "新建网站"对话框

(3) 设计修改页面 Default.aspx。在"解决方案资源管理器"中,双击 Default.aspx 项,打开其页面,单击该页面左下角的"设计"标签,在该状态下,将页面设计成如图 19-46 所示,单击该页面左下角的"源"标签,显示页面代码如下所示。

图 19-45 解决方案资源管理器　　　　　图 19-46 Default.aspx 页面

```
<%@ Page Language="C#" AutoEventWireup="true"  CodeFile="Default.aspx.cs"
Inherits="_Default" %>
<!DOCTYPE Html PUBLIC "-//W3C//DTD XHTML 1.0 Transitional//EN" "Http://www.
w3.org/TR/xhtml1/DTD/xhtml1-transitional.dtd">
<Html xmlns="Http://www.w3.org/1999/xhtml" >
<Head Runat="server">
        <Title>修改学生成绩</Title>
</Head>
```

```
<Body>
  <Form Id="form1" Runat="Server">
   <div>
     <Table Align=Center Style="Vertical-Align:
            BaseLine; Text-Align: Center">
       <tr>
        <td Style="Height: 45px;" ColSpan="2">
          <Span Style="Font-Size: 24pt; Font-Family: 黑体">     
          <Span Style="Color: #3300ff">修改
          <Span>学生成绩</Span></Span></Span></td></tr>
       <tr>
          <td Style="Width: 128px">学生姓名</td>
          <td Style="Width: 86px">
            <asp:TextBox ID="SnameTB" Runat="Server" BorderStyle="Ridge"
                Font-Size="12pt">
           </asp:TextBox></td></tr>
       <tr>
          <td Style="Width: 128px">课 程 名</td>
          <td Style="Width: 86px">
            <asp:TextBox ID="CnameTB" Runat="Server" BorderStyle="Ridge"
                Font-Size="12pt">
           </asp:TextBox></td></tr>
       <tr>
          <td Style="Width: 128px">成        绩</td>
          <td Style="Width: 86px">
            <asp:TextBox ID="ScoreTB" Runat="Server" BorderStyle="Ridge"
                Font-Size="12pt">
           </asp:TextBox></td></tr>
       <tr>
          <td ColSpan="2" style="height: 49px">       
                      
            <asp:Button ID="UpdateBT" Runat="Server" Height="27px" Text="修
                改" OnClick="UpdateBT_Click" Width="89px"/></td></tr>
     </Table>
    </Div>
   </Form>
 </Body>
</Html>
```

（4）设计 Default. aspx 页面处理代码程序 Default. aspx. cs。在 Default. aspx 页面
"设计"状态,双击"修改"按钮,则打开 Default. aspx. cs 程序窗口。把"Using System.
Data. SqlClient;"命名空间添加到代码中,然后再将"修改"按钮的单击事件处理程序添加
到 Protected Void UpdateBT_Click(Object sender,EventArgs e)中。Default. aspx. cs
代码如下所示。

```
Using System;
Using System.Data;
Using System.Data.SqlClient;
Using System.Configuration;
Using System.Web;
Using System.Web.Security;
Using System.Web.UI;
Using System.Web.UI.WebControls;
Using System.Web.UI.WebControls.WebParts;
Using System.Web.UI.HtmlControls;
Public Partial Class _Default : System.Web.UI.Page
{
    Protected Void Page_Load(Object sender, EventArgs e)
    {
        MessageLB.Visible =False;
        SnoTB.Focus();
    }
    Protected Void UpdateBT_Click(Object sender, EventArgs e)
    {
        String connString ="";
        //创建与数据库连接的对象：使用系统认证，从 Web.config 中读取数据库连接串
        ConnectionStringSettings NameSettings;
        NameSettings =ConfigurationManager.ConnectionStrings["SqlConnStr"];
        If (NameSettings !=Null)
            connString =NameSettings.ConnectionString;
                                                //从 Web.config 中获取连接串
        SqlConnection conn =New SqlConnection(connString);
        //创建生成 SqlCommand 对象的命令对象：CmdMsg
        String SnameStr =SnameTB.Text;
        String CnameStr =SnameTB.Text;
        int Score =ScoreTB.Text;
        String StrCommand ="UPDATE SC SET Score=@Score) WHERE Student.Sno=
            SC.Sno AND SC.Cno=Course.Cno" +" AND Sname=@SnameStr AND
            Cname=@CnameStr Score =@Score ";
        SqlCommand CmdMsg =New SqlCommand(StrCommand, conn);
        CmdMsg.Parameters.Add("@Score",SqlDbType.Int,2);
        CmdMsg.Parameters["@Score"].Value=Score;
        CmdMsg.Parameters.Add("@SnameStr",SqlDbType.Char,8);
        CmdMsg.Parameters["@Sname"].Value=SnameStr;
        CmdMsg.Parameters.Add("@CnameStr", SqlDbType.Char, 20);
        CmdMsg.Parameters["@Cname"].Value =CnameStr;
        //执行 SqlCommand 对象 CmdMsg.
        Try
        {
```

```
            conn.Open();
            int RecordsAffected =CmdMsg.ExecuteNonQuery();
            If (RecordsAffected ==1)
                Response.Redirect("MessagePage.aspx?Sname=" +SnameStr +
                        "&Cname=" +CnameStr +"&MessStr=修改成功!");   //切换新页
            MessageLB.Visible =True;
        }
        Catch
        {
            Response.Redirect("MessagePage.aspx?Sname=" +SnameStr +"&Cname=" +
                    CnameStr +"&MessStr=修改成功!");                 //切换新页
            MessageLB.Visible =True;
        }
        Finally
        {
            conn.Close();
        }
    }
}
```

（5）配置 Web.config 文件。在"解决方案资源管理器"中，右击项目，在打开的快捷菜单中选择"添加新项"选项，打开的对话框如图 19-47 所示，在"模板"中选择"Web 配置文件"，在"名称"中输入 Web.config，单击"添加"按钮，打开 Web.config 配置文件窗口。将数据库连接串代码插入 Web.config 中，如下所示。

图 19-47　添加 Web.config 配置文件

```
<?xml Version="1.0"?>
```

```
<Configuration>
  <AppSettings></AppSettings>
   <ConnectionStrings>
     <Add Name="SqlConnStr"
        ConnectionString="Database=jiaoxuedb;Server=mxm;
           Persist Security Info=False;Integrated Security=SSPI;"
        ProviderName="System.Data.SqlClient" />
   </ConnectionStrings>
   <System.Web>
      <Compilation Debug="True"/>
      <Authentication Mode="Windows"/>
   </System.Web>
</Configuration>
```

（6）添加新页面 MessagePage.aspx。在"解决方案资源管理器"中,右击项目,在打开的快捷菜单中选择"添加新项"选项,打开的对话框如图 19-48 所示,在"模板"中选择"Web 窗体",在"名称"中输入 MessagePage.aspx,单击"添加"按钮,用该页面显示项目执行结果。该页面代码如下所示。

图 19-48　添加新 Web 窗体

```
<%@ Page Language="C#" AutoEventWireup="True" CodeFile="MessagePage.aspx.
cs" Inherits="MessagePage" %>
<!DOCTYPE Html PUBLIC "-//W3C//DTD XHTML 1.0 Transitional//EN" "Http://www.
w3.org/TR/xhtml1/DTD/xhtml1-transitional.dtd">
<Html xmlns="Http://www.w3.org/1999/xhtml" >
   <Head Runat="Server">
      <Title>信息提示</Title>
```

```
</Head>
<Body>
    <Form id="form1" Runat="Server">
    <% Response.Write(Server.HtmlEncode(Request.QueryString
        ["MessStr"]) +"<br>");%>
    </Form>
</Body>
</Html>
```

（7）执行项目。单击工具栏中的按钮 ▶ 启动调试,如果代码没有错误,则 IE 浏览器显示项目初始页面,如图 19-49 所示。

（8）修改数据。在"学生姓名"文本框中输入"王一山",在"课程名"文本框中输入"数据库",在"成绩"文本框中输入 90,如图 19-50 所示。单击"修改"按钮,若修改成功,则显示如图 19-51 所示的页面;若修改失败,则显示如图 19-52 所示的页面。

图 19-49　项目初始页面

图 19-50　输入修改值

图 19-51　修改成功页面

图 19-52　修改失败页面

（9）保存项目。在"解决方案资源管理器"中选择"解决方案 UpdateSC",选择"文件"→"UpdateSC. sln 另存为",打开"另存文件为"对话框,在"保存于"路径中,选择要保存的文件夹路径为"E:\net 学习 2008\UpdateSC",在"文件名"中输入 UpdateSC. sln,单击"保存"按钮。

SQL Server 实验指导（第 4 版）

2. 通过 DataTable 对象修改数据库中的数据

要求：根据学生姓名和课程名修改其成绩。执行该任务修改下面记录：姓名为王一山，课程名为数据库，成绩修改为85。

创建一个新项目步骤如下。

(1) 启动 Microsoft Visual Studio 2008。

(2) 创建一个新网站。选择"文件"→"新建"→"网站"，打开的对话框如图 19-53 所示。在"模板"中选择"ASP.NET 网站"，在"位置"下拉列表中选择"文件系统"，并给出其路径为"E:\net 学习 2008\UpdateSC2"，在"语言"下拉列表中选择 Visual C♯，单击"确定"按钮。

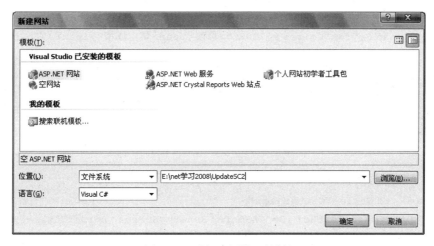

图 19-53　"新建网站"对话框

(3) 设计修改页面 Default.aspx。在"解决方案资源管理器"中，双击 Default.aspx 项，打开其页面，单击该页面左下角的"设计"标签，在该状态下，将页面设计成如图 19-54 所示，单击该页面左下角的"源"标签，显示页面代码如下所示。

图 19-54　Default.aspx 页面

```
<%@ Page Language="C#" AutoEventWireup="True"  CodeFile="Default.aspx.cs"
Inherits="_Default" %>
```

```
<!DOCTYPE Html PUBLIC "-//W3C//DTD XHTML 1.0
Transitional//EN" "Http://www.w3.org/TR/xhtml1/DTD/xhtml1-transitional.dtd">
<Html xmlns="Http://www.w3.org/1999/xhtml" >
<Head Runat="Server">
    <Title>修改学生成绩</Title>
</Head>
<Body>
    <Form Id="form1" Runat="Server">
    <Div>
     <Table Align=Center Style="Vertical-Align: BaseLine; Text-Align: Center">
      <tr>
       <td Style="Height: 45px;" ColSpan="2">
       <span Style="Font-Size: 24pt; Font-Family: 黑体">     
       <span Style="Color: #3300FF">修改<Span>学生成绩</Span></Span>
            </Span></td></tr>
      <tr><td Style="Width: 128px">学生姓名</td>
         <td Style="Width: 86px">
           <asp:TextBox ID="SnameTB" Runat="Server" BorderStyle="Ridge"
               Font-Size="12pt">
           </asp:TextBox></td></tr>
      <tr>
         <td Style="Width: 128px">课 程 名</td>
         <td Style="Width: 86px">
           <asp:TextBox ID="CnameTB" Runat="Server" BorderStyle="Ridge"
               Font-Size="12pt">
           </asp:TextBox></td></tr>
      <tr><td Style="Width: 128px">成        绩</td>
         <td Style="Width: 86px">
           <asp:TextBox ID="ScoreTB" Runat="Server" BorderStyle="Ridge"
               Font-Size="12pt">
           </asp:TextBox></td></tr>
      <tr>
         <td Colspan="2" Style="height: 49px">
                              
         <asp:Button ID="UpdateBT" Runat="Server" Height="27px" Text="修
             改" OnClick="UpdateBT_Click" Width="89px"/></td></tr>
    </Table>
   </Div>
   </Form>
</Body>
</Html>
```

（4）设计 Default. aspx 页面处理代码程序 Default. aspx. cs。在 Default. aspx 页面
"设计"状态,双击"修改"按钮,则打开 Default. aspx. cs 程序窗口。把"Using System.

Data. SqlClient;"命名空间添加到代码中,然后再将"修改"按钮的单击事件处理程序添加到 Protected Void UpdateBT_Click(Object sender,EventArgs e)中。Default. aspx. cs 代码如下所示。

```
Using System;
Using System.Data;
Using System.Data.SqlClient;
Using System.Configuration;
Using System.Web;
Using System.Web.Security;
Using System.Web.UI;
Using System.Web.UI.WebControls;
Using System.Web.UI.WebControls.WebParts;
Using System.Web.UI.HtmlControls;
Public Partial Class _Default : System.Web.UI.Page
{
    Protected Void Page_Load(Object sender, EventArgs e)
    {
    }
    Protected Void UpdateBT_Click(Object sender, EventArgs e)
    {
        String connString ="",MessStr="";
        //创建与数据库连接的对象:使用系统认证,从 Web.config 中读取数据库连接串
        ConnectionStringSettings NameSettings;
        NameSettings =ConfigurationManager.ConnectionStrings["SqlConnStr"];
        If (NameSettings !=Null)
            connString =NameSettings.ConnectionString;   //从 Web.config 中获取连接串
        SqlConnection conn =New SqlConnection(connString);
        //创建生成 SqlDataAdapter 对象的命令对象: Adapter
        String SnameStr =SnameTB.Text;
        String CnameStr =CnameTB.Text;
        int Score =Int32.Parse(ScoreTB.Text);
        String StrSQL ="SELECT Sname,Cname,Score FROM Student,SC,Course WHERE
                Student.Sno=SC.Sno"+" AND SC.Cno=Course.Cno AND Sname=@SnameStr
                AND name=@CnameStr";
        //执行 SqlCommand 对象 CmdMsg.
        Try
        {
            conn.Open();
            //用 SelectCommand 属性创建数据集
            SqlDataAdapter dataAdapter =New SqlDataAdapter();
            SqlCommand SelCommand =New SqlCommand(StrSQL, conn);
            // Add the parameters for the SelectCommand.
```

```
            SelCommand.Parameters.Add("@SnameStr", SqlDbType.Char, 8);
            SelCommand.Parameters["@SnameStr"].Value =SnameStr;
            SelCommand.Parameters.Add("@CnameStr", SqlDbType.Char, 20);
            SelCommand.Parameters["@CnameStr"].Value =CnameStr;
            dataAdapter.SelectCommand =SelCommand;
            //用 UpdateCommand 属性修改数据源
            DataAdapter.UpdateCommand =New SqlCommand(
                "UPDATE SC SET Score =@Score FROM Student,SC,Course WHERE Sname
                =@SnameStr AND " +
                " Cname=@CnameStr AND Student.Sno=Sc.Sno AND C.Cno=Course.
                Cno",conn);
            //设置 UpdateCommand 参数
            SqlParameter parameter1 =DataAdapter.UpdateCommand.Parameters.Add(
                        "@SnameStr", SqlDbType.VarChar, 8, "SnameStr");
            parameter1.SourceColumn ="Sname";
            parameter1.SourceVersion =DataRowVersion.Current;//.Original;
            SqlParameter parameter2 =dataAdapter.UpdateCommand.Parameters.Add(
                        "@CnameStr", SqlDbType.VarChar,20,"CnameStr");
            parameter2.SourceColumn ="Cname";
            parameter2.SourceVersion =DataRowVersion.Original;
            SqlParameter parameter3 =DataAdapter.UpdateCommand.Parameters.Add(
                            "@Score", SqlDbType.Int,2,"Score");
            parameter3.SourceColumn ="Score";
            parameter3.SourceVersion =DataRowVersion.Current;//Original;
            DataSet DataSet =New DataSet();
            DataAdapter.Fill(DataSet, "SC");
            DataRow Row =DataSet.Tables["SC"].Rows[0];            //取行数据
            Row["Score"] =Score;                                 //修改成绩值
            DataAdapter.Update(DataSet, "SC");                    //修改数据源
            MessStr =" 修改成功!";
        }
        Catch(Exception err)
        {
            MessStr =" 修改失败!";
            Response.Redirect ("MessagePage.aspx?MessStr=" +
                            Err.Message.ToString());
        }
        Finally
        {
            conn.Close();
            Response.Redirect("MessagePage.aspx?Sname=" +SnameStr +"&Cname="+
                    CnameStr +"&MessStr="+MessStr);        //切换信息显示页
        }
```

```
        }
    }
```

（5）配置 Web.config 文件。在"解决方案资源管理器"中，右击项目，在打开的快捷菜单中选择"添加新项"选项，打开的对话框如图 19-55 所示，在"模板"中选择"Web 配置文件"，在"名称"中输入 Web.config，单击"添加"按钮，打开 Web.config 配置文件窗口。将数据库连接串代码插入 Web.config 中，如下所示。

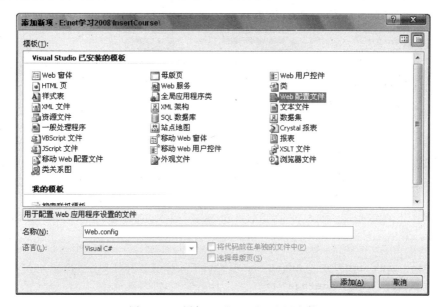

图 19-55　添加 Web.config 配置文件

```xml
<?xml Version="1.0"?>
<Configuration>
  <AppSettings></AppSettings>
  <ConnectionStrings>
    <Add Name="SqlConnStr"
        ConnectionString="Database=jiaoxuedb;Server=mxm;
                Persist Security Info=False;Integrated Security=SSPI;"
        ProviderName="System.Data.SqlClient" />
  </ConnectionStrings>
  <System.Web>
    <Compilation Debug="True"/>
    <Authentication Mode="Windows"/>
  </System.Web>
</Configuration>
```

（6）添加新页面 MessagePage.aspx，用于显示执行结果。在"解决方案资源管理器"中，右击项目，在打开的快捷菜单中选择"添加新项"选项，打开的对话框如图 19-56 所示，在"模板"中选择"Web 窗体"，在"名称"中输入 MessagePage.aspx，单击"添加"按钮。该页面代码如下所示。

图 19-56　添加新 Web 窗体

```
<%@ Page Language="C#" AutoEventWireup="true" CodeFile="MessagePage.aspx.
cs" Inherits="MessagePage" %>
<!DOCTYPE Html PUBLIC "-//W3C//DTD XHTML 1.0 Transitional//EN" "Http://www.
w3.org/TR/xhtml1/DTD/xhtml1-transitional.dtd">
<Html xmlns="Http://www.w3.org/1999/xhtml" >
    <Head Runat="Server">
        <Title>信息提示</Title>
    </Head>
    <Body>
        <Form Id="form1" Runat="Server">
            <%  Response.Write(Server.HtmlEncode(Request.QueryString
                ["MessStr"]) +"<br>");%>
        </Form>
    </Body>
</Html>
```

（7）执行项目。单击工具栏中的按钮 ▶ 启动调试，如果代码没有错误，则 IE 浏览器
显示项目初始页面，如图 19-57 所示。

（8）修改成绩数据。在"姓名"文本框中输入"王一山"，在"课程名"文本框中输入"数
据库"，在"成绩"文本框中输入 85，如图 19-58 所示。单击"修改"按钮，若修改成功，则显
示如图 19-59 所示的页面；若修改失败，则显示如图 19-60 所示的页面。

（9）保存项目。在"解决方案资源管理器"中选择"解决方案 UpdateSC"，选择"文件"

→"UpdateSC2. sln 另存为",打开"另存文件为"对话框,在"保存于"路径中选择要保存的文件夹路径为"E:\net 学习 2008\UpdateSC2",在"文件名"中输入 UpdateSC2. sln,单击"保存"按钮。

图 19-57　项目初始页面

图 19-58　输入修改值

图 19-59　修改成功提示

图 19-60　修改失败提示

实验 19.4　删除数据库中的数据

【实验目的】

- 掌握通过 SqlCommand 对象删除数据库中的数据。
- 掌握通过 SqlDataAdapter 对象删除数据库中的数据。

【实验内容】

(1) 通过 SqlCommand 对象删除数据库中的数据。

要求:根据学生姓名删除该生记录。执行任务删除记录:姓名为许辉。

(2) 通过 SqlDataAdapter 对象删除数据库中的数据。

要求:根据学生姓名和课程名删除该生该课程记录。执行任务删除记录:姓名为张彬,课程名为计算机基础。

【实验步骤】

1. 通过 SqlCommand 对象删除数据库中的数据

要求：根据学生姓名删除该生记录。执行任务删除记录：姓名为许辉。

创建一个新项目步骤如下。

（1）启动 Microsoft Visual Studio 2008。

（2）创建一个新网站。选择"文件"→"新建"→"网站"，打开的对话框如图 19-61 所示。在"模板"中选择"ASP. NET 网站"，在"位置"下拉列表中选择"文件系统"，并给出其路径为"E:\net 学习 2008\DeleteStudent"，在"语言"下拉列表中选择 Visual C♯，单击"确定"按钮。查看"解决方案资源管理器"，如图 19-62 所示。

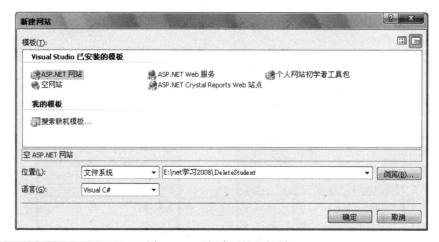

图 19-61 "新建网站"对话框

（3）设计删除页面 Default.aspx。在"解决方案资源管理器"中，双击 Default.aspx 项，打开其页面，单击该页面左下角的"设计"标签，在该状态下，将页面设计成如图 19-63 所示，单击该页面左下角的"源"标签，显示页面代码如下所示。

图 19-62 解决方案资源管理器

图 19-63 Default.aspx 页面

```
<%@ Page Language="C#" AutoEventWireup="True"  CodeFile="Default.aspx.cs"
Inherits="_Default" %>
<!DOCTYPE Html PUBLIC "-//W3C//DTD XHTML 1.0 Transitional//EN" "http://www.
```

SQL Server 实验指导(第4版)

```
w3.org/TR/xhtml1/DTD/xhtml1-transitional.dtd">
<Html xmlns="http://www.w3.org/1999/xhtml" >
<Head Runat="Server">
    <Title>删除学生信息</Title>
</Head>
<Body>
    <Form Id="form1" Runat="Server">
    <Div>
      <Table Align=Center Style="Vertical-Align: BaseLine; Text-Align: Center">
        <tr>
          <td Style="Height: 45px; Text-Align: Center;" Colspan="2">
          <span Style="Font-Size: 24pt; Font-Family: 黑体"> 
          <span Style="Color: #3300ff">删除学生信息</span></span></td></tr>
        <tr>
          <td Style="Width: 128px; Height: 37px;">       学
            生姓名</td>
          <td Style="Width: 167px; Height: 37px;">
          <asp:DropDownList ID="SnameDropList" Runat="Server" Width="179px"
            Height="35px" AutoPostBack="True">
          </asp:DropDownList></td></tr>
        <tr>
          <td Colspan="2" Style="Height: 49px">
                          
          <asp:Button ID="DeleteBT" Runat="Server" Height="27px" Text="删　除"
            OnClick="DeleteBT_Click" Width="89px"/></td></tr>
      </Table>
    </Div>
    </Form>
</Body>
</Html>
```

（4）设计 Default.aspx 页面处理代码程序 Default.aspx.cs。在 Default.aspx 页面"设计"状态，双击"删除"按钮，则打开 Default.aspx.cs 程序窗口。把"Using System. Data.SqlClient;"命名空间添加到代码中，然后再将"删除"按钮的单击事件处理程序添加到 Protected Void DeleteBT_Click(Object sender，EventArgs e)中。Default.aspx.cs 代码如下所示。

```
Using System;
Using System.Data;
Using System.Data.SqlClient;
Using System.Configuration;
Using System.Web;
Using System.Web.Security;
Using System.Web.UI;
```

```
Using System.Web.UI.WebControls;
Using System.Web.UI.WebControls.WebParts;
Using System.Web.UI.HtmlControls;
Public Partial Class _Default : System.Web.UI.Page
{
    Protected Void Page_Load(Object sender, EventArgs e)
    {
        If (!IsPostBack)
        {
            SnameDropList.DataSource =DeleteStudent.DeleteClass.GetAllSname();
            SnameDropList.DataTextField ="Sname";
            SnameDropList.DataValueField ="Sname";
            SnameDropList.DataBind();
        }
    }
    Protected Void DeleteBT_Click(Object sender, EventArgs e)
    {
        String SnameStr =SnameDropList.Text;
        DeleteStudent.DeleteClass.DeleteSelectSname(SnameStr);
        SnameDropList.DataSource =DeleteStudent.DeleteClass.GetAllSname();
        SnameDropList.DataTextField ="Sname";
        SnameDropList.DataValueField ="Sname";
        SnameDropList.DataBind();
    }
}
```

(5) 配置 Web. config 文件。在"解决方案资源管理器"中,右击项目,在打开的快捷
菜单中选择"添加新项"选项,打开的对话框如图 19-64 所示,在"模板"中选择"Web 配置
文件",在"名称"中输入 Web. config,单击"添加"按钮,打开 Web. config 配置文件窗口。
将数据库连接串代码插入 Web. config 中,如下所示。

```
<?xml version="1.0"?>
<Configuration>
  <AppSettings></AppSettings>
   <ConnectionStrings>
     <Add Name="SqlConnStr"
        ConnectionString="Database=jiaoxuedb;Server=mxm;
           Persist Security Info=False;Integrated Security=SSPI;"
        ProviderName="System.Data.SqlClient" />
   </ConnectionStrings>
   <System.Web>
      <Compilation Debug="True"/>
      <Authentication Mode="Windows"/>
   </System.Web>
```

图 19-64　添加 Web.config 配置文件

```
</Configuration>
```

（6）创建新类 DeleteClass.cs。在"解决方案资源管理器"中，右击项目，在打开的快捷菜单中选择"新建文件夹"选项，将该文件夹命名为 App_Code。右击文件夹 App_Code，在打开的快捷菜单中选择"添加新项"选项，打开的对话框如图 19-65 所示，在"模板"中选择"类"，在"名称"中输入 DeleteClass.cs，单击"添加"按钮。双击新类"DeleteClass.cs"，打开其代码窗口，输入如下代码。

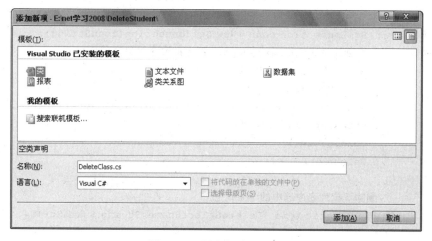

图 19-65　添加新类对话框

```
Using System;
Using System.Data;
Using System.Data.SqlClient;
```

实验 19　采用 ADO.NET 访问 SQL Server

```
Using System.Configuration;
Using System.Web;
Using System.Web.Security;
Using System.Web.UI;
Using System.Web.UI.WebControls;
Using System.Web.UI.WebControls.WebParts;
Using System.Web.UI.HtmlControls;
NameSpace  DeleteStudent
{
//定义类 DeleteClass,及其两个方法。GetAllSname: 获得学生姓名列表
//DeleteSelectSname: 删除学生信息
    Public Class DeleteClass
    {
        Public DeleteClass()
        {
        }
        //获得所有学生姓名数据表,将其作为下拉列表的数据源
        Public Static  DataTable GetAllSname()
        {
            String connString ="";
            DataTable dt =New DataTable();
            //创建与数据库连接的对象: 使用系统认证,从 Web.config 中读取数据库连接串
            ConnectionStringSettings NameSettings;
            NameSettings =ConfigurationManager.ConnectionStrings["SqlConnStr"];
            If (NameSettings !=Null)
                connString=NameSettings.ConnectionString;
                                        //从 Web.config 中获取连接串
            SqlConnection conn =New SqlConnection(connString);
            //创建生成 SqlDataAdapter 对象的命令对象: Adapter
            String StrSQL ="SELECT Sname FROM Student";
            conn.Open();
            SqlDataAdapter dataAdapter =New SqlDataAdapter(StrSQL,conn);
            DataAdapter.Fill(dt);
            conn.Close();
            Return dt;
        }
        //删除下拉列表中选中的学生信息
        Public Static Void  DeleteSelectSname(String SnameStr)
        {
            String connString ="";
            DataTable dt =New DataTable();
            //创建与数据库连接的对象: 使用系统认证,从 Web.config 中读取数据库连接串
            ConnectionStringSettings NameSettings;
            NameSettings =ConfigurationManager.ConnectionStrings["SqlConnStr"];
```

```
    If (NameSettings !=Null)
      connString =NameSettings.ConnectionString;
                                        //从 Web.config 中获取连接串
    SqlConnection conn =New SqlConnection(connString);
    //创建生成 SqlCommand 对象的命令对象
    String StrSQL ="DELETE FROM Student WHERE Sname=@SnameStr";
    conn.Open();
    SqlCommand DelCommand =New SqlCommand(StrSQL, conn);
    //从 DelCommand 添加参数
    DelCommand.Parameters.Add("@SnameStr", SqlDbType.Char, 8);
    DelCommand.Parameters["@SnameStr"].Value =SnameStr;
    DelCommand.ExecuteNonQuery();
    conn.Close();
  }
}
```

（7）查看"解决方案资源管理器"，如图 19-66
所示。

（8）执行项目，删除学生许辉的信息。单击工
具栏中的按钮 ▶ 启动调试，如果代码没有错误，则
IE 浏览器显示项目初始页面，如图 19-67 所示。
在"学生姓名"下拉列表中选择"许辉"，如图 19-68
所示，单击"删除"按钮。若成功，则提示"删除成
功"；若失败，则提示"删除失败"。

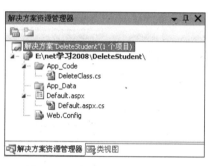

图 19-66　解决方案资源管理器

图 19-67　项目初始页面

图 19-68　选择删除姓名

2. 通过 SqlDataAdapte 对象删除数据库中的数据

要求：根据学生姓名和课程名删除该生该课程的记录。执行任务删除记录：姓名为
张彬，课程名为计算机基础。

创建一个新项目步骤如下。

(1) 启动 Microsoft Visual Studio 2008。

(2) 创建一个新网站。选择"文件"→"新建"→"网站",打开的对话框如图 19-69 所示。在"模板"中选择"ASP.NET 网站",在"位置"下拉列表中选择"文件系统",并给出其路径为"E:\net 学习 2008\DeleteSC",在"语言"下拉列表中选择 Visual C#,单击"确定"按钮。查看"解决方案资源管理器",如图 19-70 所示。

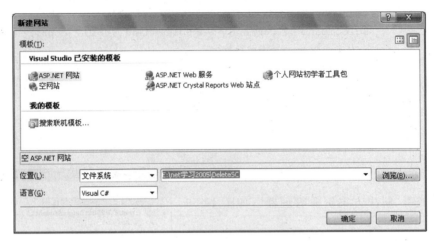

图 19-69 "新建网站"对话框

(3) 设计删除页面 Default.aspx。在"解决方案资源管理器"中,双击 Default.aspx 项,打开其页面,单击该页面左下角的"设计"标签,在该状态下,将页面设计成如图 19-71 所示,单击该页面左下角的"源"标签,显示页面代码如下所示。

图 19-70 解决方案资源管理器

图 19-71 Default.aspx 页面

```
<%@ Page Language="C#" AutoEventWireup="True" CodeFile="Default.aspx.cs"
Inherits="_Default" %>
<!DOCTYPE Html PUBLIC "-//W3C//DTD XHTML 1.0 Transitional//EN" "Http://www.
w3.org/TR/xhtml1/DTD/xhtml1-transitional.dtd">
<Html xmlns="http://www.w3.org/1999/xhtml" >
<Head Runat="Server">
    <Title>删除学生选课信息</Title>
</Head>
<Body>
    <Form Id="form1" Runat="Server">
```

```
<Div>
 <Table Align=Center Style="Vertical-Align: BaseLine; Text-Align: Center">
  <tr>
   <td Style="Height: 45px; Text-Align: Center;" ColSpan="2">
     <span Style="Font-Size: 24pt; Font-Family: 黑体"> 
     <span Style="Color: #3300ff">删除学生选课信息</span></span></td></tr>
  <tr>
    <td Style="Width: 128px">       学生姓名</td>
    <td Style="Width: 86px">
      <asp:TextBox Id="SnameTB" Runat="Server" BorderStyle="Ridge"
          Font-Size="12pt">
      </asp:TextBox></td></tr>
  <tr>
    <td Style="Width: 128px">      课 程 名</td>
    <td Style="Width: 86px">
      <asp:TextBox ID="CnameTB" Runat="Server" BorderStyle="Ridge"
          Font-Size="12pt">
      </asp:TextBox></td></tr>
  <tr>
   <td ColSpan="2" Style="Height: 49px">
                     
     <asp:Button ID="DeleteBT" Runat="Server" Height="27px" Text="删
        除" OnClick="DeleteBT_Click" Width="89px"/></td></tr>
  </Table>
 </Div>
 </Form>
</Body>
</Html>
```

（4）设计 Default. aspx 页面处理代码程序 Default. aspx. cs。在 Default. aspx 页面
"设计"状态,双击"删除"按钮,则打开 Default. aspx. cs 程序窗口。把"Using System.
Data. SqlClient;"命名空间添加到代码中,然后再将"删除"按钮的单击事件处理程序添加
到 Protected Void DeleteBT_Click(Object sender, EventArgs e)中。Default. aspx. cs 代
码如下所示。

```
Using System;
Using System.Data;
Using System.Data.SqlClient;
Using System.Configuration;
Using System.Web;
Using System.Web.Security;
Using System.Web.UI;
Using System.Web.UI.WebControls;
Using System.Web.UI.WebControls.WebParts;
```

```
Using System.Web.UI.HtmlControls;
Public Partial Class _Default : System.Web.UI.Page
{
    Protected Void Page_Load(Object sender, EventArgs e)
    {
    }
    Protected Void DeleteBT_Click(Object sender, EventArgs e)
    {
        String connString ="",MessStr="";
        //创建与数据库连接的对象：使用系统认证,从 Web.config 中读取数据库连接串
        ConnectionStringSettings NameSettings;
        NameSettings =ConfigurationManager.ConnectionStrings["SqlConnStr"];
        If (NameSettings !=Null)
            connString =NameSettings.ConnectionString;
                                                    //从 Web.config 中获取连接串
        SqlConnection conn =New SqlConnection(connString);
        //创建生成 SqlDataAdapter 对象的命令对象：Adapter
        String SnameStr =SnameTB.Text;
        String CnameStr =CnameTB.Text;
        String StrSQL ="SELECT Sname,Cname FROM Student,SC,Course WHERE
        Student.Sno=SC.Sno"+"  AND SC.Cno=Course.Cno AND Sname=@SnameStr AND
                    Cname=@CnameStr";
        //执行 SqlCommand 对象 CmdMsg
        Try
        {
            conn.Open();
            //用 SelectCommand 属性创建数据集
            SqlDataAdapter dataAdapter =New SqlDataAdapter();
            SqlCommand SelCommand =New SqlCommand(StrSQL, conn);
            // Add the parameters for the SelectCommand.
            SelCommand.Parameters.Add("@SnameStr", SqlDbType.Char, 8);
            SelCommand.Parameters["@SnameStr"].Value =SnameStr;
            SelCommand.Parameters.Add("@CnameStr", SqlDbType.Char, 20);
            SelCommand.Parameters["@CnameStr"].Value =CnameStr;
            dataAdapter.SelectCommand =SelCommand;
            //用 DeleteCommand 属性删除数据源
            dataAdapter.DeleteCommand =New SqlCommand("DELETE SC FROM
            Student,SC,Course "+"WHERE Sname=@SnameStr AND Cname=@CnameStr
            AND Student.Sno=Sc.Sno AND SC.Cno=Course.Cno",conn);
            //设置 DeleteCommand 参数
            SqlParameter parameter1 =dataAdapter.DeleteCommand.Parameters.Add(
                        "@SnameStr", SqlDbType.VarChar, 8, "SnameStr");
            parameter1.SourceColumn ="Sname";
            parameter1.SourceVersion =DataRowVersion.Original;
```

```
            SqlParameter parameter2 =dataAdapter.DeleteCommand.Parameters.Add(
                        "@CnameStr", SqlDbType.VarChar,20,"CnameStr");
            parameter2.SourceColumn ="Cname";
            parameter2.SourceVersion =DataRowVersion.Original;
            DataSet dataSet =New DataSet();
            dataAdapter.Fill(dataSet, "SC");
            DataRow Row =dataSet.Tables["SC"].Rows[0];//取行数据
            Row.Delete();
            dataAdapter.Update(dataSet, "SC");
            MessStr =" 删除成功!";
        }
    Catch(Exception err)
    {
        MessStr =" 删除失败!";
          Response.Redirect ("MessagePage.aspx?MessStr =" + Err.Message.
                ToString());
    }
    Finally
    {
        conn.Close();
        Response.Redirect("MessagePage.aspx?Sname=" +SnameStr +"&Cname=" +
        CnameStr +"&MessStr="+MessStr); //切换提示信息页
    }
  }
}
```

(5) 配置 Web.config 文件。在"解决方案资源管理器"中,右击项目,在打开的快捷菜单中选择"添加新项"选项,打开的对话框如图 19-72 所示,在"模板"中选择"Web 配置文件",在"名称"中输入 Web.config,单击"添加"按钮,打开 Web.config 配置文件窗口。将数据库连接串代码插入 Web.config 中,如下所示。

```
<?xml Version="1.0"?>
<Configuration>
  <AppSettings></AppSettings>
  <ConnectionStrings>
    <Add Name="SqlConnStr"
        ConnectionString="Database=jiaoxuedb;Server=mxm;
              Persist Security Info=false;Integrated Security=SSPI;"
        ProviderName="System.Data.SqlClient" />
  </ConnectionStrings>
  <System.Web>
      <Compilation Debug="True"/>
      <Authentication Mode="Windows"/>
  </System.Web>
```

图 19-72　添加 Web.config 配置文件

```
</Configuration>
```

（6）添加新页面 MessagePage.aspx。在"解决方案资源管理器"中，右击项目，在打开的快捷菜单中选择"添加新项"选项，在打开对话框的"模板"中选择"Web 窗体"，在"名称"中输入 MessagePage.aspx，单击"添加"按钮。用该页面显示项目执行结果。该页面代码如下所示。

```
<%@ Page Language="C#" AutoEventWireup="True" CodeFile="MessagePage.aspx .cs"
Inherits="MessagePage" %>
<!DOCTYPE Html PUBLIC "-//W3C//DTD XHTML 1.0 Transitional//EN" "Http://www
.w3.org/TR/xhtml1/DTD/xhtml1-transitional.dtd">
<Html xmlns="Http:// www .w3.org/1999/xhtml" >
    <Head Runat="Server">
        <Title>信息提示</Title>
    </Head>
    <Body>
        <Form Id="form1" Runat="Server">
            <% Response.Write(Server.HtmlEncode(Request.QueryString
                ["MessStr"]) +"<br>");%>
        </Form>
    </Body>
</Html>
```

（7）执行项目，删除学生张彬的计算机基础课程的信息。单击工具栏中的按钮 ▶ 启动调试，如果代码没有错误，则 IE 浏览器显示项目初始页面。在"学生姓名"文本框中输入"张彬"，在"课程名"文本框中输入"计算机基础"，如图 19-73 所示。单击"删除"按钮，如果删除成功,则显示"删除成功"提示页面;如果删除失败,则显示"删除失败"提示页面。

图 19-73　删除张彬的计算机课程信息

习　　题

【实验题】

基于 B/S 结构,采用 ADO. NET 方法,针对本书中的数据库 jiaoxuedb 进行下面功能设计。

1. 实现本书第 18 章习题中实验题第 1 题的功能。

2. 实现本书第 18 章习题中实验题第 2 题的功能。

3. 实现本书第 18 章习题中实验题第 3 题的功能。

4. 实现本书第 18 章习题中实验题第 4 题的功能。

实验 20　数据库应用系统设计

　　数据库技术是目前应用最广泛的计算机技术之一,各种信息的自动化管理都是以数据库技术为基础。本实验旨在通过设计信息管理系统的学习,提高学习者的数据库技术的应用能力。

【知识要点】

1. 数据库应用系统

应用数据库之后的计算机应用系统称为数据库应用系统。

2. 数据库应用系统结构

　　目前,常用的数据库应用系统的结构为两种:一种是客户机/服务器(简称 C/S);另一种是浏览器/服务器(简称 B/S)。

　　1) 客户机/服务器

　　客户机/服务器应用结构曾经是流行的应用程序架构。在这种架构中,客户机提出请求,服务器对客户机的请求做出回应。在这种架构中,数据存储层放在服务器上,业务处理层和界面表示层放在客户机上,客户机负责管理用户界面,接受用户数据,处理应用逻辑,生成数据库服务请求,然后将这些请求发送给服务器,并且接收服务器返回的结果,最后再将这些结果按照一定的格式返回给用户。

　　客户端应用程序的设计一般采用 VC、VB、Delphi、Java 等可视化用户应用程序开发工具,服务器端采用 Oracle、SQL Server、Access 等数据库管理系统实现对数据的管理。

　　2) 浏览器/服务器

　　现在越来越多的系统采用这种结构,特别是一些需要跨区域高端的系统多采用这种结构。在这种结构中,服务器包括有数据库服务器和 Web 服务器。数据库服务器负责系统数据的管理,Web 服务器负责网页的执行。浏览器端只要有浏览器就可以访问、浏览服务器信息。

　　目前开发此结构的动态网页采用 ASP 或是 ASP. NET 制作技术,开发方便、快捷且容易掌握。

3. 访问数据库技术

在两种数据库应用系统架构中,都可以采用 ADO 方法或 ADO. NET 方法访问数据库。

4. 数据库应用系统设计过程

数据库应用系统的设计采用工程化的方法和思想,把结构设计和功能设计结合起来,按照需求分析阶段、概念结构设计阶段、逻辑结构设计阶段、物理结构设计阶段、数据库的实施阶段、数据库系统运行和维护阶段六个阶段有序地进行规范化的设计。

本实验以人才信息管理系统为例,讲述数据库应用系统的设计方法。

【实验目的】

- 掌握数据库应用系统设计的基本方法和技术。
- 学习和掌握 C/S 结构及 B/S 结构的数据库应用系统的设计思想和方法。
- 提高学习者综合运用计算机知识和技术设计、解决实际应用系统的能力。

【实验目的】

- 学会对应用环境的需求分析、系统分析,掌握数据库设计的方法和步骤。
- 掌握概念模型、关系模型的设计。
- 掌握 SQL Server 数据库管理系统的功能及操作方法。
- 充分理解数据库理论在具体关系数据库管理系统软件产品中的实现方法、采用的机制和策略。
- 掌握开发 C/S 结构的数据库应用系统的方法和技术。

【实验内容】

1. 系统应用背景

人才信息管理是企业或人才管理的重要内容。人才信息管理系统将分散在各企事业单位的人才信息实现规范化、自动化管理,为各企事业单位查询、使用人才、优化人才配置提供了方便条件。

2. 系统信息

(1) 人才基本信息:包括编号、姓名、性别、出生日期、工资、政治面貌、工作简历。
(2) 人才专业信息:包括专业、专业年限、职称、英语水平。
(3) 人才成果成就信息:包括成果名称、成果类别、成果出处。
(4) 系统用户管理信息。

3. 系统设计目标

（1）将人才信息实现自动化管理。

（2）提供查询、修改、删除、插入人才信息功能。

（3）提供各种信息统计功能。

4. 系统设计环境

（1）Windows 7 及以上版本。

（2）SQL Server 2008 数据库管理系统。

（3）Microsoft Visual Basic 6.0。

5. 应用系统体系结构

要求该数据库应用系统采用 C/S 模式。

【实验步骤】

1. 系统需求分析

（1）信息需求分析。

通过对人才信息系统的分析，此系统需要包含如下信息（数据字典）。

① 人才基本信息，包括编号、姓名、性别、出生日期、工资、政治面貌、工作简历。

编号要求：编号由地区号＋个人序号组成。其中，地区编号为地区名字的前两个汉字的拼音头字母；人才序号为 5 位数字字符。

② 人才专业信息，包括专业、专业年限、职称、英语水平。其中，英语水平分为良好、一般、差、不会。

③ 人才成果成就信息，包括成果名称、成果类别、成果出处。

④ 系统用户管理信息，包括用户名和口名（即密码），由 6 个数字组成。

（2）功能需求分析。

① 人才基本信息的录入、更新、删除、查询。

② 人才专业信息的录入、更新、删除、查询。

③ 人才成果成就信息的录入、更新、删除、查询。

④ 系统用户的设置、删除、管理。

⑤ 信息的统计。

上面的功能可用数据流图表示。

2. 系统设计

（1）数据库设计。

① 概念结构设计。系统的 E-R 图如图 20-1 所示。

② 数据逻辑结构设计。

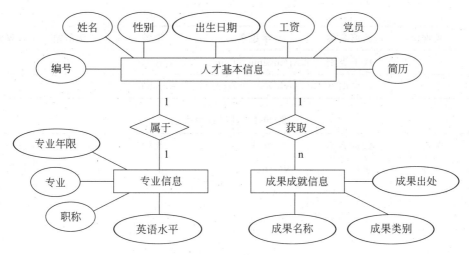

图 20-1　系统 E-R 图

系统数据库中各表结构如表 20-1～表 20-5 所示。

表 20-1　人才基本信息表

序号	关键字	数据名称	字段名	类型	字节数	备注
1	PK	编号	Person_ID	char	7	非空
2		姓名	Name	varchar	8	
3		性别	Sex	varchar	2	
4		出生日期	Birth	smalldatetime	4	非空
5		工资	Salary	smallmoney	4	
6		党员	Party	bit	1 位	是＝1；否＝0
7		工作简历	Resume	varchar	200	

表 20-2　人才专业信息表

序号	关键字	数据名称	字段名	类型	字节数	备注
1	PK	编号	Person_ID	char	7	
2		专业	Speciality	varchar	20	
3		专业年限	SpecialityYear	tinyint	1	
4		职称	TechnicalTitle	varchar	12	
5		英语水平	EnglishLevel	varchar	10	

表 20-3　人才成果成就表

序号	关键字	数据名称	字段名	类型	字节数	备注
1		编号	Person_ID	char	7	
2		成果名称	ArchivementName	varchar	40	

序号	关键字	数据名称	字段名	类型	字节数	备注
3		成果类别	ArchivementType	varchar	10	
4		成果出处	ArchivementFrom	varchar	40	

表 20-4　地区编号表

序号	关键字	数据名称	字段名	类型	字节数	备注
1	PK	序号	Number_Serial	int	4	标识列
2		地区名称	Name_Area	varchar	8	
3		地区编号	No_Area	varchar	2	

表 20-5　用户表

序号	关键字	数据名称	字段名	类型	字节数	备注
1	PK	编号	编号	int	4	标识列
2		用户名称	用户名	varchar	10	或账号
3		用户口令	口令	char	6	

③ 表之间的关系图。

表之间的关系如图 20-2 所示。

图 20-2　表之间的关系

(2) 功能设计。

① 系统功能结构如图 20-3 所示。

② 系统各模块介绍。

功能：略。

界面：各功能模块界面如图 20-4～图 20-11 所示。

3. 系统实现

(1) 数据库实现。

数据库中各表中数据如图 20-12～图 20-15 所示。

(2) 程序设计与调试。

① 登录界面程序代码。

• "确定"按钮的 Click 事件过程代码。

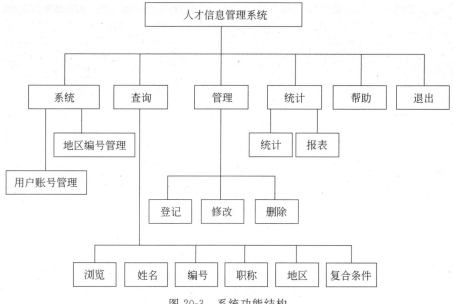

图 20-3 系统功能结构

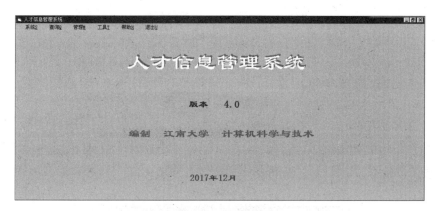

图 20-4 系统主界面

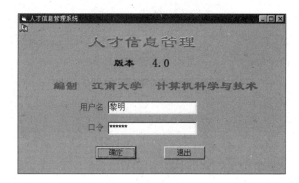

图 20-5 登录界面

图 20-6　查询所有人的信息

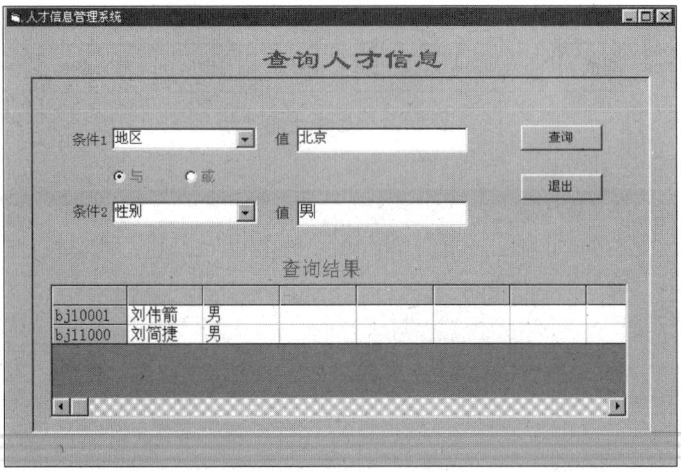

图 20-7　复合条件查询

图 20-8　按姓名查询

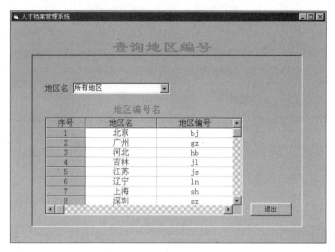

图 20-9　查询地区编号

图 20-10　人才信息登记

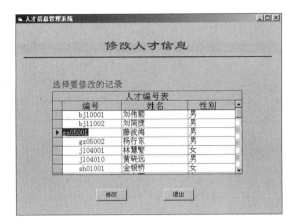

图 20-11 修改人才信息

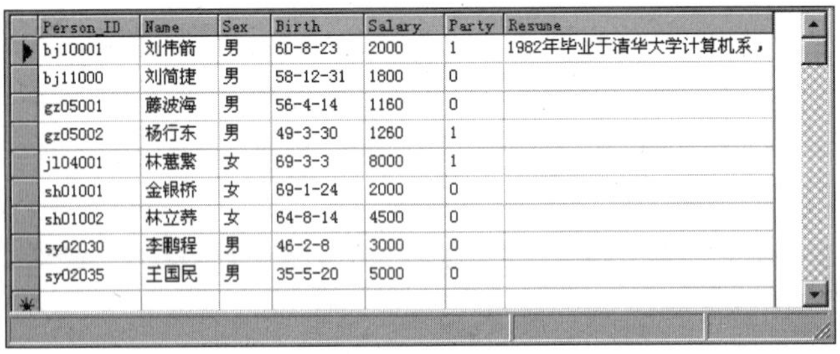

Person_ID	Name	Sex	Birth	Salary	Party	Resume
bj10001	刘伟箭	男	60-8-23	2000	1	1982年毕业于清华大学计算机系，
bj11000	刘简捷	男	58-12-31	1800	0	
gz05001	藤波海	男	56-4-14	1160	0	
gz05002	杨行东	男	49-3-30	1260	1	
jl04001	林慧繁	女	69-3-3	8000	1	
sh01001	金银桥	女	69-1-24	2000	0	
sh01002	林立莽	女	64-8-14	4500	0	
sy02030	李鹏程	男	46-2-8	3000	0	
sy02035	王国民	男	35-5-20	5000	0	

图 20-12 人才基本表数据

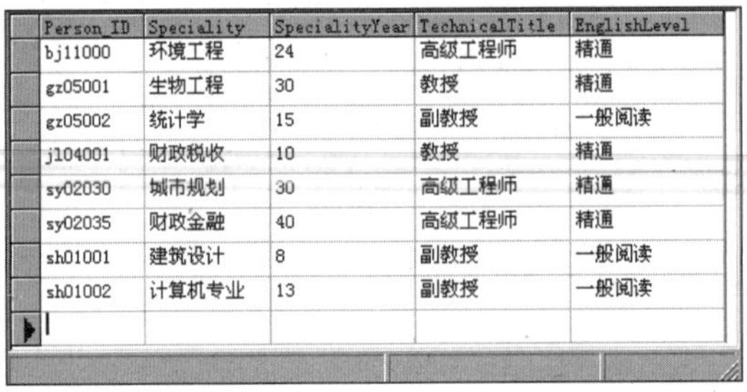

Person_ID	Speciality	SpecialityYear	TechnicalTitle	EnglishLevel
bj11000	环境工程	24	高级工程师	精通
gz05001	生物工程	30	教授	精通
gz05002	统计学	15	副教授	一般阅读
jl04001	财政税收	10	教授	精通
sy02030	城市规划	30	高级工程师	精通
sy02035	财政金融	40	高级工程师	精通
sh01001	建筑设计	8	副教授	一般阅读
sh01002	计算机专业	13	副教授	一般阅读

图 20-13 人才专业信息表数据

编号	用户名	口令
1	黎明	123456
2	曙光	654321

图 20-14 用户表数据

Number_Serial	Name_Area	No_Area
1	北京	bj
2	广州	gz
3	河北	hb
4	吉林	jl
5	江苏	js
6	辽宁	ln
7	上海	sh
8	深圳	sz
9	沈阳	sy
10	四川	sc
11	无锡	wx

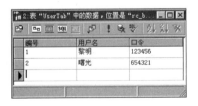

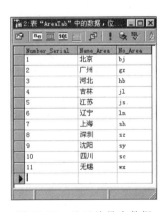

图 20-15 地区编号表数据

```
Private Sub Command1_Click()
  Dim Name_User
  Dim Password_User
  If Text1.Text ="" Then
    Id =MsgBox("请输入用户名!",, "提示")
    Exit Sub
  Else
    Name_User =Trim(Text1.Text)
  End If
  If Text2.Text ="" Then
    Id =MsgBox("请输入口令!",, "提示")
    Exit Sub
  Else
    Password_User =Trim(Text2.Text)
  End If
  '================  用 ADO 方式打开数据库
  'MsgBox "Opening rcgl_sys...人才管理数据库"
  Sub_ConnectServer
  Set rs =New ADODB.Recordset
  rs.CursorType =adOpenStatic
  rs.LockType =adLockOptimistic '
  '-----------读系统用户表
  rs.Open "SELECT * FROM UserTab WHERE 用户名='" +Name_User +"'", conODBC
  Num_Records =rs.RecordCount
  If Num_Records =0 Then
    Id =MsgBox("用户名不正确,请重新输入!",, "")
    rs.Close
    Text1.SetFocus
    Exit Sub
  Else
    If Trim(rs!口令) <>Trim(Password_User) Then
      Id =MsgBox("口令不正确,请重新输入!",, "")
      rs.Close
      Text2.SetFocus
      Exit Sub
    End If
  End If
  rs.Close
  Unload Me
  Load Form_Main
End Sub
```

• "取消"按钮的 Click 事件过程代码。

```
Private Sub Command2_Click()
```

```
        Unload Me
    End Sub
```

- 表单的 Load 事件过程代码。

```
Private Sub Form_Load()
    Me.Show
    Text1.SetFocus
End Sub
```

- 输入口令文本框的 KeyPress 事件过程代码。

```
Private Sub Text2_KeyPress(KeyAscii As Integer)
    If KeyAscii =13 Then
        Command1_Click
        Exit Sub
    End If
End Sub
```

② 查询所有人信息的界面程序代码。

- "退出"按钮的 Click 代码。

```
Private Sub Command1_Click()
    Unload Me
End Sub
```

- "详细资料"按钮的 Click 代码。

```
Private Sub Command2_Click()
    MSFlexGrid1.Col =1
    Person_ID =Trim(MSFlexGrid1.Text)
    '========改变窗体大小
    Me.Height =Screen.Height
    If Me.Top <>0 Then
        Me.Top =0
        Command2.Top =Command2.Top * 2
        Command1.Top =Command2.Top
    End If
    '========显示选择记录的照片和简历
    Set rs =New ADODB.Recordset
    '-----------读人才基本信息表：显示照片、简历
    rs.Open "SELECT * FROM BTab WHERE Person_ID='" +Person_ID +"'", conODBC
    If IsNull(rs!Resume) Then
        Text1.Text =""
    Else
        Text1.Text =Trim(rs!Resume)
    End If
```

```
    If IsNull(rs!Name) Then
        Label3.Caption =""
    Else
        Label3.Caption =Trim(rs!Name)
    End If
    Text1.Visible =True
    Label2.Visible =True
    Label3.Visible =True
End Sub
```

• 表单的 Load 事件代码。

```
Private Sub Form_Load()
    Dim rs As Recordset
    Label1.Left = (Screen.Width -Label1.Width) / 2
    Text1.Visible =False
    Label2.Visible =False
    Label3.Visible =False
    '================连接数据库
    Line1.X1 =0
    Line1.Y1 =850
    Line1.X2 =Screen.Width
    Line1.Y2 =850
    Me.Width =Screen.Width
    Me.Height =Screen.Height / 2
    MSFlexGrid1.Width =Me.Width -800
    MSFlexGrid1.RowHeight(0) =500
    MSFlexGrid1.FormatString ="^序号    |^编号        |^姓名        |^性别    |^出生日期
        |^工资        |^党员    |^专业        |^专业年限 |^职称        |^英语水平        "
    '================  用 ADO 方式打开数据库
    'MsgBox "Opening rcgl_sys...人才管理数据库"
    Sub_ConnectServer
    Set rs =New ADODB.Recordset
    rs.CursorType =adOpenStatic
    rs.LockType =adLockOptimistic '
    '----------读人才基本信息表
    rs.Open "SELECT * FROM BTab ", conODBC
    Num_Records =rs.RecordCount
    rs.MoveFirst
    For i =1 To Num_Records
        MSFlexGrid1.Row =i
        MSFlexGrid1.Col =0
        MSFlexGrid1.Text =i
        MSFlexGrid1.Col =1
        MSFlexGrid1.Text =rs!Person_ID
```

```
        MSFlexGrid1.Col = 2
        If IsNull(rs!Name) Then
           MSFlexGrid1.Text = ""
        Else
           MSFlexGrid1.Text = Trim(rs!Name)
        End If
        MSFlexGrid1.Col = 3
        If IsNull(rs!Sex) Then
           MSFlexGrid1.Text = ""
        Else
           MSFlexGrid1.Text = Trim(rs!Sex)
        End If
        MSFlexGrid1.Col = 4
        If IsNull(rs!Birth) Then
           MSFlexGrid1.Text = ""
        Else
           MSFlexGrid1.Text = Trim(rs!Birth)
        End If
        MSFlexGrid1.Col = 5
        If IsNull(rs!Salary) Then
           MSFlexGrid1.Text = ""
        Else
           MSFlexGrid1.Text = Trim(rs!Salary)
        End If
        MSFlexGrid1.Col = 6
        If rs!Party = True Then
           MSFlexGrid1.Text = "是"
        Else
           MSFlexGrid1.Text = "否"
        End If
        rs.MoveNext
    Next
    rs.Close
    '-----------读人才专业信息表
    rs.Open "SELECT * FROM STab ", conODBC
    Num_Records = rs.RecordCount
    rs.MoveFirst
    For i = 1 To Num_Records
        MSFlexGrid1.Row = i
        MSFlexGrid1.Col = 7
        If IsNull(rs!Speciality) Then
           MSFlexGrid1.Text = ""
        Else
           MSFlexGrid1.Text = Trim(rs!Speciality)
```

```
        End If
        MSFlexGrid1.Col = 8
        If IsNull(rs!Specialityyear) Then
           MSFlexGrid1.Text = ""
        Else
           MSFlexGrid1.Text = Trim(rs!Specialityyear)
        End If
        MSFlexGrid1.Col = 9
        If IsNull(rs!Technicaltitle) Then
           MSFlexGrid1.Text = ""
        Else
           MSFlexGrid1.Text = Trim(rs!Technicaltitle)
        End If
        MSFlexGrid1.Col = 10
        If IsNull(rs!Englishlevel) Then
           MSFlexGrid1.Text = ""
        Else
           MSFlexGrid1.Text = Trim(rs!Englishlevel)
        End If
        rs.MoveNext
    Next
    rs.Close
    Me.Show
    MSFlexGrid1.HighLight = FlexHighlightWithFocus
    MSFlexGrid1.FocusRect = FlexFocusHeave
    MSFlexGrid1.Row = 1
    Old_Row = 1
    For i = 1 To 10
        MSFlexGrid1.Col = i
        MSFlexGrid1.CellBackColor = vbYellow
    Next
    Me.Show
End Sub
```

- 单击 MSFlexGrid 控件的代码。

```
Private Sub MSFlexGrid1_Click()
    Dim No_Row As Integer
    No_Row = MSFlexGrid1.RowSel
    MSFlexGrid1.Row = Old_Row
    For i = 1 To 10
        MSFlexGrid1.Col = i
        MSFlexGrid1.CellBackColor = vbWhite
    Next
    Old_Row = No_Row
```

```
    MSFlexGrid1.Row =No_Row
    For i =1 To 10
        MSFlexGrid1.Col =i
        MSFlexGrid1.CellBackColor =vbYellow
    Next
End Sub
```

③ 复合条件查询界面程序代码。

```
Private Sub Command1_Click()
    Dim Value1_Input, Value2_Input
    Dim Condition1_Input, Condition2_Input
    Dim Log_Input
    '======判断条件是否合理
    If Trim(Combo1.Text) =Trim(Combo2.Text) And Option1.Value =True Then
        Id =MsgBox("同一个条件不能同时取两个值,请重新选择!",, "提示")
        Combo1.SetFocus
        Exit Sub
    End If
    If Trim(Combo1.Text) ="" Or Trim(Text1.Text) ="" Then
        Id =MsgBox("请选择条件 1 或输入其值!",, "提示")
        Combo1.SetFocus
        Exit Sub
    End If
    If Trim(Combo2.Text) <>"" And Trim(Text2.Text) ="" Then
        Id =MsgBox("请输入条件 2 的值!",, "提示")
        Text2.SetFocus
        Exit Sub
    End If
    '========整理输入条件
    Condition1_Input =Switch(Trim(Combo1.Text) ="地区", "Person_ID",
    _ Trim(Combo1.Text)="姓名", "Name", Trim(Combo1.Text) ="性别", "Sex",
    _Trim(Combo1.Text)="职称", "TechnicalTitle")
    Value1_Input =Trim(Text1.Text)
    If Trim(Combo1.Text) ="地区" Then
        Name_Area =Trim(Text1.Text)
        No_Area
        Value1_Input =Trim(String_Area) '+Trim(String_Num)
    End If
    If Trim(Combo1.Text) ="工资" Then
        Value1_Input =Val(Text1.Text)
    End If
    Condition2_Input =Switch(Trim(Combo2.Text) ="地区", _ "Person_ID",
                Trim(Combo2.Text)="姓名", "Name", Trim(Combo2.Text) ="性别",
                "Sex",_ Trim(Combo2.Text)="职称", "TechnicalTitle")
```

```vb
        Value2_Input = Trim(Text2.Text)
    If Trim(Combo2.Text) = "地区" Then
        Name_Area = Trim(Text2.Text)
        No_Area
        Value2_Input = Trim(String_Area)
    End If
    If Trim(Combo2.Text) = "工资" Then
        Value2_Input = Val(Text2.Text)
    End If
    If Option1.Value = True Then
        Log_Input = "and"
    Else
        Log_Input = "or"
    End If
    Sub_ConnectServer
    '==================读人才基本信息表记录
    Set cmd = New ADODB.Command
    Set rs = New ADODB.Recordset
    Set param = New ADODB.Parameter
    cmd.CommandType = CommandTypeEnum.adCmdText
    cmd.CommandText = "SELECT * FROM BTab WHERE " + Condition1_Input + _
        " LIKE ?  " + Log_Input + "  " + Condition2_Input + " LIKE ? "
    Set param = cmd.CreateParameter(Condition1_Input, adVarChar, _ adParamInput, 10)
    cmd.Parameters.Append (param)
    Set para = cmd.CreateParameter(Condition2_Input, adVarChar, _ adParamInput, 10)
    cmd.Parameters.Append (para)
    cmd.Parameters(0).Value = "%" + Value1_Input + "%"
    cmd.Parameters(1).Value = "%" + Value2_Input + "%"
    cmd.ActiveConnection = conODBC
    Set rs = cmd.Execute()
    If rs.EOF And rs.BOF Then
        Id = MsgBox("没有查到记录!", , "提示")
        Combo1.SetFocus
        Exit Sub
    Else
      MSFlexGrid1.Rows = 1
      While Not rs.EOF
            MSFlexGrid1.AddItem rs!Person_ID & Chr(9) & rs!Name _
                    & Chr(9) & rs!Sex    '增加表格行内容
            rs.MoveNext
        Wend
    End If
    rs.Close
End Sub
```

- "退出"按钮代码。

```
Private Sub Command2_Click()
    Unload Me
End Sub
```

- 表单 Load 事件代码。

```
Private Sub Form_Load()
    Me.Show
End Sub
```

④ 按姓名查询界面程序代码。

- "确定"按钮的 Click 事件代码。

```
Private Sub Command1_Click()
    ByName =ByName_Text.Text
    Unload Me
    Load Query_ByName_2
End Sub
```

- "退出"按钮的 Click 事件代码。

```
Private Sub Command2_Click()
    Unload Me
End Sub
```

- 表单 Load 事件代码。

```
Private Sub Form_Load()
    Me.Show
End Sub
```

⑤ 查询地区编号界面程序代码。

- "地区名"列表框的 Click 事件代码。

```
Private Sub Combo1_Click()
    Sub_ConnectServer
    '--连接地区编号表
    '==================读地区编号表记录
    Set cmd =New ADODB.Command
    Set rs =New ADODB.Recordset
    cmd.ActiveConnection =conODBC
    cmd.CommandType =CommandTypeEnum.adCmdText
    cmd.CommandText ="SELECT * FROM AreaTab WHERE Name_area LIKE ?"
    If Trim(Combo1.Text) =Trim(Combo1.List(0)) Then
        Set rs =cmd.Execute(, "%", ADODB.CommandTypeEnum.adCmdText)
    Else
        Set rs =cmd.Execute(, Trim(Combo1.Text))
```

```
      End If
   If rs.EOF Then
      Id =MsgBox("此地区没有编号!",, "提示")
      Combo1.SetFocus
      Exit Sub
   Else
      MSFlexGrid1.Rows =1
      While Not rs.EOF
          MSFlexGrid1.AddItem rs!Number_Serial & Chr(9) & rs!Name_Area _
              & Chr(9) & rs!No_Area    '增加表格行内容
          rs.MoveNext
      Wend
   End If
   rs.Close
End Sub
```

- "退出"按钮代码。

```
Private Sub Command2_Click()
   Unload Me
End Sub
```

- 表单 Load 事件代码。

```
Private Sub Form_Load()
   Combo1.AddItem "所有地区"
   MSFlexGrid1.FormatString ="^  序号   |^   地区名  |^    地区编号 "
   Sub_ConnectServer
   '--给地区名列表框添加项目
   conODBC.BeginTrans '事物处理开始
      '=================读地区编号表记录
      Set rs =New ADODB.Recordset
      rs.CursorType =adOpenStatic
      rs.LockType =adLockOptimistic '
      rs.Open "Select  Name_Area From AreaTab ", conODBC
      Num_Records =rs.RecordCount
      If Num_Records <>0 Then
         rs.MoveFirst
         While Not rs.EOF
            Combo1.AddItem (Trim(rs!Name_Area))
            rs.MoveNext
         Wend
      End If
   conODBC.CommitTrans '事物处理结束
   rs.Close
   Me.Show
```

实验 20 数据库应用系统设计

```
End Sub
```

⑥ 人才信息登记界面程序代码。

- "地点"列表框的 Click 事件代码。

```
Private Sub Combo1_Click()
    '======查询地区编号
    Name_Area =Trim(Combo1.Text)
    No_Area
    '=====求出此人编号
    Sub_ConnectServer
    Set rs =New ADODB.Recordset
    rs.CursorType =adOpenStatic
    rs.LockType =adLockOptimistic '
    '-----------打开人才基本信息表
    rs.Open "SELECT * FROM BTab WHERE Person_ID LIKE '" +String_Area +"%" +
"'", conODBC
    Num_Records =rs.RecordCount
    rs.Close
    Value_Num =Num_Records +1
    Person_ID_tran Value_Num, String_Num
    Label1.Caption =String_Area +String_Num
End Sub
```

- "添加"按钮的 Click 事件代码。

```
Private Sub Command1_Click()
    If Num_Archive >0 Then
        If Text10(Num_Archive -1).Text ="" Then
            Id =MsgBox("成果名称不能空!",, "提示")
            Exit Sub
        End If
    End If
    Text10(Num_Archive).BackColor =&H80000005
    Text10(Num_Archive).Enabled =True
    Text11(Num_Archive).BackColor =&H80000005
    Text11(Num_Archive).Enabled =True
    Text12(Num_Archive).BackColor =&H80000005
    Text12(Num_Archive).Enabled =True
    Text10(Num_Archive).SetFocus
    Num_Archive =Num_Archive +1    '成果计数
End Sub
```

- "删除"按钮的 Click 事件代码。

```
Private Sub Command2_Click()                              '从最后一个成果删除
    If Num_Archive >0 Then
```

```
        Text10(Num_Archive).BackColor =&HE0E0E0
        Text10(Num_Archive).Enabled =False
        Text11(Num_Archive).BackColor =&HE0E0E0
        Text11(Num_Archive).Enabled =False
        Text12(Num_Archive).BackColor =&HE0E0E0
        Text12(Num_Archive).Enabled =False
        Num_Archive =Num_Archive -1                    '成果计数
        Text10(Num_Archive).SetFocus
    End If
End Sub
```

• "入库"按钮的 Click 事件代码。

```
Private Sub Command3_Click()
  Dim Archivement(5, 3) As String
  Dim name
  If Text4.Text ="" Or Len(Text4.Text) >8 Then
      MsgBox ("姓名不能空 或者不能超过 4 个汉字!")
      Text4.SetFocus
      Exit Sub
  End If
  If Combo1.Text ="" Then
      MsgBox ("请选择地区 !")
      Combo1.SetFocus
      Exit Sub
  End If
  '==========取输入值
  name =Trim(Text4.Text)
  Person_ID =Trim(Label1.Caption)
  If Option1.Value =True Then
      sex ="男"
  Else
      sex ="女"
  End If
  If Option3.Value =True Then
      party =True
  Else
      party =False
  End If
  birth =Trim(Text1) +"-" +Trim(Text2) +"-" +Trim(Text3)
  salary =Trim(Text5.Text)
  speciality =Trim(Text6.Text)
  specialityyear =Trim(Text9.Text)
  technicaltitle =Trim(Combo2.Text)
  englishlevel =Trim(Combo3.Text)
```

```
Resume_string =Trim(Text7.Text)
'========================= 录入信息数据 ====================
'================= 用 ADO 方式打开数据库
Sub_ConnectServer
conODBC.BeginTrans '事物处理开始
Set rs =New ADODB.Recordset
rs.CursorType =adOpenDynamic
rs.LockType =adLockOptimistic '
'-----------录入人才基本情况信息
rs.Open "Select * From BTab ", conODBC, adCmdTable
rs.MoveLast
rs.AddNew
rs!Person_ID =Trim(Person_ID)
rs!Name =Trim(name)
rs!Sex =sex
rs!Party =party
rs!Birth =Trim(birth)
If salary <>"" Then
    rs!Salary =Val(Trim(salary))
End If
If Resume_string <>"" Then
    rs!Resume =Trim(Resume_string)
End If
rs!Photo =(Picture4.Picture)
rs.Update
rs.Close
'------------------录入人才专业情况信息
rs.Open "SELECT * FROM STab ", conODBC, adCmdTable
rs.MoveLast
rs.AddNew
rs!Person_ID =Trim(Person_ID)
If speciality <>"" Then
    rs!Speciality =Trim(speciality)
End If
If specialityyear <>"" Then
    rs!Specialityyear =Val(specialityyear)
End If
If technicaltitle <>"" Then
    rs!Technicaltitle =Trim(technicaltitle)
End If
If englishlevel <>"" Then
    rs!Englishlevel =Trim(englishlevel)
End If
rs.Update
```

```
      rs.Close
      '----------------------录人人才成果成就信息
      rs.Open "SELECT * FROM ATab ", conODBC, adCmdTable
      rs.MoveLast
      For i =1 To Num_Archive
          rs.AddNew
          rs!Person_ID =Trim(Person_ID)
          rs!ArchivementName =Trim(Text10(i -1).Text)
          rs!ArchivementType =Trim(Text11(i -1).Text)
          rs!ArchivementFrom =Trim(Text12(i -1).Text)
          rs.MoveNext
      Next
      rs.Update
      rs.Close
      conODBC.CommitTrans '事物处理结束
      Id =MsgBox("入库成功!",, "提示")
End Sub
```

● "退出"按钮的 Click 事件代码。

```
Private Sub Command5_Click()
   Unload Me
End Sub
```

● 表单的 Load 事件代码。

```
Private Sub Form_Load()
   Num_Archive =0
   Me.Show
End Sub
```

⑦ 修改人才信息界面程序代码。
参照前面的代码自行设计。
⑧ 系统模块程序代码。

```
Public strCnn As String                    '数据库连接串
Public conODBC As Connection
Public Old_Row As Integer                  '浏览信息表表格前一次行数
Public String_Area As String               '地区编号
Public Name_Area As String                 '地区名称
Public Num_Archive As Integer              '成果个数
Public Sum_People_Area                     '某地区人数
Public ID_Person As String
Public ByName As String
'数据库连接对象
'-----连接数据库服务器
Public Sub Sub_ConnectServer()
```

```
        strCnn ="Provider Server =zhangbenshan;" & _
"ODBC;Driver=SQLServer;DATABASE=rc_base;UID=sa;;PWD=sa;DSN=rc_base"
        Set conODBC =New ADODB.Connection
    conODBC.Open strCnn
End Sub
'=========将地区名转换成地区编号：将地区名转换成它的地区编号形式
Public Sub No_Area()
    Sub_ConnectServer
    Set rs =New ADODB.Recordset
    rs.CursorType =adOpenStatic
    rs.LockType =adLockOptimistic '
    '-----------读地区编号表
    rs.Open "SELECT * FROM AreaTab WHERE Name_area='" +Name_Area +"'", conODBC
    Num_Records =rs.RecordCount
    If Num_Records =0 Then
        MsgBox ("没有此地区编号!")
        Exit Sub
    End If
    String_Area =rs!No_Area
    rs.Close
    conODBC.Close
End Sub
'=========人才编号长度计算：Value_Num:编号数值;String_Num: 编号字符串形式
Public Sub Person_ID_tran(Value_Num, String_Num)
    Dim String_Max As String
    String_Max ="00000"
    Len_Num =Len(Trim(Str(Value_Num)))
    String_Max =Left(String_Max, Len(String_Max) -Len_Num)
    String_Num =String_Max +Trim(Str(Value_Num))
End Sub
'=========查询某地区人数
Public Sub Sum_People()
    '======查询地区编号
    No_Area
    '=====求出此人编号
    Sub_ConnectServer
    Set rs =New ADODB.Recordset
    rs.CursorType =adOpenStatic
    rs.LockType =adLockOptimistic '
    '-----------打开人才基本信息表
    rs.Open "SELECT * FROM BTab WHERE Person_ID LIKE '" +String_Area +"%" +
            "'", conODBC
    Num_Records =rs.RecordCount
    rs.Close
    Sum_People_Area =Num_Records +1
End Sub
```

习　题

【实验题】

按如下过程进行系统设计并书写实验报告或系统设计说明书。

1. 系统设计目的。

2. 系统设计需求分析，如数据字典、数据流图。

3. 数据库设计与实现。

（1）概念结构设计。

（2）模式设计，证明达到 3NF。

（3）用表格给出各数据表结构，包括属性名、类型、长度、是否是关键字或 Null。

（4）各表之间的关联关系。

4. 系统功能设计与实现。

（1）系统功能。

（2）系统功能结构图。

（3）各功能模块实现，包括功能说明、界面图、代码。

5. 总结。

谈谈此系统设计存在的问题、解决的思路及设想。

【实验内容】

从下列系统中选择一个进行设计。

1. 人事信息管理系统。

（1）系统信息描述。

① 员工基本信息，包括员工编号、姓名、性别、籍贯、年龄、生日、住址、E-mail、学历、专业、进入本单位时间。

② 员工考勤信息，包括上班时间、下班时间、迟到次数、早退次数、进出标志、病假天数、事假天数、假期开始时间、加班天数、加班日期、出差天数、出差开始时间。

③ 员工调动信息，包括原部门、新部门、原职务、新职务、调出时间、调入时间、备注。

（2）系统功能描述。

① 实现各种信息的添加、更新、删除。

② 实现对各种信息的查询。

③ 计算、统计、查询职工出勤信息。

2. 工资管理信息系统。

（1）系统信息描述。

① 员工基本工资信息，包括员工编号和基本工资。基本工资是以每小时工资为单位，每个员工都有各自的基本工资。

② 其他工资信息，包括奖金、津贴、福利、扣发。其中，奖金为按月计算，公式为：奖

金＝超过工作日数×基本工资×奖励百分比；不同的员工有不同的津贴；福利按进入企业的年限划分为不同的福利等级；根据职工的出勤情况可能扣发职工的工资，如对于迟到、早退、旷工的员工，企业都有按比例扣发工资的处罚制度等。

③ 出勤信息，包括统计日期、出勤天数、迟到早退次数、加班天数、出差天数。

④ 工资统计信息，包括员工编号、姓名、统计日期、基本工资、奖金、津贴、福利、加班费、出差费、扣发、总额。

⑤ 员工实际工资计算公式。

$$员工实际工资＝基本工资×月度正常工作时间 ＋基本工资×$$
$$加班工资百分比×加班天数＋出差每天补贴×$$
$$出差天数－旷工扣除额×矿工次数－迟到扣除额×$$
$$迟到次数＋奖金＋福利－其他扣发$$

（2）系统功能描述。

① 设置基本工资。

② 设置其他工资。

③ 设置工资计算公式。

④ 统计出勤信息。

⑤ 计算实发工资。

⑥ 查询员工工资。

⑦ 按月给出员工工资表。

3．企业事务管理系统。

（1）系统信息描述。

企业事务管理系统包括如下内容。

① 文件管理。

- 行文管理，包括发文号、发文日期、保密级别、传递方法、主题、份数、发文事由、收文者、核办人、核稿人、承办人、保存年数。

- 往来信函管理，包括信件号、信件日期、单位名称、信件内容、来信类别、处理人、是否回函、接收人、回函内容、回函日期。

- 客户投诉管理，包括投诉日期、受诉日期、受诉部门、投诉对象、投诉内容、处理意见、上级指示。

- 报表发送管理，包括报表编号、发送日期、保密级别、传递方法、主题、份数、受表彰单位、受表彰个人、保存年数等。

② 车辆管理。

- 车辆登记，包括车辆编号、车辆型号、车号、驾驶人、用途、购置日期、购买价格、引擎号码、使用部门或人。

- 车辆使用记录，包括使用日期、使用事由、使用车辆号码、起始时间、截止时间、里程、使用单位或个人。

③ 财产管理。

- 财产登记，包括使用单位、登记日期、财产名称、编号、类别、使用人。

- 财产维修,包括请修日期、请修单位、财产编号、品名、规格、数量、损坏原因等。
- 财产投保记录,包括产品编号、产品名称、归属部门、保单号码、数量、保险期、保险额、费率、保险单位等。
- 财产增减记录,包括产品编号、产品名称、归属部门、保单号码、数量、保险期、保险额、费率、保险单位。

④ 值班管理,包括值班开始日期、开始时间、截止日期、截止时间、执勤人、重要记录等。

⑤ 会议管理,包括会议日期、时间、地点、主席、参加人员、人数、会议名称、会议内容、主要决议等。

（2）系统功能描述。

实现系统各部分信息的显示、添加、修改、删除、查询等操作及生成相应的报表。

4. 企业销售管理系统。

（1）系统信息描述。

① 系统用户管理,包括用户账号、密码等。

② 交易管理,包括进货登记、销售登记、退货登记等。其中,进货登记中还包含进货厂商的登记,如果是新的进货厂商,可以在此登记入库。进货和销售的主要交易都是在此进行的。

③ 交易信息,包括商品名称、生产厂商、商品型号、单价、数量、总金额、交易日期、经手业务员编号。

（2）系统功能描述。

① 进货统计,包括今日进货统计、本月进货统计、本季度进货统计、本年度进货统计等。其中,每次进货统计都是按进货厂商和进货金额顺序排列的。使用一个表格显示所选时间段的全部进货数据,包括进货编号、商品名称、生产厂商、产品型号、单价、数量、总金额、进货日期、业务员编号等,再使用另一表格显示分别从各个厂商进货的金额,还有一个文本框用于显示此时间段的总进货金额。

② 销售统计,包括今日销售统计、本月销售统计、本季度销售统计、本年度销售统计等。其中,每次销售统计都是按产品厂商和销售金额顺序排列的,用户可以清楚地看出各种型号产品的销售额。使用一个表格显示所选时间段的全部销售数据,包括销售编号、商品名称、生产厂商、产品型号、单价、数量、总金额、销售日期、业务员编号等,再使用另一表格分别显示各个厂商产品的销售金额,还有一个文本框用于显示此时间段的总销售金额。

③ 业绩查看,包括各员工销售情况的查看。可以一次性显示所有员工的销售情况,也可以根据员工编号查看单个员工的销售情况。

④ 查看数据表,实现各种数据表的浏览,包括进货表、销售表、退货表、员工表、进货商表、浏览时其数据表的所有信息项。如果是员工信息或进货商信息有变化,可以对员工表和进货商表数据进行修改,其他表则不能进行修改,防止有人制造假数据。

参 考 文 献

[1] 马晓梅. SQL Server 2000 实验指导[M]. 2 版. 北京：清华大学出版社,2008.

[2] 马晓梅. SQL Server 实验指导[M]. 3 版. 北京：清华大学出版社,2009.

[3] 萨师煊. 数据库系统概论[M]. 3 版. 北京：高等教育出版社,2000.

[4] 施伯乐,丁宝康,王卫平. 数据库系统教程[M]. 2 版. 北京：高等教育出版社,2003.

[5] 苏贵洋,黄穗,何莉,等. ASP. NET 网络编程[M]. 北京：电子工业出版社,2006.

[6] WILIS T，CROSSLAND J,BLAIR R. VB. NET 入门经典[M]. 3 版. 杨浩,译. 北京：清华大学
     出版社,2005.